U0169601

『十三五』国家重点图书出版规划项目

中国建筑古今漫步

陈　薇　王贵祥　主编

广西篇

Guangxi Pian

赵　林　著

中国建筑工业出版社

序

“中国建筑古今漫步”是一部架构系统又赏读愉悦的丛书。曰之“系统”，其一为版图是中国，包括重要行政区划的省和直辖市；其二为时间跨度大，包括古代和当代。曰之“愉悦”，主要是丛书采用分册方式，一省（直辖市）一册，携带方便；另外图文并茂，落位地图，方便寻踪，可以漫步游览。

我自己在读书时，每假期考察建筑时都会携带《建筑师》编辑部编的《古建筑游览指南》（共三册，中国建筑工业出版社，1981年第一版），是我记忆中的朋友和导游，在青葱的岁月，伴我走过千山万水，如今她们虽然泛黄倦怠，于我仍视如珍宝，有文物级别的地位。有意思的是，该套三册的编撰顺序是由西而东的，第一册以西部为主：云南、贵州、四川、西藏、青海、山西、甘肃、宁夏、新疆；第二册以中部和北方为主：北京、天津、河北、山东、河南、湖北、湖南、山西、内蒙古、黑龙江、辽宁、吉林；第三册以东南为主：江苏、上海、浙江、安徽、江西、福建、广东、广西、台湾。而我学习和后来工作的建筑考察，是不断在东部－中原－西部、南方－中部－北方之间反复切换的。古建筑游览成为我学习、生活、工作的重要组成部分，因为始于足下的行万里路，乃为治学的基本内容和不二方法。

2015年，中国建筑工业出版社《建筑师》编辑部重新启动衔接《古建筑游览指南》的“中国建筑古今漫步”丛书工作，并被纳入

“十三五”国家重点图书出版规划项目；诚邀各省（直辖市）建筑学者翘楚分担编写工作，二度在北京和广西南宁召开编撰会议；积极协调主编、撰者、编辑的分工合作，大力推进丛书出版。在此过程中，通过交流大致形成如下编撰共识：在选例上，以古建筑为主要对象，也吸纳便于漫步的当代优秀建筑；在文字上，以准确信息为主，客观描述对象，介绍特色和价值，其余不作过多主观评判；在图版上，以一手资料为主，并示以地图和彩照，有条件航拍的加强建筑总体及其环境的真实性表达。所以，这套丛书又是经典的、导览性的、关于中国建筑典例的系列书籍，无论是内容拓展，还是表达方式，甚至是参与编撰的所有人员，都是全新的。

中国建筑对于人类文明进程的承载和表达具有举足轻重的意义，而且保留数量众多，分布地域广泛。至目前为止，中国已有世界文化遗产 55 项，其中和建筑相关的 37 项；公布的第八批不可移动全国重点文物保护单位共 5054 处，这些均成为这套丛书主要选例的参照，此外 21 世纪建筑遗产也由专家评选公布有 200 余项。可以见得，经历 40 多年中国改革开放的社会成长，对于建筑文化遗产保护的意识和制度建设在增强。不仅如此，对于保护保留下来的优秀建筑，不仅是广大专业人士学习和顶礼膜拜的对象，如对于众所周知的山西五台佛光寺大殿，就有不同年龄、不同专业、不同行业的人们接踵而至，展开调研学习；而且对于社会民众，关于中国建筑的认知水平和欣赏需求也在不断提高，游览者众。因为中国建筑在某种程度上也是民族自信心的体现、人类文明之长期延绵传承的见证。

于此认识下，这套丛书的出版，只是开始，目前还尚缺少一些省份的更深入的优秀案例的推荐和表达，尤其是香港和澳门，将是不可或缺的地区和内容，我们也期待有更多优秀的专业作者积极加入，或者广大读者对优秀中国建筑的大力举荐。在当今数字化时代，这套丛书如何进一步深化电子媒介和读者进行交流及普及，还有许多工作要做。边编写，边出版，且行且追求。“中国建筑古今漫步”从此启程。

2021 年 6 月 2 日于金陵

目录

桂林市

柳州市

梧州市

玉林市

贺州市

贵港市

钦州市

防城港市

广西古今建筑概说

广西最早的古建筑形式是干栏。

考古人员在南宁市邕宁区顶蛳山新石器时期遗址发掘中，发现地面有整齐排列布局的坑洞，即推断为地面干栏式建筑的柱洞。这是广西发现最早的地面建筑遗迹，可追溯到新石器时期，距今7000多年了。

真正让人对古代干栏式建筑形成具象认知的，是广西贵港市、合浦县、钟山县等地汉墓出土的干栏式建筑模型明器，这些模型来源于现实生活，反映了当时真正干栏建筑的形态。模型有陶质、铜质或石质，形制上有长方形、曲尺形、圆形甚至组群，屋顶、瓦垄、脊饰、柱梁、窗扇、门牖、斗栱等房屋要素俱全，反映汉朝时期广西干栏式建筑的成熟发展。

广西现存最早的建筑实例为兴安县秦代灵渠。秦灭六国后，秦始皇于公元前219年派大将屠睢率50万秦军进攻岭南，遭到百越部族的抵抗，三年无法取胜，粮草不济。秦始皇命监御史禄修建灵渠，沟通了湘、漓二水，秦军由此征服岭南。灵渠联系了长江与珠江，一直使用至民国。灵渠全长34km，由铧嘴、大小天平、南北渠道、泄水天平、陡门等设施组成一个完整的水利工程体系，现在基本保留了秦代形制。

广西现存唐代建筑实例是桂林市木龙洞石塔。木龙石塔无建塔记载，宋人题诗证为唐塔。塔坐落在漓江西岸、叠彩山东麓木龙古渡岸边的一块蛤蟆石上，为喇嘛式石塔，高4.49m，由塔基、塔身、相轮、宝盖和塔刹五部分组成。木龙石塔形制为广西境内罕见，形态小巧古拙，与山水融为一体，有很高的历史艺术价值。

广西现存宋代建筑实例是阳朔县仙桂桥、桂林静江府城墙等。仙桂桥为单孔石拱桥，拱石下有碑文明确记载建桥时间。仙桂桥拱券轻盈，造型优美古朴，在近千年间一直担负着北通桂林、南达阳朔的要道作用，至今仍坚固如初，体现出宋代的建造技术和水平。

广西现存古建筑多为明清时期建筑，内容丰富，形式多样。

影响广西建筑文化的三个因素：天、地、人。

广西的气候东西南北各不同。桂北、桂西北、桂东南的气候表现为夏热冬冷，四季分明，多雨潮湿，这一带的建筑要解决夏季遮阳通风和冬季御寒抗冻的问题，主要采用的方法是砖土外墙内部木质围护来保温，利用敞厅天井来通风防潮。桂西、桂西南闷热多雨，日照强烈，多虫害，这区域的建筑多采用干栏或架空防洪防虫，利用墙体窗花来加强室内通风防潮，屋顶出檐深远以防雨水侵袭。桂东、桂南、桂东南夏热冬暖，雨量大日照强，时有台风侵袭，这一带的建筑要解决防晒、防高温、防雨、防潮、防风的问题。建筑形式有的以面宽小、进深大、天井小来通风散湿，村落布局强调周围环境与布局营造怡人环境，建筑技术上更注重加强抗风防雨防潮。

从地理上来讲，广西地处西南边陲，偏居中国一隅。整个区域北面为连绵的南岭、苗岭等崇山峻岭，隔绝与中原的联系，南面与越南接壤。边陲战事时发，广西有着深厚的边关文化，关楼、关隘、边墙、祭祀祠堂等建筑是具体体现。设于汉代的兴安县严关是岭南第一关，湘桂走廊由此通过，欲南下夺桂林城，必先夺严关，使严关战事弥漫了千年。镇南关是中国与越南两国边境线上最重要的隘口，汉代称“雍鸡关”，为中国九大名关之一，号称“中国南大门”。修建于清末，全线总长 1000 多千米的中越边境连城要塞，修筑城墙、炮台、碉台、关隘等工事设施，有“中国南疆长城”之称。陈勇烈祠是清政府为纪念在中法战争中牺牲的名将陈嘉而建的祭祀专祠。三宣堂、冯子材故居等是抗法英雄刘永福、冯子材的故居，亦是他们练兵场所。

广西地处云贵高原的延伸部分，呈现北高南低的态势。西北面为凤凰山、九万大山和元宝山等山脉，东北部为南岭，猫儿山、越城岭、海洋山、都庞岭等山脉分布，广西第一高峰猫儿山位于此段。大桂山、云开大山包绕东南，六诏山、十万大山横阻西南，三面高山环绕，中间为盆地，使广西犹如一个簸箕，簸箕口为北部湾。广西地形由高原到大海，复杂多变，除了周边高山，还广泛分布低山丘陵，大面积的喀斯特地貌，剩余能耕作的土地十分有限，可谓“八山一水一分田”。为了生存，各族民众进行土地争夺，形成“汉族住街头，壮族住水头，瑶族住菁头，苗族住山头”的格局，由此深刻影响广西各族建筑文化的发展。穿越猫儿山 – 越城岭 – 海洋山的湘桂走廊，自古是南北交通要道，对广西文化、经济发展、建筑文化的发展起着重要作用。

广西是多民族地区，有 12 个世居民族，分别是壮、汉、瑶、苗、侗、仫佬、毛南、回、京、彝、水和仡佬，其中壮、侗、仫佬和毛南为广西土著民族，由百越之地的骆越人等分化融合而成，其他各民族在不同历史时期从不同地方迁徙而来。

壮族是我国少数民族中人口最多的民族，散布全区，集中于南宁、百色、河池、柳州等地区。天峨县三堡乡拉汪壮寨遗存的古老壮族村寨，较完整地保留了壮族传统民族建筑特色，是山地壮族干栏民居的代表。壮族文化源远流长，但发展至今已在物质、制度、精神等全方面汉化，忻城县土司衙署、西林县岑氏家族建筑群、邕宁区北觥村民居等壮族的公共建筑、宅第等建筑，直接运用了汉族的建筑制度、形式和装饰。

侗族分布于三江侗族自治县、龙胜各族自治县，所处之地为云贵高原延伸的山区，以聚居和崇祖为习惯，山寨几乎是一寨一姓，有鼓楼或祠堂为议事管理场所，即便多姓一寨，各姓有各自的鼓楼或祠堂，联合管理村寨。建筑形式沿袭传统工艺，以当地杉木为材，结合山地地形，为穿斗式、干栏式，一般 3~4 层。

仫佬族为杂居民族，性格宽厚包容，散居于柳州、河池、来宾等境内，罗城仫佬族自治县最为集中。仫佬族建筑通常采用合院式或一明两暗式，砖砌或泥石混砌，硬山搁檩式。典型的仫佬族村落有柳城县古砦仫佬族乡覃村、潘村、滩头屯等。

瑶族在广西为外来民族，自隋唐发展至今广西已成为全国瑶族人口最多省份，分布于金秀、都安、大化、巴马、富川、恭城六个瑶族自治县及桂北、桂东及桂西南等地。瑶族的建筑形式与所处的地理、气候、社会环境有关。居住于平地的瑶族汉化程度较高，如富川、恭城一带的瑶族建筑与汉族建筑并无二致，青砖砌筑合院式。山区的瑶族建筑采用干栏式建筑，而居于高山上的瑶族可能采用竹制房屋。

回族大部分集中于桂林市，其余分布于南宁、柳州等大商埠。除了清真寺，广西回族的民居建筑与当地汉族建筑形制相似，为砖砌硬山搁檩式建筑，一进或两进，外立面装饰较为朴素，显得封闭冷峻。

汉族的移民对广西的影响是根本性的。由于广西被崇山峻岭隔绝于中原，秦代前广西居住“骆越”“西瓯”“仓吾”等族，号“百粤”，其生产力远远低于中原。秦代秦始皇征服岭南，打通岭南与中原的交通孔道，汉族开始有移民进入岭南地区，中原与岭南的政治、文化、物资有了长足交流。但是直至明代前，汉族移民仍然属少数。明清时期是汉族的集中、大规模移民时期，最终成为广西地域主流族群，影响建筑风格的形成。

汉族移民主要有三种形式：政治移民、战争移民和经济移民。

政治移民是指因放官、谪迁、避祸等政治原因进入广西而留下的人。历代朝廷派遣许多官吏到广西任职，因各种原因部分人员被迫留在了广西，家族在广西繁衍生息。而广西作为南方蛮荒之地，自然环境恶劣，是流放犯罪官僚、文人和百姓理想之地。这些政治移民对建筑文化的影响是深远的。唐代柳宗元因永贞革新失败被贬至柳州，官终柳州。柳宗元在柳州对民众“不鄙弃其长，劝以礼法……修孔庙，授诗书”，民众感念其恩，修柳侯祠以供。宋代苏东坡因“乌台诗案”而被流放岭南，在合浦滞留时写下多首诗篇，后人为纪念他，在他居留地修建东坡亭。

广西为边疆及少数民族地区，战事时发，历代均派以重兵镇戍，戍兵部分落籍广西，成为战争移民。秦代大军进入岭南征服百粤，留下 20 万兵士戍边，同时留下秦城遗址和灵渠这个绝世工程。

西汉汉武帝派遣伏波将军路德博率军平定南越国，使岭南统归汉朝，设立苍梧、郁林、合浦等郡。贺州临贺故城即设立于此时。东汉光武帝派遣伏波将军马援南征交趾（今越南），平乱安民，“所过建城池，设郡县，筑沟渠，灌田亩”。遗存广西各地的伏波庙说明后人对朝廷的戍边功绩是肯定的。

唐代大将李靖率大军平定岭南，岭南各郡县归于唐朝。唐朝对岭南实行羁縻土州政策，同时派遣集军政大权一体的经略使强化政权。容县古经略台为唐代容州经略使所筑，为阅兵观光之高台，明代在其之上建筑的真武阁，是广西古建筑的杰出代表。

五代十国的楚国马殷父子割据南方，占领桂北及桂东，与南汉政权相争。富川有辉煌的马殷庙，说明马殷造福了当地民众。南汉击败楚国，统领广西地域。宋朝平定南汉，统一全国。为镇压侬智高等少数民族起义，增强戍边，类似桂林静江府城的城池加强了建设。宋被元灭亡后，宋兵解散落入民籍。

明朝实行卫所制度，“军户”携家眷驻守，“三分守城，七分屯种”，形成大规模军籍移民。清代卫所废除，这些军籍移民成为当地百姓。合浦永安村原为卫所，城墙轮廓范围、十字形街道现在清晰可见，中心的鼓楼屹立至今。

经济移民指进入广西从事农、工、商及其他经济活动的移民。广西自然条件恶劣，地多人少，开发远远滞后于中原地区。明清时期，广西吸引了周边人多地少省份的人前来开拓。同时，政府出台优厚垦荒政策，推动各地民众进入广西垦荒和经商，形成集中、大规模的移民潮。明清时期的经济移民是自主性移民，广西汉族数量剧增，很多地方的少数民族被汉化或被迫外迁让出空间，汉文化成为主流文化，最终影响各地建筑文化。

从北方进入广西的主要是湖南、江西的移民，广泛分布于桂柳各县，掌控这些地区的经济命脉，使桂北、桂东北地区的建筑文化受湘赣建筑文化影响深远，形成湘赣式建筑分布区。

明清时期广东人商品经济发达，对商业意识薄弱的广西进行商品贸易获利甚厚，驱使大量的广东人进入广西，在桂东、桂东南及桂南形成核心区，并几乎涵盖整个广西，形成“无东不成市”的街镇格局。其工艺精湛、装饰精美的会馆和居所成为当地标志性建筑，被争相借鉴模仿，形成广府式建筑风格。

客家建筑文化对广西的影响巨大。为寻求生存的立足地，福建、广东、江西等地的客家人辗转进入广西，聚集于桂东南、桂东、桂中地区，形成其独特封闭的生态文化，因其先进的农耕技术、经商能力、文化水平影响了周围地区，其独特的建筑技艺与建筑风格也产生带领作用。

广西古建筑的种类繁多，形式多样，有古城古镇、古代衙署、古村古寨、客家民居、寺观坛庙、文庙书院、会馆、祠堂牌楼、亭台楼阁、古塔、桥梁、名人故居、陵墓等。

广西的古城古镇是战争的产物。例如宋时桂林是广南西路静江府的治所，南宋末年为抵御蒙古军队而耗时 14 年进行一次大规模修筑，摆脱唐时规矩的简称制度，“因天材，就地利”，“城郭不必中规矩、道路不必中准绳”，形成了宋代桂林城的最终格局。刻于桂林鹦鹉山的《宋代静江府城图》绘制了府城全貌及记录了修城情况，与苏州宋代《平江府城图》齐名。广西的古城古镇经过时间的变迁，遗存多为明清城址，数量有近 80 处，类型有军事要塞、行政中心或商贸重镇。例如桂林王府为明朝朱元璋在洪武三年（1370 年）册封其侄孙朱守谦为靖江王，就藩桂林修建，城池府衙悉依王制，耗时 20 年建成，先后沿袭了 14 位靖江王。贺州市临贺故城始建于西汉元鼎六年（前 111 年），地处湘粤桂三省交界处，历经 2000 余年的建设，直至民国，是“现存县级行政治所城址中延续时间最长、保存最完整的古城址”。遗存的永福县永宁州城、大新县养利州古城、富川瑶族自治县富阳古城、崇左市太平府古城、三江丹洲古城、灵川大圩古镇、鹿寨中渡古镇，等等，说明明清城镇建设处于很大的发展时期。

古代衙署以忻城县莫土司衙署和西林岑氏土司府为代表。壮族土司制度历经了 1000 多年，两座建筑是历史保存下来的完整遗迹，反映了中国西南少数民族地区土司制度的兴盛衰亡过程。

广西的古村落各具特色，充分体现了民族与地域文化特点。广西为多民族聚居，民族之间的生产生活资源争战不可避免。影响村寨建设的客观因素有自然条件、社会条件、经济条件等。影响村寨建设的主观因素有宗法制度、风水意象、文化寄情等。代表性的汉族村寨有桂北的灵川县江头村、灵川县长岗岭村、兴安县水源头村、灌阳县月岭村等。江头村为北宋理学宗师周敦颐的嫡亲后裔开启了江头村 600 多年的兴盛，全村崇尚儒学，热衷办学科举，造就了江头村“清官村”的美誉，至今保存的民居规模宏大，格局规整，装饰精美丰富。长岗岭村村民耕读经商而发达，成为明清时期桂北富豪村，建筑的显著特点是尺度体量巨大，气派古朴，在桂林地区首屈一指。桂中地区的有柳城县古廨村、金秀瑶族自治县的龙腾村、宾阳县的蔡村等。桂东地区的富川瑶族自治县秀水村是“状元村”，共出 1 名状元和 27 名进士，村庄山水相间，生态和居住环境十分优越，遗存 300 多栋古民居、十数道门楼、四座毛家祠堂、四座书院、三座戏台、一座石拱桥等古建筑。桂东南的有玉林市高山村、兴业县庞村、灵山县大芦村、灵山县苏村等，这些村落规模宏大，宗祠文化兴盛。少数民族的村落以三江侗族自治县的侗寨、龙胜各族自治县的壮寨等为代表，其中高定侗寨始建于明万历年间，地处贵州、湖南、广西三省交界处，是一个有 590 多户的侗族聚居大寨，500 多座木干栏式民居形成依山傍水的布局，鳞次栉比、层次分明，极具气势和特色。

客家与广府、湘赣三系是进入广西的主要汉族民系，客家村落是汉族村落的重要一部分。广西现存客家村落的建筑主要是堂横屋式，少量为围垅屋形式。代表性的是贺州江氏围屋、贺州静安庄、柳州刘氏围屋、贵港市君子垌围屋、玉林市朱砂垌围垅屋、合浦县樟木山围屋等。客家民居始建时一般偏居郊野，聚族而居于同一门户的大屋，布局封闭内向生活设施完善，中心是共享的宗祠，营造出“背山面水”的基本格局，外围具有严密的防御系统。

广西的宗教建筑包括寺观坛庙。佛教自汉末传入广西，在宋朝达到鼎盛，有桂林栖霞寺、全州湘山寺等名寺。明代佛教日趋世俗化，逐渐没落。至今较为完整遗存的佛寺为数不多，有始建于宋代的桂平市崇圣寺、富川瑶族自治县的慈云寺、天等县的万福寺等。万福寺建于山腰洞里，寺院建筑如挂于石壁，为广西“悬空寺”。

道教传入广西后，与广西民间信仰心理相通，使道教在广西传播广泛，出现了容县都峤山、北流勾漏洞、桂平白石山等胜地，但因缺乏政治支持，内容简单粗俗，最终式微，遗存道观屈指可数。梧州市白鹤观始建于唐开元年间，后多次重修，是广西保存较好的道教庙观，建筑布局、样式、装饰等体现了广府建筑的特点。

回族自迁入广西，主要聚居于桂林一带，少部分在其他贸易重镇，人口分布格局决定了清真寺的建设。桂林六塘清真寺始建于清乾隆年间，是广西现存规模最大、保存最完整的传统木构清真寺，为三进院落式布局，在轴线上依次布置大门、二门、讲经殿和礼拜殿。

坛庙为广泛的地方信仰庙宇，包括地方保护、防灾驱祸、专门护佑等不同内容，建筑形态呈现不同特色。如供奉伏波将军的横州市伏波庙、龙州县伏波庙；供奉真武帝的南宁市五圣宫、大安大王庙、马山县北帝庙等；供奉关公的恭城武庙、灌阳县关帝庙、合浦县武圣宫；供奉本地神灵的桂平市三界庙、岑溪市邓公庙、和里三王宫、梧州市龙母庙等；供奉妈祖的毛村圣母宫，等等。

广西的文庙始于唐代，隶属于官学，鼎盛于清康乾年间，布局多参照北宋《文宣王庙阁》布置。恭城瑶族自治县文庙、武宣县文庙是现广西规模较大、保存完整的文庙建筑群，主体建筑保存较好的有北流大成殿、玉林大成殿、富川文庙等。

广西的书院自宋发端至民国，数量多。讲学、藏书和祭祀是书院的三大功能，另有生活、游玩以及对外交流功能，使书院成为一个多功能建筑综合体，如浦北县大朗书院、田东县经正书院、南宁市斑峰书院等。试院为科举考试场所，与书院息息相关，随着教育的发展而规模壮大。科举考试消亡，试院亦退出历史，目前遗存的是宾阳县恩思府试院。

明清时期，随着社会经济发展而产生，由同乡或同业组成一种团体组织，作为保护利益、协调关系、扩大影响力等，兼具聚会联乡谊功能，这种组织的建筑体现是会馆。广西曾存在 200 多座会馆，多为粤东会馆和湖南会馆，最早的会馆是建于明万历年间的平乐粤东会馆。各省会馆各具特色，有“湖南会馆一枝花，粤东会馆赛过它；福建会馆烫金箔，江西会馆笔生花”之说，影响当地的建筑文化。

祠堂是广西各民族的一个重要社会文化现象，大概分为三类：一是朝廷敕建的具有旌表性质的祠堂，如龙州县陈勇烈祠；二是民众对先贤的纪念而建的祠堂，如柳州市柳侯祠、恭城瑶族自治县周渭祠、全州县柴侯祠等；三是家族的宗祠，是供奉祖先牌位、举行重大仪式、处理宗族事务、教育后代的重要场所。在广西汉族的广府、湘赣、客家民系中的祠堂建筑格局颇有不同，但祠堂所处的位置、建筑体量、装饰无疑是村落中最好的。广西家族祠堂数量众多，代表性的是全州县南石祠、隆安县惠迪公祠、浦北县伯玉公祠、全州县梅溪公祠等。

牌楼（牌坊）是纪念性构筑物，在建筑上起组织空间、点缀景观作用；在宣教上为昭示礼教意义、标榜功德。广西牌楼有木制、石制和砖砌，雕饰繁杂精湛，极具欣赏价值，堪称工艺品。全州县燕窝楼为木制牌楼的精品；灌阳县月岭村“孝义可风”牌坊、全州白茆坞牌坊、钟山县恩荣牌坊等为石制牌坊的佳构；岑溪县五世衍祥牌坊为砖砌，为广西孤例。有趣的是灵川县四方灵泉牌坊是为井而立的小品，状元陈继昌亲笔题匾，非常难得。

广西的亭台楼阁体量都较小，但数量多，分布于广西全境，最能体现广西的建造技艺与特色，部分是广西古建筑的代表。如容县真武阁建于明代，用令人惊叹的“杠杆结构”方式达到整个建筑的力学平衡，造型飘逸大气，精美匀称，至今保存完好，充分体现建造者深厚的力学知识、丰富想象力和高超施工技术，被称为“天南杰构”。合浦县大士阁屋顶坡度平缓，出檐深远，柱径粗壮，莲花柱础，角柱有侧角与升起，在其建筑结构与局部构件中遗存了已经在其他地方消失的古制，虽为明构，却极具宋制风韵。另有南宁市魁星楼、靖西市文昌阁、合浦县海角亭、东坡亭等显示岭南建筑风格。

戏台是亭台楼阁中的一种，广西戏台大致有四种类型：庙宇附属戏台、宗祠戏台、会馆戏台、街圩戏台。

鼓楼是侗族居民集会议事和娱乐的重要场所，由本村工匠修建，用当地工具设计施工，充分体现了侗族建筑艺术的高超技艺。鼓楼一般为密檐楼阁式，内部为一层或两层。三江侗族自治县马胖鼓楼为广西最具代表性的侗族鼓楼之一。

广西的古塔分为佛塔和风水塔，佛塔遗存较少。古塔多为砖塔，建造于明清时代。全州湘山寺妙明塔为宋代佛塔，存唐代高僧全真法师遗骸于内。桂林市万寿寺舍利塔、象山普贤塔为明代佛塔。风水塔用于镇邪或兴文，建于水边或山上。崇左市归龙塔、桂平东塔、横州市承露塔、贵港市漪澜塔等建于江边，合浦县文昌塔、荔浦市文塔、梧州炳蔚塔建于山上。其中崇左市归龙塔为斜塔，桂平东塔高 50m，为广西最高古塔。

桥梁的发展体现了技术的发展。广西丰富而复杂的地形地貌催生了不同类型、结构的桥梁，类型有石拱桥、平板桥、铰拱木桥、廊桥等。石拱桥为古代桥梁数量最多，孔数从单孔到多孔，如阳朔县遇龙桥、钟山县石龙桥、宾阳县南桥、南宁市皇赐桥等，最大的是桂林市花桥，主桥加上旱桥共有十拱。平南县大安桥为平板桥的代表。合浦县惠爱桥为铰拱木桥，为当时较先进的木结构桥梁建筑之一，广西无二，全国罕见。

廊桥又称“风雨桥”，是广西少数民族特有的桥梁形式，除了桥的作用，还有日常休闲、拜祭功能。按下部结构形式，广西古廊桥可分为简支水平梁廊桥，如著名的三江侗族自治县程阳桥、岜团桥；伸臂式木梁廊桥，如龙胜各族自治县潘寨廊桥；石拱廊桥，如富川瑶族自治县回澜桥、青龙桥。

广西的陵墓以“岭南第一陵”桂林市靖江王陵为著，是我国现存最大保存最完好的明代藩王墓群。兴安县榜上村陈克昌大墓是一座罕见的高规格大规模的古墓，建于光绪十五年（1889 年），因家族功于朝廷，得以建大墓立牌坊。

近代广西百年风云激荡，社会、政治、经济、军事、科技、文化以及风俗等均发生沧桑巨变。在这个社会转型变革过程中，广西的建筑形成了两条发展线路，一条是传统的建筑形式与建筑技术继续发展传承；另一条是西方外来建筑文化的传入，与传统建筑文化交融碰撞产生的近代建筑，在广西得到传播与发展，成为特定历史条件下的一种文化现象，是中国建筑历史不可分割的一个组成部分。

东兴市罗浮恒望天主教堂由法国传教士始建于道光十二年（1832 年），是现存广西较早的天主堂，说明在鸦片战争前教会活动已经深入广西，西方教会建筑成为打开广西门户传播西方建筑文化的急先锋。鸦片战争后，西方列强获得了内地传教的自由，相继在广西境内建设了北海涠洲盛唐天主堂、北海涠洲城仔教堂、北海天主堂、梧州天主堂、龙州天主堂、象州龙女村天主教堂等，另有北海德国信义教会、北海女修院、梧州建道圣经学院等教会建筑。教会建筑不仅出现在通商口岸城市上，还出现在广西的偏远城镇与乡村。教堂以高耸巍峨向上的尖塔、繁复的外装饰、神秘的玫瑰窗等形象震撼了当地民众。

广西作为中国南部门户，有通江达海的水陆口岸，是西方列强窥视争夺的要地。清光绪二年（1876年）中英签订《烟台条约》，北海成为广西第一个“条约通商”口岸，英国、法国、德国、意大利、美国等8个国家先后建立领事馆。清光绪九年（1883年）中法战争后，中国和法国签订《越南条约》，开放中越边境的龙州为通商口岸，在龙州设立了法国领事馆和龙州关。清光绪二十三年（1897年）中英签订《续议缅甸条约附款》，开放梧州为通商口岸，设立英国领事署和梧州关。从此广西沿边、沿海、沿江门户洞开，西方势力长驱直入广西，带来了洋行商行、西式医院、邮局、西式学校、洋房住宅及新式城区等新建筑。

领事馆及海关建筑现遗存有北海英国领事馆旧址、双孖楼、北海德国领事馆旧址、北海法国领事馆旧址、北海关旧址、龙州法国领事馆旧址、梧州领事署旧址、梧州海关旧址等；洋行现存北海德国森宝洋行旧址、梧州美孚石油公司旧址等；医院现存北海普仁医院旧址、梧州思达医院旧址等；学校遗存有北海贞德女子学校旧址等；邮局有大清邮局北海分局等。这些外来近代建筑的主要建筑形式是殖民地外廊式建筑，带来了西式建筑风格和建造技术，影响了近代广西建筑文化的转型发展。

近代中国的社会变革最突出的是推翻了帝制，这是许多仁人志士浴血奋斗的成果。孙中山的革命足迹遍布广西，得到广西人民的爱戴，在他逝世后建成了全国最早的中山纪念堂——梧州中山纪念堂，是体现广西近代新民族形式风格的代表性建筑。而后广西各地建设了中山纪念建筑：凌云县中山纪念堂、扶绥县旧城中山纪念堂、陆川县中山纪念亭、桂林市独秀峰中山纪念碑，等等。

进入共和时期的广西，民智开放，民主思想深入人心，尽管军政大权掌控在以陆荣廷为首的旧系军阀手中，但广西还是在逐步发展。近代的邮电、公路、电力、教育、城建等已经初步建立，民众的生活方式产生明显的变化。公共建筑如南宁市广西高等法院办公楼旧址、容县中学教学楼旧址等建成；商业建筑如骑楼，开始在各个传统城市的繁华街道蔓延。西方建筑的理念、材料、工艺等方面相对传统建筑有一定的优势，民众开始接受以西式建筑样式来建设房屋，如博白县大平坡水楼、贺州陶少波故居、蒙山县新联民居、宁明林俊廷洋楼等。此时时局仍然是动荡不安的，为了自身安全，出现了围以高墙与碉楼的西式庭院建筑，外向防御性极强，如灵山县龙武庄园、武宣县郭松年故居、武宣县黄肇熙庄园、武宣县刘炳宇故居等。

1924 年，李宗仁、白崇禧、黄绍竑等走到前台，代替陆荣廷建立了新桂系对广西的统治。新桂系时期是广西近代各项事业发展的黄金时期，城建发展迅猛，特别是对桂林、梧州、柳州、南宁、北海等中心城市提出了城市建设规划指导思想。其中“水上门户”梧州是广西近代城市规划最早的城市，梧州骑楼、梧州维新里民居等是规划的产物，维新里民居已经有现代公寓的雏形。桂林长期为广西省政治与文化中心，特别是抗战期间与抗战后，云集了各省人士包括建筑师，其中的一些建筑师在办公建筑、文化建筑领域进行了设计实践，出现了一批近代民族形式建筑，如著名建筑师赵深设计了科学馆、钱乃仁设计了广西省立艺术馆及广西省政府办公楼、王朝伟设计了汇学堂等。

近代广西壮族自治区居住建筑主流仍然是院落式传统建筑，但在西方文化的冲击下，不少权贵官吏、富商士绅、社会精英等人士采用了西方建筑样式建造传统宅第，在大众中产生西式是时尚的象征、身份的显示心理，推动了中西结合的民居建筑在广大城乡的建设。桂林李宗仁故居、桂林白崇禧故居、梧州李济深故居、横州施恒益大院、横州三昆堂、岑溪得中堂等，以及容县许多将领在家乡建设的别墅公馆，成为近代府邸建筑的代表。有些传统祠堂与西式建筑样式融合，产生了奇特的风格，如陆川县菁莪馆、桂平市吴巽亭公祠。

近代私人园林的出现，多为军阀豪绅拥有。南宁市武鸣明秀园、桂林市雁山园、陆川县谢鲁山庄号称“广西三大名园”，显现出受西式风格影响下的岭南园林风格。其中雁山园几经易主，最后的主人为两广总督岑春煊。岑春煊于 1929 年将雁山园捐于广西省政府，辟为雁山公园对外开放，实现私家园林向公共园林转变，意义深远。

当代广西建筑日新月异，发展迅猛，期间有个闪光点享誉全国，这个闪光点即桂林风景建筑。桂林的风景区开发发端很早，在风景佳处留下许多人文古迹，故游桂林有“看山如看画，游山如读史”之说。以尚廓为代表的建筑师在 20 世纪六七十年代创作了一批风景建筑，如芦笛岩景区接待室、水榭、餐厅等配套设施，七星公园的月牙楼、驼峰茶室、栖霞亭、小广寒等配套设施，桂海碑林的藏碑阁，伏波山的听涛阁，等等。这些风景建筑充分考虑规划与选点，不露痕迹与自然基址结合，建筑风格继承传统又进行革新，与自然风貌融为一体，不仅满足使用的要求，同时渲染和衬托了环境，成为风景中的一部分。桂林风景建筑采用了新材料、新结构、新形式，建造快速，满足了当时人民群众的需求，与以往的景区建筑格外不同，给人耳目一新的感觉。

南宁市

南宁市古属百越之地，自东晋大兴元年（318 年）设郡，于唐朝贞观年间（632 年）更名邕州，简称“邕”，位于广西的中心偏西南地带的南宁盆地，地势平坦，为以壮族为主的多民族聚居区。南宁市的建筑文化受广府建筑文化影响较大，整体呈现明显的广府建筑特点。

受汉族文化影响，南宁市的壮族及其他少数民族汉化比较完全，其建筑特色亦与汉族建筑趋于一致。南宁市是近现代广西的政治、经济中心，公共建筑、商号、宅邸等西式风格建筑涌现，是当时广西的社会变革在建筑文化上的体现。

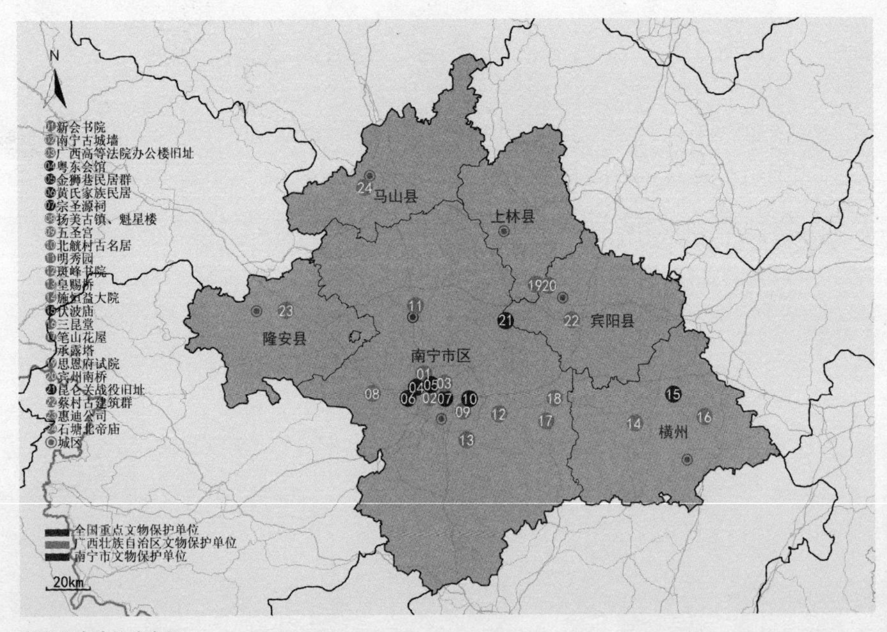

南宁市古建筑分布图

一、南宁市区（青秀区、兴宁区、西乡塘区、江南区、良庆区、武鸣区、邕宁区）

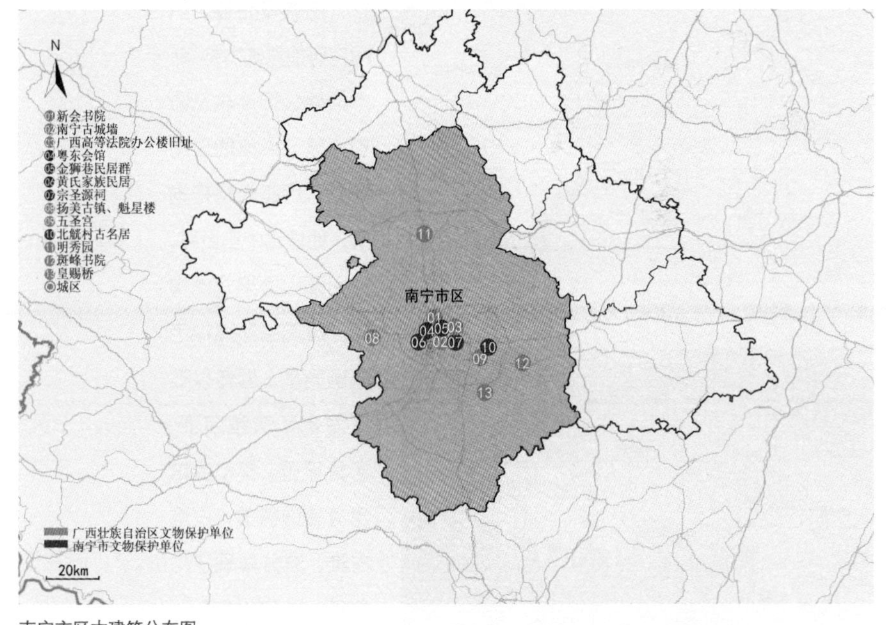

南宁市区古建筑分布图

01　新会书院

文保等级：自治区级文物保护单位
文保类别：古建筑
建设时间：始建于清乾隆元年（1736 年）
建筑类型：会馆
材料结构：砖木
地理位置：南宁市兴宁区解放路 42 号

新会书院虽名“书院”，实为会馆，是旅桂广东新会籍人士集资兴建，作为商务及同乡聚会场所。建筑临街，总体布局为三进两廊，依次为门楼、中座和后座。原有一阁于后座后面，现已无存。门楼为三间，典型广府会馆样式，次间有塾台，门后两次间设有二层楼，为插梁式木构架。门楼曾于民国 21 年（1932 年）因拓宽马路后移重建。中座为议事厅，地平比门楼升高，房屋高敞，为三间硬山砖木结构，石制檐柱，前檐设卷棚，明间广府抬梁式木构架，木构架装饰斗栱及雕刻，显示中座的至高地位。后座为祭祀场所，地坪比中座更高，三间硬山插梁式木构架。建筑屋顶覆绿色琉璃筒瓦，屋脊以石湾陶瓷和灰塑装饰，繁复华丽。整个会馆建筑装饰精美，庄重古雅，充分体现了广东商人的审美情趣。

01~05 新会书院、南宁古城墙、粤东会馆等区位图

紫氣東來

02　南宁古城墙

文保等级：自治区级文物保护单位
文保类别：古建筑
建设时间：始建于清乾隆六年（1741 年）
建筑类型：城垣
材料结构：砖石
地理位置：南宁市青秀区中山街道中山社区邕江一桥北端东段

南宁古称“邕”，自东晋大兴元年（318 年）建置至今约 1700 多年，各代不断兴建城墙，历经晋城、唐城、宋城等城池。明清时代，南宁府更大规模建设城墙，城墙南临邕江，拥有六个城门，高三丈一尺，厚二丈五尺，内外以青砖包砌，既能防御亦有防洪功能。现存古城墙墙基 112m。

03 广西高等法院办公楼旧址

文保等级：自治区级文物保护单位
文保类别：近现代重要史迹及代表性建筑
建设时间：始建于 1913 年
建筑类型：府衙
材料结构：钢筋混凝土砖木
地理位置：南宁市兴宁区朝阳路 3-5 号

广西高等法院办公楼旧址原为南宁府的署衙，1913 年改建为现状，1919 年广西高等法院迁入。建筑占地面积约 475m^2。外立面为纵向三段式构图，以中间部分内凹为视觉中心，设置入口门廊。门廊有两根两层高塔斯干柱，支撑二层阳台及雨棚，顶上为梯级山花。建筑两侧开大窗，整体简洁典雅。

百盛
市政府

04　粤东会馆

文保等级：市级文物保护单位
文保类别：古建筑
建设时间：始建于清乾隆元年（1736 年）
建筑类型：会馆
材料结构：砖木
地理位置：南宁市西乡塘区壮志路 22 号

粤东会馆由广东商人集资兴建，原为门楼、中堂、后座三进建筑，现仅存门楼及两侧耳房。门楼面阔三间，前置较深前廊，入口设于明间，门上镶嵌“粤东会馆”石刻匾额。前廊檐柱和檐枋均为石制，左右设塾台，雕刻精美。为插梁式木构架硬山顶建筑，墙楣施画，梁架装饰考究。屋顶覆灰绿剪边色琉璃瓦，脊饰繁杂。

粵東會館

05 金狮巷民居群

文保等级：市级文物保护单位
文保类别：古建筑
建设时间：始建于清末至民国
建筑类型：民居
材料结构：砖木
地理位置：南宁市兴宁区兴宁路西二里

金狮巷为东西走向，两侧遗存古民居部分为清末古建筑风格，部分为民国时期风格。清代时期的建筑为二进或三进院落，青砖砌筑硬山式，穿斗式或插梁式木结构。民国时期建筑多为两到三层，中西样式结合。金狮巷民居群是南宁市市区内唯一遗存的清代至民国的古民居群。

06 黄氏家族民居

文保等级：市级文物保护单位
文保类别：古建筑
建设时间：始建于清康熙十年（1671 年）
建筑类型：民居
材料结构：砖木
地理位置：南宁市西乡塘区中尧南路东三里 88 号

黄氏族人于清康熙年间在此地定居，依靠邕江从事运输和商贸生意，发家后购地置业，逐步建成黄氏大屋。整个建筑群坐北朝南，总占地面积 3653m^2，由 5 列 8 排 33 栋 108 间房屋组成。大屋院落内道路呈棋盘布局，以一条曲折贯通南北的主巷道为中轴线，建筑物沿巷道排列布置。主入口设于主巷道南端，西洋样式，亦有虎头扬威的寓意。入口多级台阶提升，大屋地坪整体高于外面环境，防止洪水侵蚀。建筑三开间青砖砌筑硬山顶搁檩式。每组建筑一至三进，每进以小天井无厢房，连接山墙设门与外巷道相通，长幼有序整齐排列形成壮观的建筑群。黄氏家族民居是南宁市遗存规模最大的古民居，外观装饰朴素典雅，相对封闭，具有明显的岭南特色。

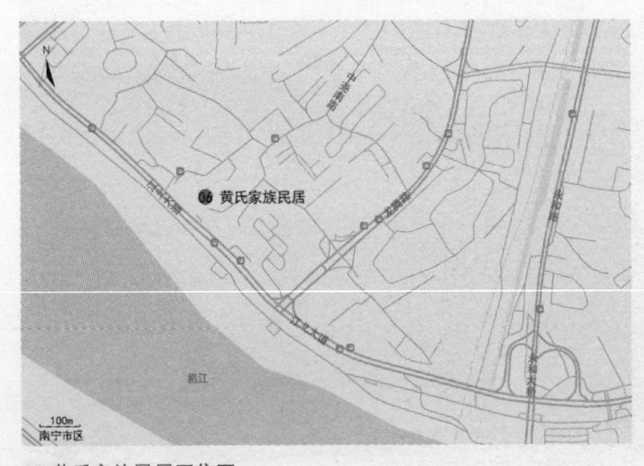

06 黄氏家族民居区位图

新春大吉
春暖大地百姓心甜社會安

喜氣盈門

07 宗圣源祠

文保等级：市级文物保护单位
文保类别：古建筑
建设时间：始建于明万历三十七年（1609 年）
建筑类型：祠堂
材料结构：砖木
地理位置：南宁市青秀区七星路一巷 25-4 号

宗圣源祠为古城村曾氏家族族人为祭祀祖先而建，均为三开间硬山式建筑。建筑为三进，有门楼、中厅及祖厅。门楼设较深前廊，主入口设于明间，其余为实墙，立面相对封闭。檐梁装饰精美，梁枋、陀墩、斗栱等均精雕细刻，为南宁市所独有。中厅开敞，连贯前后庭院。在中厅与祖厅间的庭院设有拜亭，与前后建筑连为一体，为祭拜的人员提供遮风避雨场所。宗圣源祠为南宁市区较早的古建筑遗存。

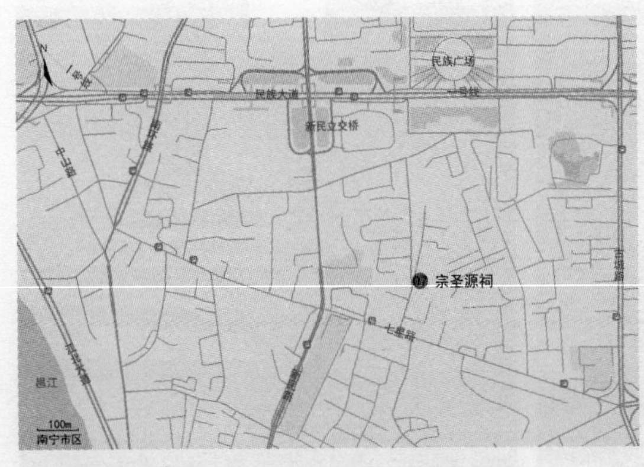

07 宗圣源祠区位图

08 扬美古镇、魁星楼

文保等级：自治区级文物保护单位
文保类别：古建筑
建设时间：始建于清乾隆元年（1736 年）
建筑类型：亭阁
材料结构：砖木
地理位置：南宁市江南区江西镇扬美村，距离南宁市区 28km

扬美古镇三面环山，一面临左江，景色形势绝佳。因其地处西江古道的节点，建制后便成为繁荣的内河水运商贸集散地，沿江遍布码头。古镇八条古街，由码头延伸至闹市，最出名的是临江街，从临江闸门开始，道路铺设青石板，两旁是明清古商铺民居，洋溢着浓厚的商业气氛。遗存的古建筑有魁星楼、明代七柱屋、五叠堂、黄氏庄园、幕义门等。民居多为一层两进或三进，最大的五叠堂共三间五进，青砖砌筑硬山顶。

魁星楼又称“文昌阁”，由村民为助学于清乾隆元年捐建。魁星楼高 15.3m，为楼阁式三层重檐歇山顶砖木建筑，插梁式木构架。首层面阔三间，进深四间，设披檐式檐廊，两侧为半幅镬耳山墙。二层三开间，明间开一方形窗，四周为实墙。三层为面阔一间的小阁，位于二层屋顶正中。檐下屋脊等装饰精美木雕或灰塑。魁星楼的木构架为穿斗与插梁混合方式，一、二层檐柱、金柱通高，用大梁承托了三层楼阁，手法具有少数民族的特点。整体立面层层后退，造型显示了汉、壮建筑文化的交融。

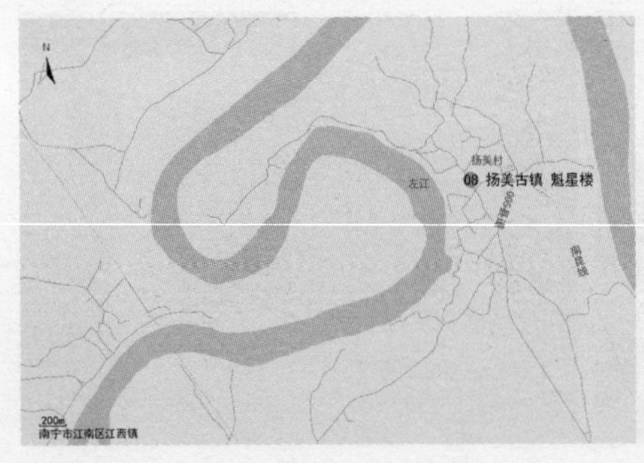

08 扬美古镇、魁星楼区位图

09 五圣宫

文保等级：自治区级文物保护单位
文保类别：古建筑
建设时间：始建于清乾隆八年（1743 年）
建筑类型：坛庙
材料结构：砖木
地理位置：南宁市邕宁区蒲庙镇团结街 55 号，距离南宁市区 16km

五圣宫供奉北帝、龙母、天后、伏波和三界“五圣”，坐落于银峰东面脚下，紧邻街道，面朝邕江。建筑为三路二进，中轴线上布置门厅、拜亭和大殿，两侧为辅助用房。门厅面阔三间，进深带前廊，前廊左右设塾台，门后设有屏门，为插梁式木构架硬山顶建筑，覆绿色琉璃瓦，脊饰繁杂精美。大殿为面阔三间，进深三间十三架前卷式，插梁式木构架硬山式建筑。门厅与大殿之间为拜亭，面阔与门厅明间同，卷棚式歇山顶。门厅与大殿的墙上沿均绘有墙楣彩画。左右两路建筑与中路建筑以窄巷道相隔，为硬山搁檩式建筑。

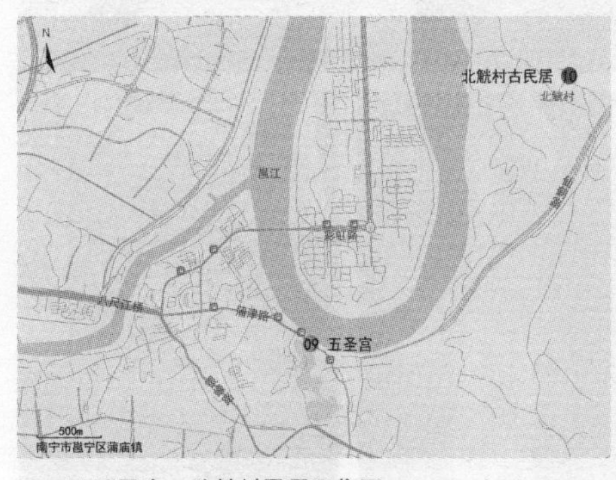

09~10 五圣宫、北觥村民居区位图

10 北觥村古民居

文保等级：市级文物保护单位
文保类别：古建筑
建设时间：始建于清光绪年间
建筑类型：民居
材料结构：砖木
地理位置：南宁市邕宁区蒲庙镇北觥村，距离南宁市区 18km

北觥村村民多为壮族，遗存不少清代民居，颜氏古宅为其中代表。颜氏古宅为清末五品参赞颜崇魁所建，为两座并联的三间三进青砖硬山式建筑，坐北朝南，占地面积 800m^2，共同朝向一条通道。门楼设有凹门廊，墙楣上彩绘图案和名人诗词。中厅和祖堂雕饰精美，工艺精湛。颜氏古宅是典型汉族广府式民居，反映了当地壮、汉民族的文化融合。

歲歲平安合家歡
年年興旺財寶聚

11 明秀园

文保等级：自治区级文物保护单位
文保类别：近现代重要史迹及代表性建筑
建设时间：始建于清嘉庆年间
建筑类型：园林
材料结构：砖木
地理位置：南宁市武鸣区城厢镇明秀路尽端，距离南宁市区 43km

明秀园是广西现存三大古典园林之一。民国 8 年（1919 年），广西军阀陆荣廷购买了武鸣河畔的一座清代嘉庆年间的园林，以其叔陆明秀名字命名“明秀园”，加以扩建改造，呈现在的规模与景象。

明秀园总占地面积 2.8hm^2，分为外园与内园。园内景观是古树参天，繁密林荫下怪石嶙峋，曲径通幽，一片清凉之境。有六角木亭立于岩石上，匾名“别有洞天”，亭林相映，环境幽静，气候清新。河沿有百年荔枝成林，苍劲挺拔，树下设石椅石凳，一派南国风光。

明秀园逸事颇多。民国初期，陆荣廷与梁启超、胡汉民、章太炎等人在此商量讨袁大事；1937 年爱国华侨胡文虎、胡文豹在园中建设国民基础中心学校；1938 年，昆仑关战役期间为国民政府十八集团军抗日指挥部；抗战期间，白崇禧在园中设抗日战事指挥部；1950 年代，园中成为创制壮文的基地，壮族文字就在明秀园诞生。

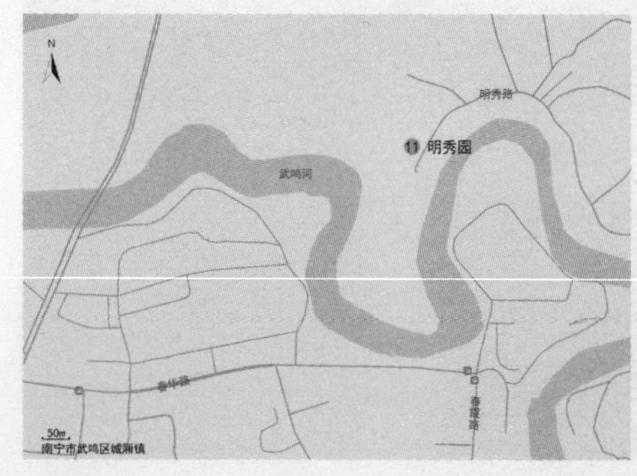

11 明秀园区位图

12 斑峰书院

文保等级：自治区级文物保护单位
文保类别：古建筑
建设时间：始建于清光绪四年（1878 年）
建筑类型：书院
材料结构：砖木
地理位置：南宁市青秀区刘圩镇刘圩街，距离南宁市区 33km

斑峰书院是当地民众为培养地方人才而筹资建设的，因位于斑山下，故名“斑峰书院”。书院占地约 1600m^2，原为三进院落式建筑，现存前座和中座，均为三开间青砖砌筑硬山式建筑，搁檩式木构架。前座为门楼，设前廊，入口大门设于明间，左右为耳房。中座明间通透，连接前后院，左右亦设耳房。整体建筑简洁朴素，在山墙墀头饰以泥塑，檐下绘墙楣画，体现书院的功能特点。

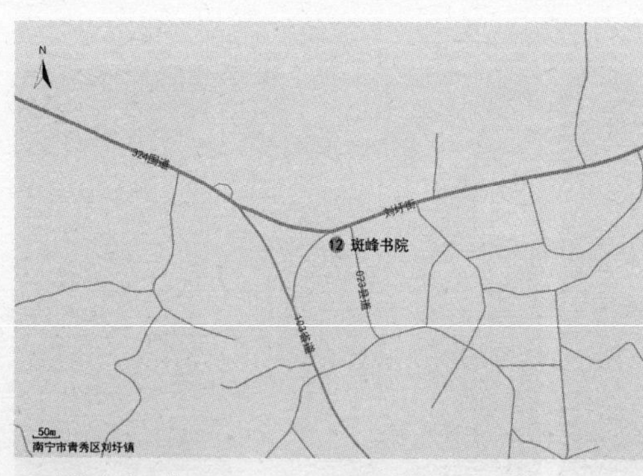

12 斑峰书院区位图

班峰书院

13　皇赐桥

文保等级：自治区级文物保护单位
文保类别：古建筑
建设时间：始建于清道光十七年（1837 年）
建筑类型：桥梁
材料结构：砖石
地理位置：南宁市邕宁区新江镇新江社区新江街北端，距离南宁市区 25km

皇赐桥为邕武生例授卫午总勒授武略骑李翘然出资所建，长 60.45m，宽 4.74m，共四墩五孔，用大砂石条砌筑，横跨于新江河上。

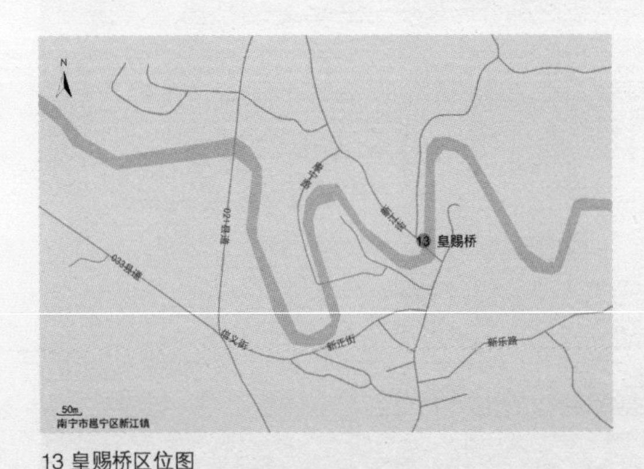

13 皇赐桥区位图

二、横州市

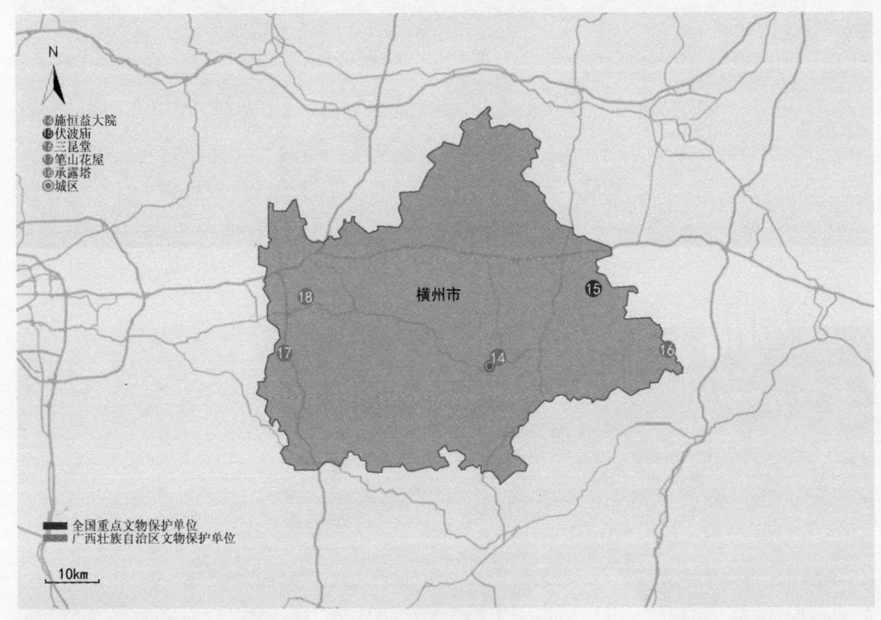

横州市古建筑分布图

14 施恒益大院

文保等级：自治区级文物保护单位
文保类别：近现代重要史迹及代表性建筑
建设时间：始建于 1933 年
建筑类型：民居
材料结构：砖木
地理位置：南宁市横州市横州镇城司南路东 2 巷 394 号

施恒益大院俗称“施家大屋”，为民国时期横州富豪施恒益私人宅院，占地面积 $2300m^2$，建筑面积 $4800m^2$，为外廊式合院建筑。整个建筑坐北朝南，总平面呈“L”形布局，西面为四进三院落，主体建筑为五开间，与左右厢房合围成三个天井，外廊形成回环；东面为一天井四合院，二至三层楼的砖木结构。外廊为券柱式，饰有线脚与券心石，护栏为绿釉陶瓶，与马头墙、小青瓦坡屋顶构成一座中西合璧的建筑。

14 施恒益大院区位图

15 伏波庙

文保等级：全国重点文物保护单位
文保类别：古建筑
建设时间：始建于东汉，后历代修葺
建筑类型：坛庙
材料结构：砖木
地理位置：南宁市横州市云表镇站圩村乌蛮滩，距横州市 28km

“万里精忠悬二柱，千秋灵迹护长滩。”

伏波庙是为了纪念东汉伏波将军马援而建，位于郁江乌蛮滩左岸的百足岭下，这里曾是马援远征交趾时的驻兵之处，成为保佑行船平安的神灵所在，船只过往时在船头摆香设祭，燃放鞭炮，庙里则撞钟击鼓呼应，以求平安。建筑沿着中轴线依次排列钟鼓亭、牌坊、前殿、祭坛及左右厢房、正殿、后殿等，正面以石阶直通河滩。庙前设台基，高 0.8m，正面设踏道，踏道两侧各有高约 2.8m 的墩台，墩台上是单檐歇山顶的钟亭与鼓亭，这种寺庙才有的左钟右鼓设置于地方坛庙是很少见的。台基中为近年复建的牌坊。牌坊后是门楼式前殿。前殿面阔三间，设前廊，檐柱为方形石柱。左右为耳房，其正脊逐渐降低。过了前殿是一个以祭坛为中心的院落。祭坛实际是正殿的正座月台，宽约 5m，深约 8m，高 0.45m，正面与侧面

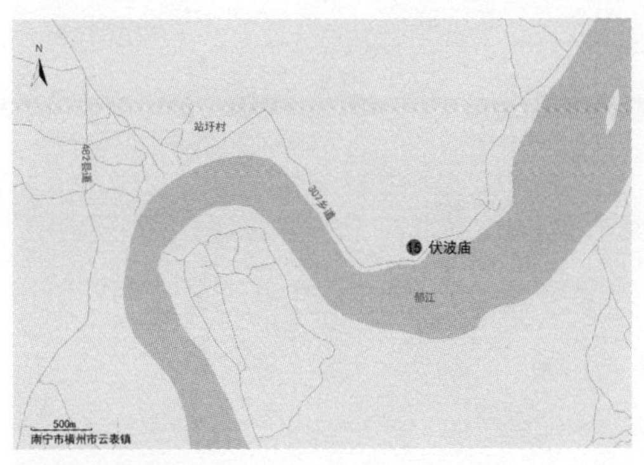

15 伏波庙区位图

三出踏跺。祭坛北面是面阔五间的正殿，坐落于高 1.2m 带石栏杆的石台上，进深五间十三架带前廊，梁架雕刻精美，显示较高等级。祭坛东西两侧为面阔三间的厢房，设有前廊，檐顶有灰雕精美图案的女儿墙，为整个祭坛院落添色不少。正殿后是近期重建的后殿。主要建筑为硬山顶，装饰双层博古式正脊和直带式垂脊，雕塑双龙、人物、花草等灰塑，色彩鲜艳，有趣生动又颇具威仪。横州市伏波庙是广西遗存规模最大的传统伏波庙，对研究广西地方祭祀文化及南宁地区的古建筑发展具有很高的价值。

16 三昆堂

文保等级：自治区级文物保护单位
文保类别：古建筑
建设时间：始建于清道光年间
建筑类型：民居
材料结构：砖木
地理位置：南宁市横州市马山乡汗桥村委西汗村，距横州市 40km

李萼楼庄园的创始人为李萼楼的曾祖父李自超，其发家后从上海请来工匠建设而成，李萼楼扩建成现在规模的宅院。庄园由三昆堂、花园、碉楼等部分组成，占地面积约 6000m^2，建筑面积约 2000m^2，坐北朝南，依山而建。三昆堂是庄园的主体建筑，由德惠堂、光裕堂和敬修堂三座宅屋面北一字排开组成，每座均为三间两进，前有院，中间天井，两侧厢房。三个前院以门相连成为整体。硬山式屋顶，正脊、垂脊均有灰雕图案雕饰。建筑的院墙、檐下、门上及墙顶等饰有木雕或绘制壁画及诗词，颇具文人气息，总体显示广府式建筑特点。庄园的东西两侧分别耸立着两座三层碉楼。西侧是花园，原来的亭台鱼池已毁。

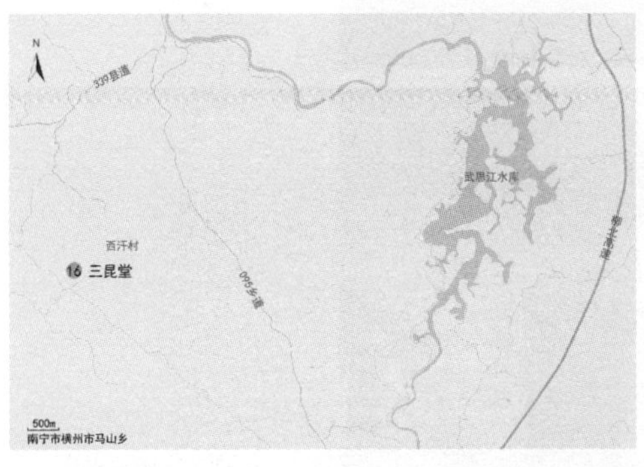

16 三昆堂区位图

17 笔山花屋

文保等级：自治区级文物保护单位
文保类别：古建筑
建设时间：始建于清乾隆年间（1757—1778 年）
建筑类型：民居
材料结构：砖木
地理位置：南宁市横州市平朗乡笔山村委笔山村，距离横州市 65km

笔山花屋有关于女主人的故事流传，使花屋显得格外神秘而美丽。花屋即为李家大院，由笔山村大家族李氏家族的李兆球及夫人银娜所建，占地约 6000m^2。大院依缓坡而建，总体布局了 15 座相对独立院落，通过棋盘式巷道紧密联系在一起，形成门户重重的建筑群。这些院落规格基本为一进两厢天井式，主楼高两层，为砖砌硬山顶建筑。大院的墙楣及窗框彩塑精美绝伦，色彩鲜艳，颇具女性特征，李家大院因此得名“花屋”。

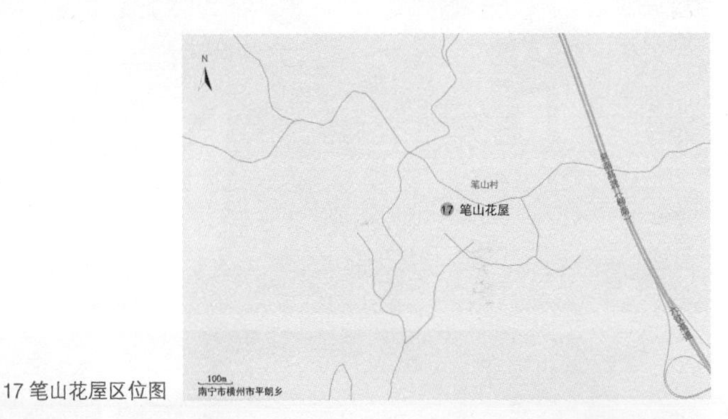

17 笔山花屋区位图

18 承露塔

文保等级：自治区级文物保护单位
文保类别：古建筑
建设时间：始建于明万历四十二年（1614 年），清同治十二年（1873 年）重建
建筑类型：塔
材料结构：砖石
地理位置：南宁市横州市峦城镇高村村委高村东北 500m 金龟岭，距离横州市 45km

承露塔为风水塔，矗立于郁江岸边，有“镇龟锁蛇”之传说，为古永淳县标志。“承露”意为“承天甘露”。塔为七层高的八边形楼阁式砖塔，高度约 39m。塔身为青砖对缝砌成，每一层设叠涩腰檐，东西面设对开风门，各面设装饰性假门或圆窗。塔顶是丰满的葫芦宝顶。承露塔为厚壁空筒塔，壁厚 2.6m，塔随层数增加而收分，装饰简洁。楼梯采用壁内式，夹于塔的外壁，拾级绕行半圈上至上一层，进塔心楼层走到对门壁内楼梯更上一层楼。

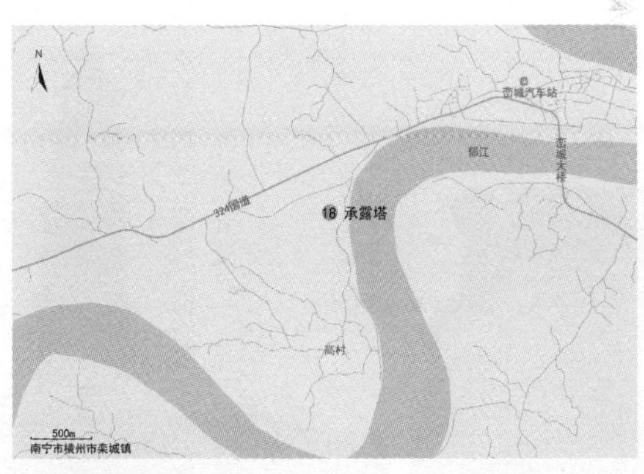

18 承露塔区位图

三、宾阳县

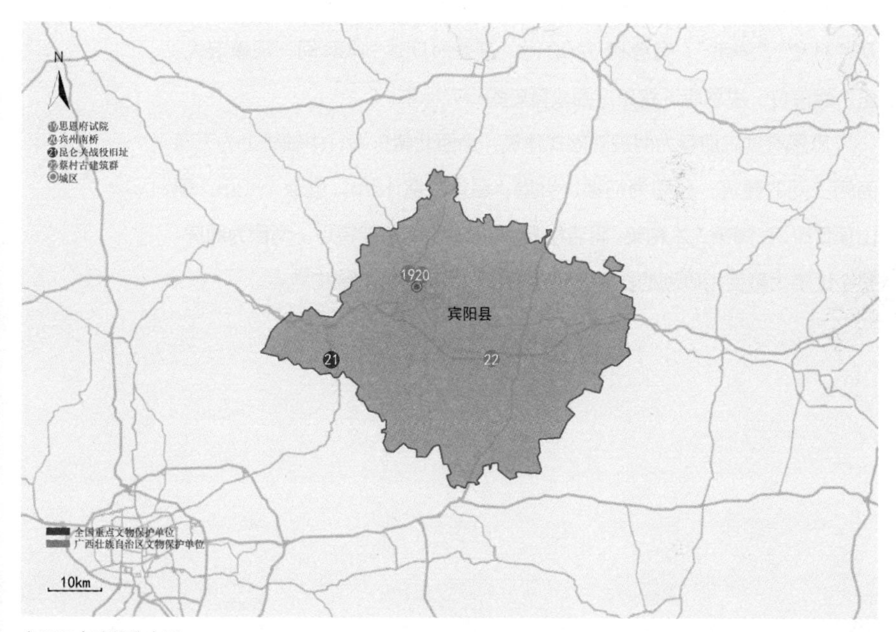

宾阳县古建筑分布图

19 思恩府试院

文保等级：自治区级文物保护单位
文保类别：古建筑
建设时间：始建时间无考，清同治四年（1865 年）重建
建筑类型：府衙
材料结构：砖木
地理位置：南宁市宾阳县三联街北端

清代思恩府领宾州，在宾州设试院，供周边县域生员“三年一试”以及“科考”“岁考”，有考棚 1200 间，最盛时期达 2400 间，规模宏大，居广西首位。思恩府试院是广西教育史的研究标本。

思恩府试院遗存为两进院落式建筑，坐西北朝东南，中轴线上为三座面阔三间的建筑，分别为门楼、讲堂、后堂，宽 15m，进深 7~8m，硬山顶青砖墙，搁檩式木构架，简洁朴素，体现试院的功能特点。两侧为厢房。整个试院大量使用砖砌的柱子，包括圆柱，是其最大的结构特点。

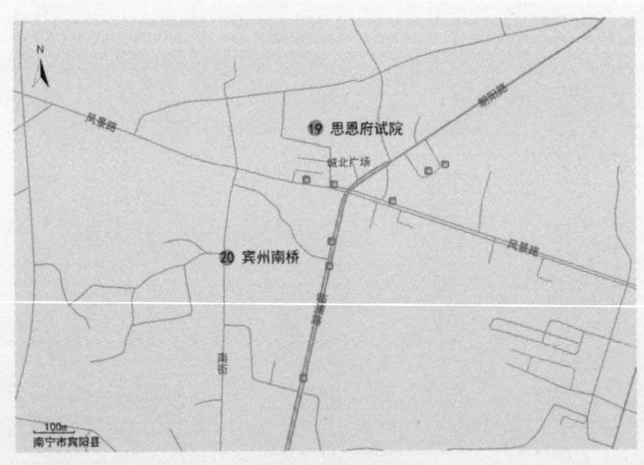

19~20 思恩府试院、宾州南桥区位图

20　宾州南桥

文保等级：自治区级文物保护单位
文保类别：古建筑
建设时间：始建于洪武六年（1373 年）
建筑类型：桥梁
材料结构：石
地理位置：南宁市宾阳县城南街与三联街之间

宾州南桥横跨宝水河，为当年繁华的宾州南城的重要交通要道，因其坐落于城南太平门外，连接南街，又称“太平桥”。南桥为三拱石桥，全长 24.5m，高 6m，宽 5.2m，全用青石砌成。桥栏有 14 块栏板，均雕刻有一幅精美图案，如双龙戏珠、双凤朝阳、鸳鸯戏莲等吉祥图案。桥身西侧有两个石雕龙头，桥身东侧有两个石雕龙尾，犹如双龙破石，显头露尾，颇为奇特。

21　昆仑关战役旧址

文保等级：全国重点文物保护单位
文保类别：近现代重要史迹及代表性建筑
建设时间：始建于 1944 年
建筑类型：纪念建筑
材料结构：砖石
地理位置：南宁市宾阳县 G322，距离宾阳县 28km

昆仑关位于南宁市与宾阳县交界处，雄踞昆仑山两山之间，钳制邕宾公路，自秦朝设关以来，凡南宁有战事，昆仑关必成关键。1938—1939 年，日本发动桂南战役，在钦防海上登陆，向北攻陷南宁，于 1939 年 12 月占领了昆仑关，切断了桂越国际交通线，威胁滇黔与重庆。中国军队为收复南宁，对昆仑关进行了猛烈的反击，以白崇禧为总指挥、杜聿明为军长、郑洞国为副军长指挥的国民党第五军为主力向据守昆仑关的日军发起攻击。在 14 天的战斗中，中国军队在击毙日军包括旅团长中村正雄少将在内的日军 4000 余人、付出伤亡 14000 多人的沉重代价后夺回昆仑关，取得了抗战以来攻坚战的首度胜利，极大地鼓舞了中国军民抵抗日军侵略的信心。

昆仑关战役胜利后，国民党政府在原地修建了“陆军第五军昆仑关战役阵亡将士墓园”纪念建筑物，包括纪念塔、将士墓、南牌坊、北牌坊、碑亭、

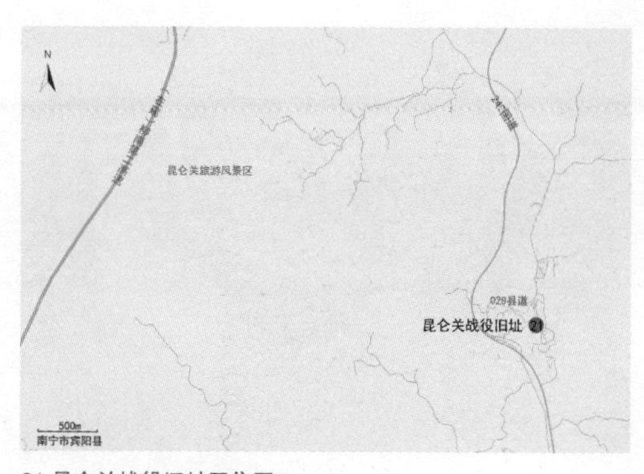

21 昆仑关战役旧址区位图

登山台阶及日军中村正雄少将墓等，庄严肃穆，气势恢宏。纪念塔位于昆仑关山上，塔高 15m，上部为三角柱形，在“青天白日”徽标下，是杜聿明题刻“陆军第五军昆仑关战役阵亡将士纪念塔”，中部为六角形，有蒋介石题刻“碧血千秋”、何应钦题刻“气塞苍冥”及李济深、白崇禧的铭刻。南牌坊位于南山麓，为三门四柱石牌坊，为纪念园的主入口，牌坊上有蒋介石、杜聿明、李宗仁、徐永昌、于右任等军政要人的题刻。北牌坊位于山北麓，为单门石牌坊，有陈诚、林蔚、张治中、黄旭初等军政要人题刻。碑亭位于登山台阶中段，为六角亭，内置石碑，上刻杜聿明撰写的碑文，详细记载昆仑关战役的过程。

22 蔡村古建筑群

文保等级：自治区级文物保护单位
文保类别：古建筑
建设时间：始建于明、清
建筑类型：民居
材料结构：砖木
地理位置：南宁市宾阳县古辣镇蔡村，距宾阳县 25km

蔡氏先祖为山东青州人，到广西戍边后定居于此，于明中期形成“蔡村”。蔡村古建筑群主要为蔡氏家族古宅,分为“老屋”与“新屋”两部分，占地 5 万多 m^2，建筑面积 1.5 万 m^2，共有大小房间 189 间。建筑群主要有蔡氏书院、向明门、太学第、大夫第、经元第、蔡府新第、小金洋楼、洋房及其他附属建筑，外围是厚重的夯土围墙和门闸，有较强的防御性。“老屋”于清咸丰九年（1859 年）重修，建筑多为三进式院落，青砖硬山顶，搁檩式木构架，在中厅隔扇、墙楣或檐下有木雕或彩画点缀，整体简洁朴素。“新屋”部分建于清末民初，其中蔡府新第占地 3000m^2，由三进建筑、厢房及两侧横屋组成。入口门楼面阔五开间，明间内凹为入口门廊，屋顶分三段，中间高两边低，形成主建筑三开间的效果，也强调了中轴线主体地位。大门两侧墙体分别设“福”“禄”“寿”等篆文图案花窗。“小金洋楼”为民国初年蔡小金所建，故名，为券柱式外廊二层建筑，水刷石外墙面，地面铺设彩色瓷砖，窗户原镶放射状玻璃，以通透的西洋式立于大片厚重的传统建筑当中，颇为独特，反映了时代的特色。

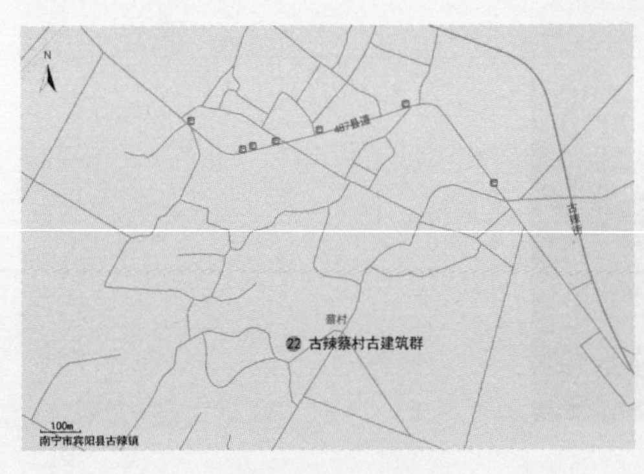

22 蔡村古建筑群区位图

四、隆安县

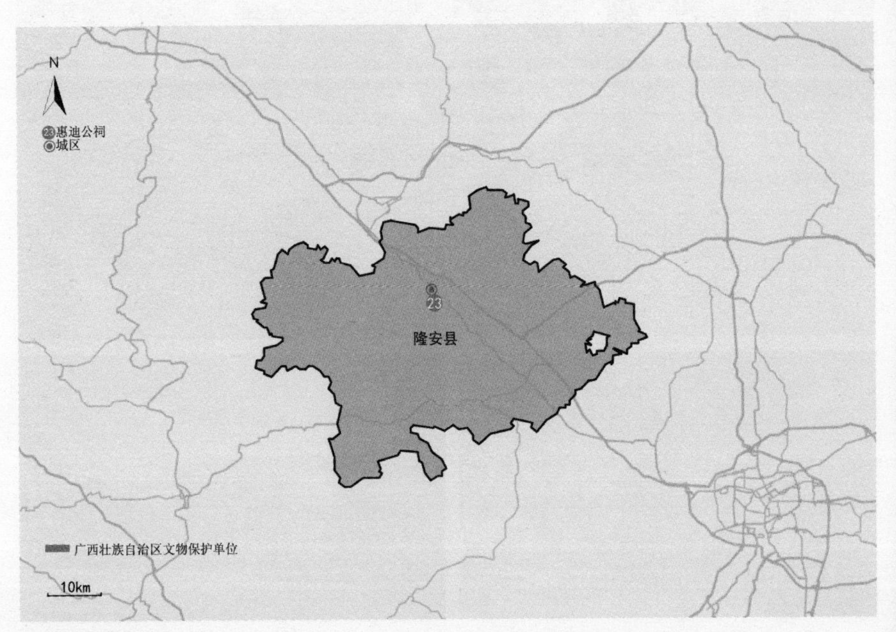

隆安县古建筑分布图

23 惠迪公祠

文保等级：自治区级文物保护单位
文保类别：古建筑
建设时间：始建于清乾隆十九年（1754 年）
建筑类型：祠堂
材料结构：砖木
地理位置：南宁市隆安县南圩镇发立村积发屯，距隆安县 6km

惠迪公祠为陈氏宗祠，是浙江绍兴籍陈氏族人迁居此地后，其后代陈惠迪全力建成此祠堂，故名“惠迪公祠”。清代宰相陈宏谋曾为祠堂题“理学传家”，使惠迪公祠名闻四乡。

惠迪公祠占地约 1400m^2，为三进院落式，两侧有厢房、耳房。大门三开间，前后檐中柱为四方石柱石础，三级台阶，颇具气势。第二进为中堂，面阔三开间，五级台阶，硬山砖木穿斗结构，前后檐中柱为八角石柱，花篮石础精美。正面次间槛墙用青石雕四季花卉，上部镂空花窗，内山墙墙顶画有壁画，建筑形象气派精美。第三进为祖堂，是公祠的主要建筑，供奉祖先牌位，面阔三开间，梁柱粗壮，前檐装饰卷棚，堂前设有露天月台，设七级台阶，威严雄伟。整个建筑群的室内地坪逐步提高，营造出建筑群的气势及建筑物的尊卑关系。

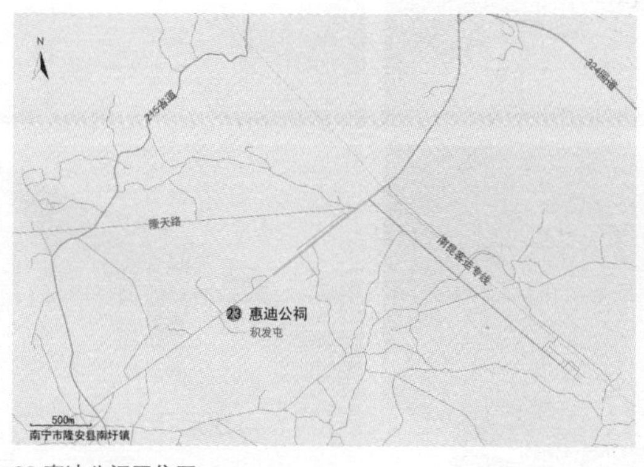

23 惠迪公祠区位图

五、马山县

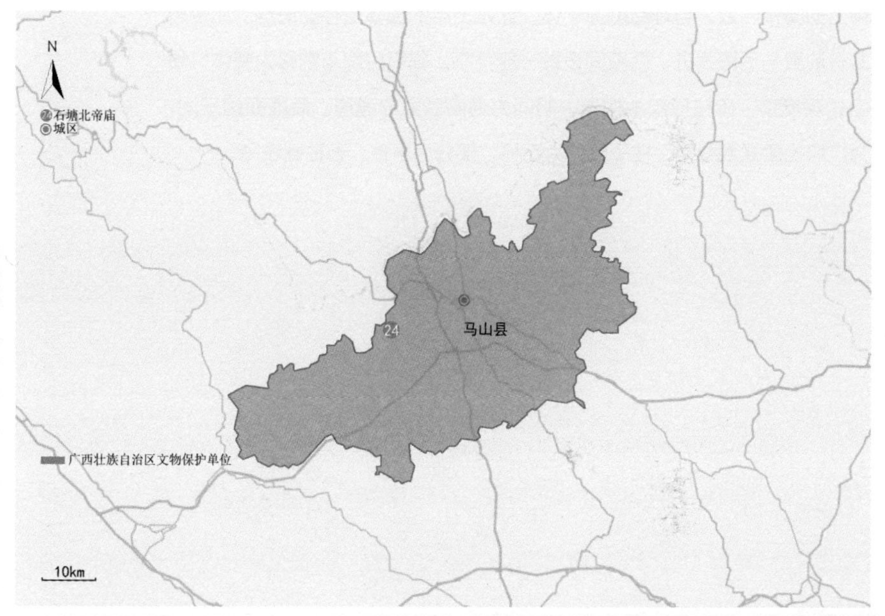

马山县古建筑分布图

24　石塘北帝庙

文保等级：自治区级文物保护单位
文保类别：古建筑
建设时间：始建于清道光十六年（1836 年）
建筑类型：坛庙
材料结构：砖木
地理位置：南宁市马山县周鹿镇石塘村石塘街，距马山县 31km

北帝庙位于石塘圩街上，入口立面为三间两层券柱式门廊，风格与圩街上的骑楼一致，与圩街融为一体，这是历年的整修遗存的现状。北帝庙共有前殿与后殿两进，两殿间设置一座拜亭。临街门廊与前殿为整体，硬山式双坡顶，砖柱顶架木构架，明间为通向后殿的通道。后殿面阔三间，为广府抬梁式木构架，柱子部分为石柱，部分为木柱，石柱础较高。

24 石塘北帝庙区位图

车辆请慢行

桂林市

因秦朝征服百越、统一岭南地区时在其境设置桂林郡而得名。

桂林地处广西东北部，“南连海域，北达中原”，是广西最靠近中原地区的地方。秦军征岭南，从桂林打开的缺口进入，把中原先进的文化、先进的技术带进了岭南，使桂林成为中原文化进入岭南地区的孔道，并最早接纳了北来文化，促进了百越地区经济文化的发展。

纵观桂林的历史沿革，桂林长期以来一直是广西的政治、经济、文化中心，素有“西南会府”的称号。除了桂林山水甲天下，桂林的历史文化更是占据了广西发展的重要地位，使桂林的建筑古迹有丰富的种类与数量，同时引领着一种正统的显相，体现主流的建筑文化，是广西建筑文化的发端。建筑艺术中既有皇家大气的形制，又有苏皖精巧细致的流派，还有岭南广府朴素的交融。

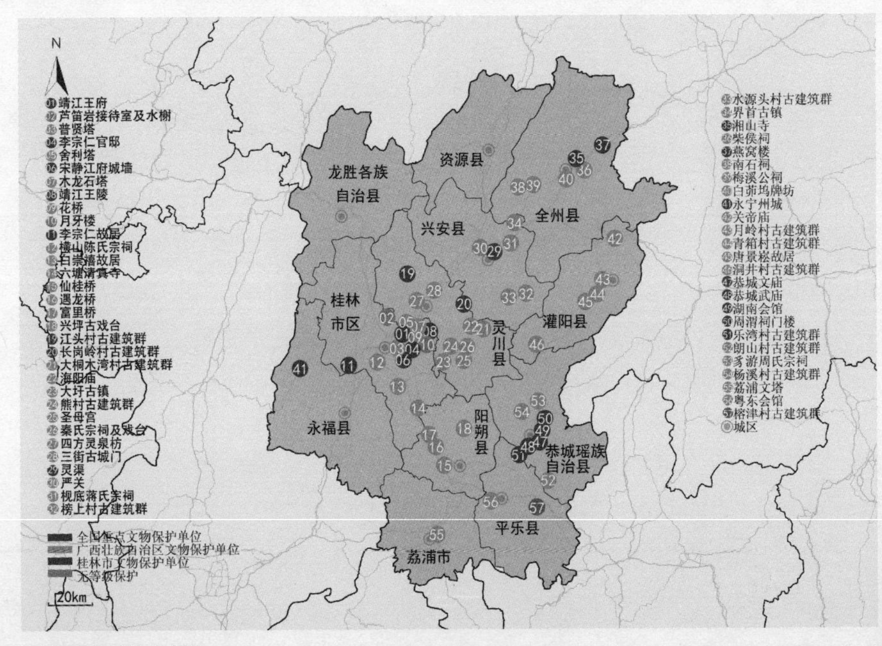

桂林市建筑古迹分布图

一、桂林市区（象山区、叠彩区、秀峰区、七星区、雁山区、临桂区）

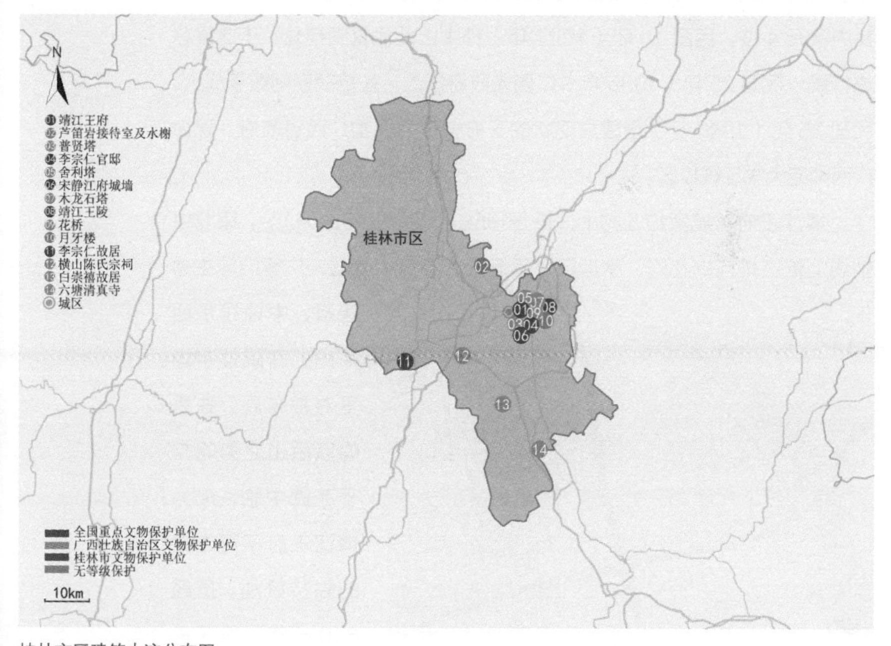

桂林市区建筑古迹分布图

01 靖江王府

文保等级：全国重点文物保护单位
文保类别：古建筑
建设时间：始建于明洪武五年（1372 年）
建筑类型：府衙
材料结构：砖石
地理位置：桂林市秀峰区王城路 1 号

“阅尽王城知桂林。”

明朝朱元璋在洪武三年（1370 年）册封其侄孙朱守谦为靖江王，就藩桂林。靖江王府于洪武五年（1372 年）开始修建，城池府衙悉依王制，耗时 20 年建成，先后沿袭了 14 位靖江王。清顺治七年（1650 年）定南王孔有德平定广西并据王府为定南王府。顺治九年（1652 年）农民军李定国攻占桂林，孔有德兵败自焚，王府化为一片瓦砾。顺治十四年（1657 年）改为广西贡院，曾为中国西南地区最大的乡试考场，出进士 500 多位，其中状元 4 位。民国 10 年（1921 年）孙中山北伐督师桂林，于此设总统行辕。民国 25 年（1936 年）广西省政府迁入，在抗战期间毁于战火。民国 35 年（1946 年）重建成现状的王府，作为民国广西省政府。现为广西师范大学王城校区。

靖江王府宫城宽约 329m，长 550m，面积约 18.6 万 m^2。南北中轴线上依次排列端礼门、承运门、承运殿、寝宫、苑囿、广智门等主体建筑，中轴线东西两侧的宫院楼宇均呈对称布局。独秀峰以后山之势屹立于苑囿中轴，成为靖江王府不可或缺的独特景观。历经 640 多年，靖江王

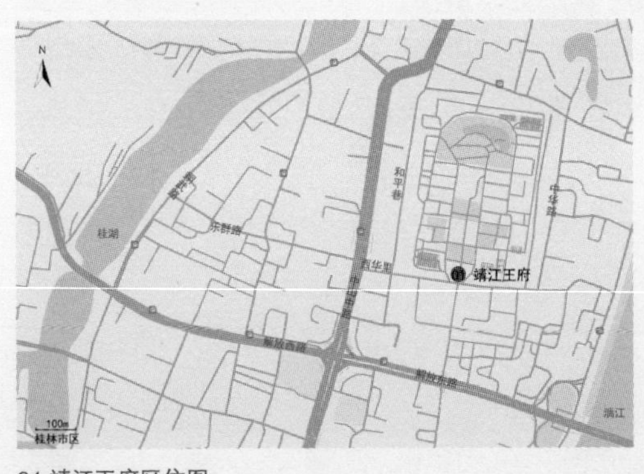

01 靖江王府区位图

府留存有明代、清代和民国各时期重要历史建筑遗物。在全国明代藩王府中，靖江王府建成时间最早、使用时间最长、目前保存最完好，文化内涵十分丰富。

明代的建筑遗存有宫城城墙、四门城台、承运门须弥座、承运殿须弥座、石栏杆、苑囿及独秀峰石刻等。

宫城城墙高约 5~6m，全部采用巨型方整的料石砌成，顶部为青砖雉堞。城门仅存城台台基，四门分别为南门端礼门、北门广智门、东门体仁门、西门遵义门。

承运门是王府的正门，位于王府南门之北约 140m，遗存的须弥座高 1.2m，前后均有丹陛，斜面压地隐起刻云纹；南北面均设有云阶，中置云龙纹石陛。

承运殿是王府的主殿，遗存台基为二层须弥座，总高 2.65m，一层向南突出呈“凸”字。南北各有三道斜长 8.3m 的云阶，中道置云龙纹石陛。

承运殿遗存石栏杆由望柱、栏板和地栿组成，明代官式式样。

王府苑囿在明代是桂林一盛景，在独秀峰上开山造亭，为“天下诸藩所未有”。遗存有独秀峰北麓的月牙湖，是建府时取土形成，面积约 4 亩。另有独秀峰西麓的太平岩及山壁石刻，为各靖江王及宗室所拓刻诗文数十方。

清代广西贡院的建筑遗存为端礼门内侧券拱上的“三元及第”石坊、体仁门内侧券拱上“状元及第”石坊、遵义门内侧券拱上“榜眼及第”石坊。“三元及第”石坊是嘉庆年间为桂林临桂人陈继昌所立，陈继昌是清朝 200 年来二位“三元及第”者之一。“状元及第”石坊是光绪年间为龙启瑞、张建勋、刘福姚三状元所立。“榜眼及第”石坊是光绪年间为于建章所立。

民国时期的广西省政府建筑共有 20 多座，分布在王府中轴线及两侧，建筑师钱乃仁规划设计，多为歇山顶式砖木结构建筑，具有典型的民国建筑特色。在独秀峰东侧有中山纪念塔和仰止亭。

02 芦笛岩接待室及水榭

文保等级：无
文保类别：无
建设时间：始建于 1975 年
建筑类型：公共建筑
材料结构：钢筋混凝土
地理位置：桂林市秀峰区芦笛路 1 号

芦笛岩由尚廓等设计，是桂林著名的石钟乳岩洞风景区，以岩洞为主要游览内容，外部风景以芳莲池为中心，周围有光明山、芳莲山、田野茂林环绕，湖光山色，风景独佳。风景区建设有相应的配套风景建筑，接待室和水榭是其中佳作。

接待室用于接待入洞前的来宾，位于芳莲山半山腰，面积 750m^2，主体两层，局部三层。设有接待室、敞厅，可供游客休憩品茶。建筑利用原有山石地貌，保留穿插在建筑底层，并设置流水鱼池，把自然形态引入建筑内部，使建筑犹如自然长成。架空的敞厅、外挑的大阳台，使游客登临建筑可放眼四望周围田园山色。建筑为双坡屋顶，两个屋顶垂直交叉，体型多变，具有浓厚的传统民族风貌，充分融合在山体之中。

水榭位于芳莲池西岸水中，与桥廊联系于驳岸。水榭造型吸收了旱船与民居的外在形式，局部二层部分为双坡屋面，主体水平伸展，底层为敞厅，顶上为观景平台，架空贴近水面，加强了“舫”的意象，并在面湖一面伸出贴水平台，有漂浮游动之势，活动空间小而丰富。水榭的造型活泼，色彩明亮，成为绿水青山间的一个精致装饰。

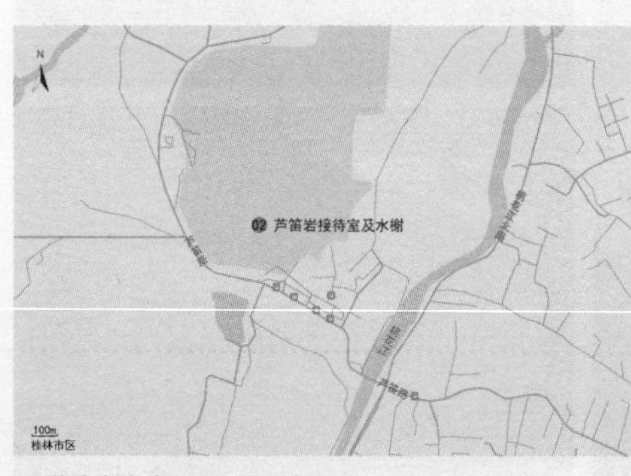

02 芦笛岩接待室及水榭区位图

漓江游船竹筏售票

03 普贤塔

文保等级：自治区级文物保护单位
文保类别：古建筑
建设时间：始建于明初
建筑类型：塔
材料结构：砖石
地理位置：桂林市象山区滨江路 11 号象山公园内

“宝象太平。”

在桂林漓江边，一头神象正在尽情吸水，天帝的一把利剑从天而降插在神象背上，只露出剑柄，神象变成闻名中外的象鼻山，而象背上的剑柄，化成了普贤塔。

普贤塔是一座喇嘛式实心砖塔，高 13.6m，由塔基、塔身、塔盖、塔刹组成。塔基为两层，八个面，每面宽 3m。塔身为宝瓶状，以上为三层伞盖与圆柱塔刹，造型拙朴。因宝瓶状塔身北壁嵌有刻着普贤菩萨造像的青石，塔因此得名普贤塔。

03 普贤塔、04 李宗仁官邸、05 舍利塔区位图

04 李宗仁官邸

文保等级：全国重点文物保护单位
文保类别：近现代重要史迹及代表性建筑
建设时间：1942—1948 年
建筑类型：府邸
材料结构：砖木
地理位置：桂林市象山区文明路 4 号

李宗仁官邸是李宗仁担任中华民国副总统后，于 1948 年下半年至 1949 年 10 月在桂林期间居住与办公的地方，是李宗仁重要的政治活动场所。

官邸占地面积 4321m^2，由主楼、副官楼、副楼、警卫室、门楼、花园等部分组成，由围墙围成院落，建筑面积 1267m^2。院内建筑为中西结合的别墅形式。主楼二层，立面三段式构图，下段是黄色批灰砖墙，中段是清水红砖墙，上段是中式屋面瓦顶；室内铺木地板，设置有壁炉。官邸是典型民国建筑风格，具有较高的历史价值与艺术价值。

05 舍利塔

文保等级：自治区级文物保护单位
文保类别：古建筑
建设时间：始建于唐显庆二年（657 年），重建于明洪武十六年（1383 年）
建筑类型：塔
材料结构：砖石
地理位置：桂林市叠彩区民主路万寿巷开元寺旧址内

隋唐开元寺规模巨大，殿宇雄伟，曾占据现今桂林文昌桥以南、民主路以西大片土地。唐天宝九年（750 年）鉴真和尚第五次东渡失败后，曾在寺中修整一年，并举行一次盛大的受戒仪式，使开元寺名震海内外。明洪武二年（1369 年），开元寺毁于大火。

唐显庆二年（657 年），开元寺建舍利塔用于存放和尚骨殖，“妙塔七级，耸高十丈”，为中国式密檐砖塔。明洪武十六年（1383 年）重建舍利塔，为印度喇嘛式三段式砖塔。现塔由塔座、塔身、顶盖三段组成，通高 13.22m。塔基底座为正方形，各边长 7m，四道券门作十字形过街通道，每道券门顶两侧分刻八大金刚之名。塔身为宝瓶式，立于八角形须弥座上，每面有一佛龛，南面为舍利入口，内置有明、清时期盛舍利的陶罐 10 余件。塔刹罩以相轮 5 重，上置铜质宝珠刹顶，铸 60 字铭文，款为“洪武十八年十月初七日题”。舍利塔整体造型和谐稳重，极富庄严肃穆感。

06 宋静江府城墙

文保等级：全国重点文物保护单位
文保类别：古建筑
建设时间：宋
建筑类型：城墙
材料结构：砖石
地理位置：桂林市叠彩区榕湖北路 13 号、东镇路等

“因天材，就地利。”

宋时桂林是广南西路静江府的治所，城池不断建设，并根据桂林得天独厚的自然条件，摆脱唐时规矩的建城制度，“因天材，就地利”，“城郭不必中规矩、道路不必中准绳”。特别是南宋末年为抵御蒙古军队而耗时 14 年进行的一次大规模修筑，形成了宋代桂林城的最终格局。

现存的宋代城墙遗物包括古南门、宝积山城墙、鹦鹉山城墙、铁封山至叠彩山城墙、藏兵洞、东镇门及城墙等。

古南门位于榕湖北路 13 号，南面为护城河榕湖，为宋代静江府的威德门。城台、城墙以方石砌筑。

东镇门位于东镇路尽头，方石砌筑，城台完好，门枢仍留。城楼为现代所建。城门两边城墙连接铁封山和叠彩山。

宝积山城墙尚存 100 多米，鹦鹉山山麓西南城墙尚存 200 多米，铁封山至叠彩山城墙存 70 多米及其他断续的残垣断壁，均为方石砌成。

06 宋靖江府城墙、07 木龙石塔区位图

07　木龙石塔

文保等级：自治区级文物保护单位
文保类别：古建筑
建设时间：唐
建筑类型：塔
材料结构：石
地理位置：桂林市叠彩区滨江路 27 号叠彩山东麓

木龙石塔坐落于漓江西岸、叠彩山东麓木龙古渡岸边的一块蛤蟆石上，为喇嘛式石塔，广西境内所罕见，形态小巧古拙，与山水融于一体，有很高的历史艺术价值。

木龙石塔高 4.49m，由塔基、塔身、相轮、宝盖和塔刹五部分组成：塔基高 1.4m，为三个鼓形石相叠于方形台上，鼓形石上雕刻蝉翼纹和仰覆莲花纹；塔身高 1.25m，形同宝瓶，四面凿拱形浅龛，其内雕刻菩萨造像；相轮直接落在塔身上，高 1.23m，十三层逐级缩小；相轮以上为宝盖，高 0.49m，为六角形攒尖顶，翼角微翘，边有小孔，是古时悬铃所用；葫芦形塔刹高 0.43m。

08 靖江王陵

文保等级：全国重点文物保护单位
文保类别：古建筑
建设时间：明
建筑类型：陵园建筑
材料结构：砖石、砖木
地理位置：桂林市叠彩区靖江路靖江王陵博物馆内

“岭南第一陵。”

自朱守谦在洪武三年（1370 年）被册封为靖江王就藩桂林后，便造陵墓群于桂林东郊尧山西南麓。陵墓群范围南北 15km、东西 7km，约 $100km^2$。王陵现有王、妃合葬墓 11 座，次妃、将军、藩亲墓等共 320 余座。整个陵园气势磅礴，是我国现存最大保存最完好的明代藩王墓群。

目前修整开放的是第三代庄简王墓，面积约 87 亩，墓周有内外两道陵墙保护。宝顶封土巨大，直径达 30m 左右。墓前依次建有三开间的陵门、三开间中门、五开间享殿，以神道相通。神道两侧对列着 11 对石作仪仗，分别为守陵狮、墓表、狻猊、獬豸、狴犴、麒麟、武士控马、大象、秉笏文臣、男侍、女侍。在陵门与中门间有金水河通过，神道上架设三座金水桥。庄简王墓规模与石作雕刻工艺处于早期宏大粗犷与后期小型精细的过渡阶段，反映明王朝由强转衰的进程。

08 靖江王陵区位图

祾恩門

09　花桥

文保等级：自治区级文物保护单位
文保类别：古建筑
建设时间：始建于宋，明嘉靖十九年（1540 年）重修，1965 年重修
建筑类型：桥梁
材料结构：砖石、砖木
地理位置：桂林市七星区七星路 1 号七星公园内

“满溪流水半溪花。”

嘉靖十九年，靖江安肃王妃徐氏动用内帑重修了在桂林小东江和灵剑溪汇流处的嘉熙桥，每当春夏之际，江水清澈，桥与山水融为一体，桥孔倒影如圆月，周围繁花锦簇，构成一幅绝美画卷。嘉熙桥由此更名为花桥。

花桥为多孔薄墩连拱石桥，全桥分为东西两段，东段为水桥，长 60m，桥身高大，四孔并列，且拱墩较薄使桥孔几乎相连，虚实关系处理十分优美，桥上有桥廊，覆青绿色琉璃瓦。西段为旱桥，长 65.2m，七个桥孔自东向西逐次减小，桥面呈斜坡状。平常两条江水汇合从水桥下流淌而去，汛期洪水漫涨则可通过旱桥排泄，保证了桥体不因被洪水侵扰而垮塌。

09 花桥、10 月牙楼区位图

10 月牙楼

文保等级：无
文保类别：无
建设时间：始建于 1959 年
建筑类型：公共建筑
材料结构：钢筋混凝土
地理位置：桂林市七星区七星路 1 号七星公园内

月牙楼由尚廓等设计，位于七星公园月牙山山麓，所处位置是全公园的构图中心，作为较大的游客休息站及餐饮供应点。月牙楼主体高三层，一、二层为餐厅，三层为休息厅，附属有休息廊、茶轩等，同时把山体的山洞纳入整体，成为冷饮供应之处。整个建筑与自然环境紧密结合，疏林高阁兼具开畅与深幽意境，登楼可观赏周围普陀山、花桥、桃花江及远山等美景，山石叠成外楼梯，仿佛自然山石的延伸，三层架空飞桥与后山腰相通，可达凉亭与岩洞。建筑立面借鉴传统古典手法，结合广西民族地方风格，用现代方法表达。屋顶为歇山顶，坡度平缓，翼角略翘，曲线舒展优美。立面五开间，外檐梁柱以意象阑额斗栱装饰，均为钢筋混凝土制作。为了表达地方性与园林性，运用了墙壁表皮采用片石做“虎皮石”，刷白的墙壁开设水泥制作的古典什锦漏窗等手法。月牙楼是建筑发扬地方优良传统风格与当代中国发展革新结合的尝试，自成了桂林风景建筑的新风格。

月牙楼

月牙楼

11　李宗仁故居

文保等级：全国重点文物保护单位
文保类别：近现代重要史迹及代表性建筑
建设时间：始建于 1900 年
建筑类型：府邸
材料结构：砖木
地理位置：桂林市临桂区两江镇（木田木）头村

“山河永固，天地皆春。”

李宗仁故居是在李宗仁出生、成长、事业不断发展过程中分期扩建而成的，是一座规模巨大、气派的宅邸庄园建筑，属桂北民居风格并兼有西式建筑文化影响的建筑，承载着李宗仁不同历史时期的生活片段。故居占地 5060m^2，建筑面积 4309m^2，由安乐第、将军第、学馆、三进五开间客厅建筑、前花园及后院组成。主体建筑为悬山式木结构二层楼房，前后共 7 个院落，分布有 13 个天井，共有 113 间房，由外廊和楼梯把全部区域互相连通起来。

故居外为高大院墙，一直围到了天马山山边，高 8.4m，厚 0.5m，为内外青砖包泥砖的“金包铁”砌法，加上对角的两个碉楼，显得十分高耸威严。故居主入口设于北面临路的院墙，大门屋檐上为变异简化的巴洛克风格山花，正中饰有一挂钟。旁边院墙上设置有一列壁柱式半圆拱窗户，窗户间饰有金鱼水口，颇有情趣。

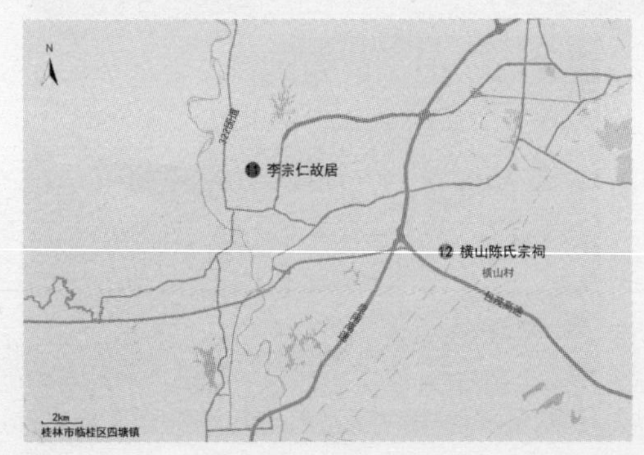

11 李宗仁故居、
12 横山陈氏宗祠区位图

天地皆春
山河永固

12 横山陈氏宗祠

文保等级：自治区级文物保护单位
文保类别：古建筑
建设时间：始建于清光绪十七年（1891 年）
建筑类型：宗祠
材料结构：砖木
地理位置：桂林市临桂区四塘镇横山村，距离桂林市区 22km

横山村人才辈出，陈氏族人中状元、进士、解元、举人等人数众多，其中以清东阁大学士兼工部尚书陈宏谋、其孙陈兰森和“三元及第”的玄孙陈继昌最具代表。陈宏谋曾于村中建设宅第，人称“宰相府”，现建筑已毁，仅存门前一对石狮子。建筑遗存为陈氏祖屋、陈氏宗祠、榕门中学旧址等。陈氏宗祠入口为第一进前院的侧门，三间三进，布局为门楼、中厅及祖堂，青砖砌筑硬山顶，插梁式木构架，为湘赣式建筑。宗祠内遗存丰富的碑刻及匾额，是研究当时社会与科举状况的史料。陈氏宗祠的朴实低调，是陈宏谋提倡为官自我约束品德的充分体现。

13　白崇禧故居

文保等级：自治区级文物保护单位
文保类别：近现代重要史迹及代表性建筑
建设时间：始建于 1928 年
建筑类型：府邸
材料结构：砖木
地理位置：桂林市临桂区会仙镇山尾村，距离桂林市区 20km

白崇禧故居高墙耸立，外观封闭，外墙为青砖砌筑，条石为基，墙角均用隅石包角。正立面呈“凹”字形，入口设于正中，以石条做门框，设有推栊门，饰以灰塑券拱门头。一层不开窗，仅二层两侧面开窗。建筑是一座两进三开间的二层建筑，一进为紧靠外墙的门楼，二进为厅堂和住房，木梁架为抬梁式与穿斗式结合，外设走廊联通两进建筑，并形成前后两个狭小天井。整体建筑简洁朴素，威严内敛。

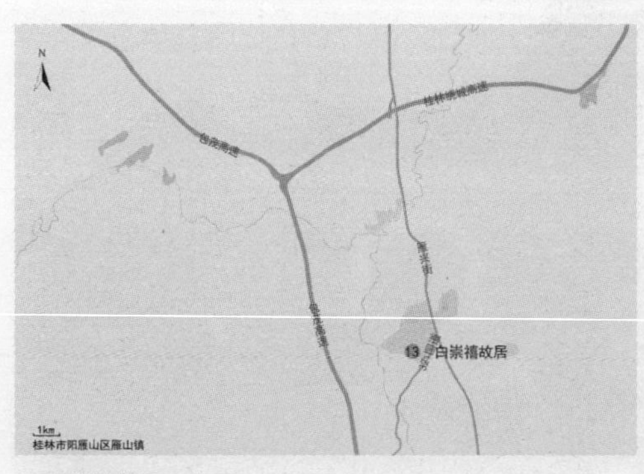

13 白崇禧故居区位图

14 六塘清真寺

文保等级：自治区级文物保护单位
文保类别：古建筑
建设时间：始建于清乾隆年间
建筑类型：寺庙
材料结构：砖木
地理位置：桂林市临桂区六塘镇东沙街 1 号西北，距离桂林市区 23km

六塘清真寺是广西现存规模最大、保存最完整的传统木构清真寺。建筑坐东朝西，面向街道，为三进院落式布局，在轴线上依次布置大门、二门、讲经殿和礼拜殿。

大门为门厅式，面宽一间，进深两间。大门后是狭长院落，连接二门五开间单披檐门屋。二门后是一个横长形的天井，正对是面阔五开间、进深四间的讲经殿，供开学讲经与穆斯林丧葬仪式所用。礼拜殿位于讲经殿之后，是清真寺主体建筑，由两部分勾连而成。一部分为殿前敞轩，宽同殿身，进深 6m，可供穆斯林聚礼；另一部分为大殿，面阔五间，进深四间 17 架，脊檩高达 10m，营造了一个高敞室内礼拜空间。每个建筑物两侧是高耸的镬耳防火墙，成为清真寺在当地的标识。

六塘清真寺是当地建筑与伊斯兰教相结合的典范，建筑形式与构架是广府式的，而其开敞流通的环境氛围及梁栋上繁杂的植物纹样，强调特有的宗教意味。

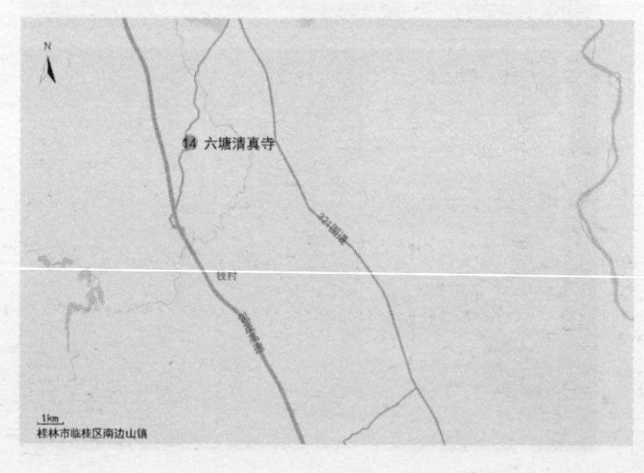

14 六塘清真寺区位图

清真寺

禮拜堂

二、阳朔县

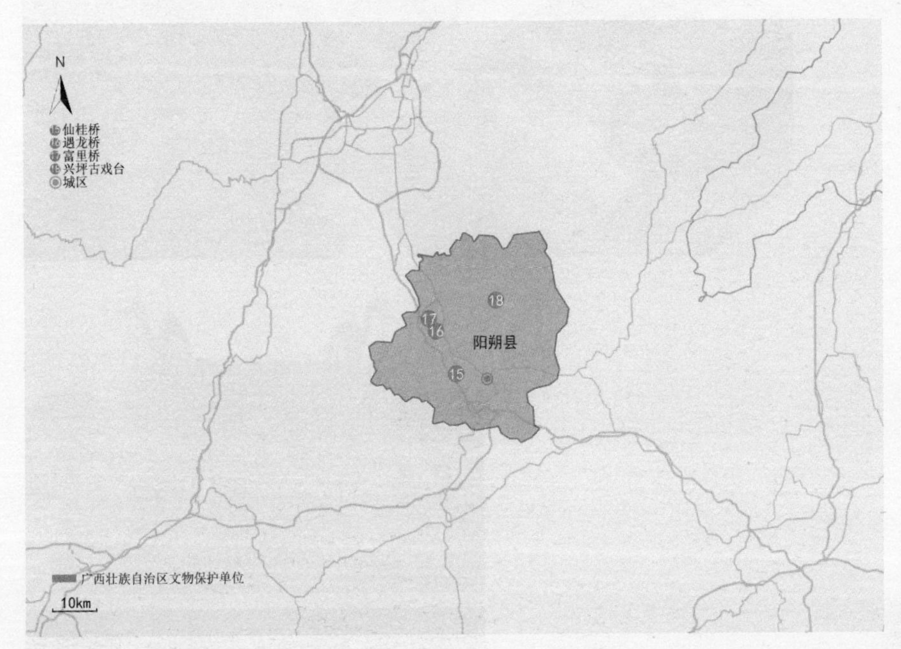

阳朔县建筑古迹分布图

15 仙桂桥

文保等级：自治区级文物保护单位
文保类别：古建筑
建设时间：始建于北宋宣和五年（1123 年）
建筑类型：桥梁
材料结构：石
地理位置：桂林市阳朔县白沙镇旧县村，距离阳朔县 11km

“广西境内最古老石拱桥。”

仙桂桥为单孔石拱桥，桥长 15m，宽 4.2m，拱跨 5.5m，九行条石平列起拱无浆砌筑，共 281 块拱石，拱券轻盈，造型优美古朴，体现出宋代的建造技术和水平。拱石下有碑文 214 字，明确记载建桥时间。仙桂桥横跨遇龙河东面的一条支流，近千年间一直担负着北通桂林、南达阳朔的要道作用，至今仍坚固如初。

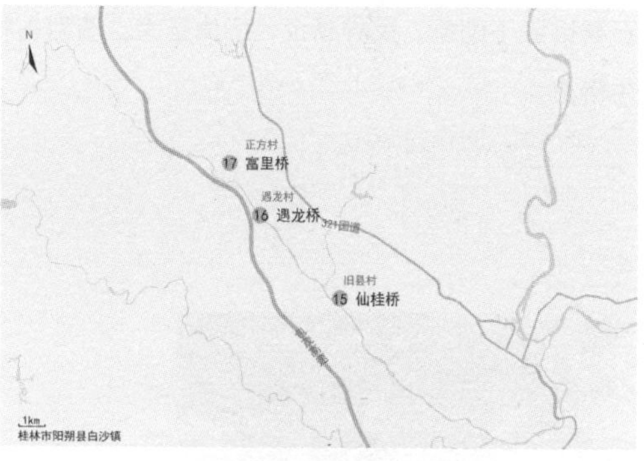

15 仙桂桥、16 遇龙桥、17 富里桥区位图

16　遇龙桥

文保等级：自治区级文物保护单位
文保类别：古建筑
建设时间：始建于明永乐十年（1412 年）
建筑类型：桥梁
材料结构：砖石
地理位置：桂林市阳朔县白沙镇遇龙村西，距离阳朔县 13km

遇龙桥位于遇龙村西的遇龙河上，四周青山环绕阡陌纵横，河水蜿蜒翠竹丛丛，遇龙桥连接河东的古村与河西的田园，构成一幅纯美山水画。

遇龙桥桥长 36m，宽 5m，高 9m，为单孔拱式石桥，全桥用方料石材错缝干砌筑，拱券高企，桥体雄大，造型古朴气派，是广西著名的古桥梁。

17 富里桥

文保等级：自治区级文物保护单位
文保类别：古建筑
建设时间：始建于明
建筑类型：桥梁
材料结构：砖石
地理位置：桂林市阳朔县白沙镇观桥村南，距离阳朔县 14km

富里桥横跨遇龙河上，为大型单孔陡拱桥，桥长 26m，宽 2.4m，拱跨 16m，拱高 8m。全桥用方料石材错缝干砌筑，桥体高大而轻巧，颇具古意。桥两头古树拱护，周围山水怡人，为一处游赏佳地。

18　兴坪古戏台

文保等级：自治区级文物保护单位
文保类别：古建筑
建设时间：始建于清乾隆四年（1739 年）
建筑类型：民居
材料结构：砖木
地理位置：桂林市阳朔县兴坪镇榕潭街 23 号，距离阳朔县 28km

兴坪古镇历史悠久，自三国吴国甘露元年（265 年）起设为熙平县治，至今已有 1700 多年历史。兴坪戏台在古街上的关帝庙内，与古街两旁的商铺、民居、会馆、庙宇及其他建筑构成了兴坪古镇浓郁的商业气息。戏台为砖木结构，整体呈“凸”形，为三面看戏台，以提供更多的看戏空间。戏台部分为方形歇山顶，台中设四根金柱，檐柱置于外沿，均通高由地到顶。舞台台基没有封闭，底下设架空空间，台缘装饰戏曲题材的木刻浮雕。后台为三开间硬山砖砌建筑。兴坪戏台造型古朴，木雕装饰精美，遗存至今，被称为“万年戏台”。

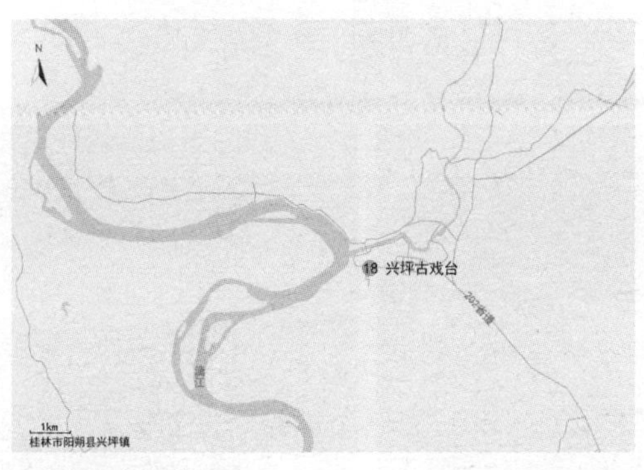

18 兴坪古戏台区位图

免费参观

出口

三、灵川县

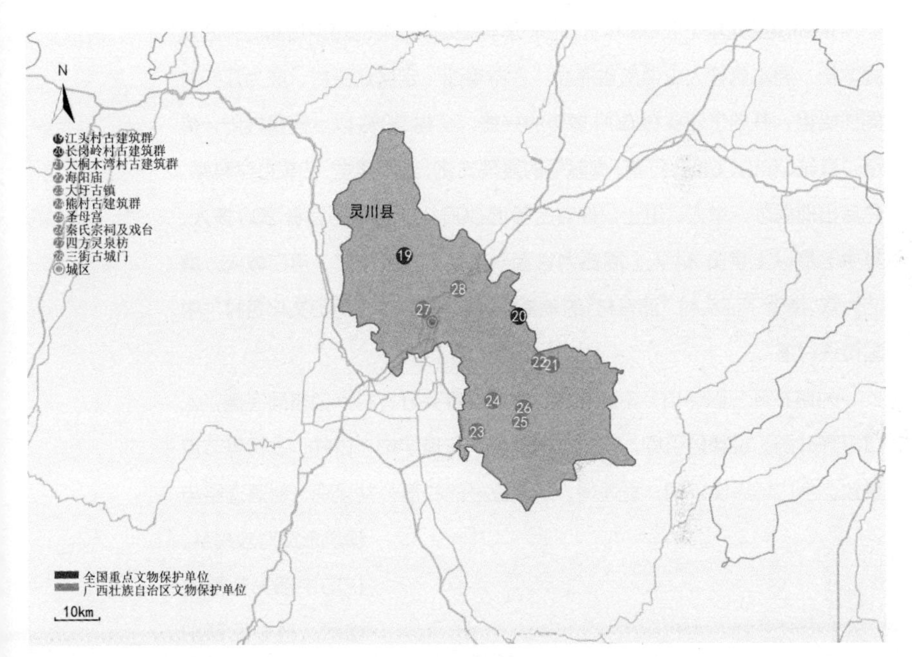

灵川县建筑古迹分布图

19　江头村古建筑群

文保等级：全国重点文物保护单位
文保类别：古建筑
建设时间：始建于明洪武年间
建筑类型：民居
材料结构：砖木
地理位置：桂林市灵川县九屋镇江头村委，距离灵川县 16km

“出淤泥而不染。”

明朝洪武元年（1368 年），北宋理学宗师周敦颐的嫡亲后裔周秀旺及周本初、周本昌等人由湖南省道县“宦游粤西”定居江头村，成为江头村周氏始祖，开启了江头村 600 多年的兴盛。全村 90% 以上居民姓周，传承“真诚、和谐、积德、行善、奉献”的爱莲文化，崇尚儒学，热衷办学科举，先后出现秀才、举人、进士、庶吉士等近 300 人，出仕为官者 200 多人，其中七品以上官员 34 人。周氏为官者一直秉承爱莲文化，清白做人，廉洁为官，造就了江头村“清官村”的美誉。现被评为“中国历史文化名村”“中国传统村落”。

村落布局三面环山，南面临水，水系保存完好。村水口格局完善，入口田野开阔，设牌坊引导，江边古树茂盛，有惜字炉、古井、古桥等节点景致。小广场后设宗祠：爱莲祠，形成良好的村落公共景观。村落道路与建筑形成对应关系，村前中部为规整网格状，村中后部则依据地形自由走向，巷道根据与建筑物的不同关系被命名为“进士街”“举人街”“秀才巷”等。

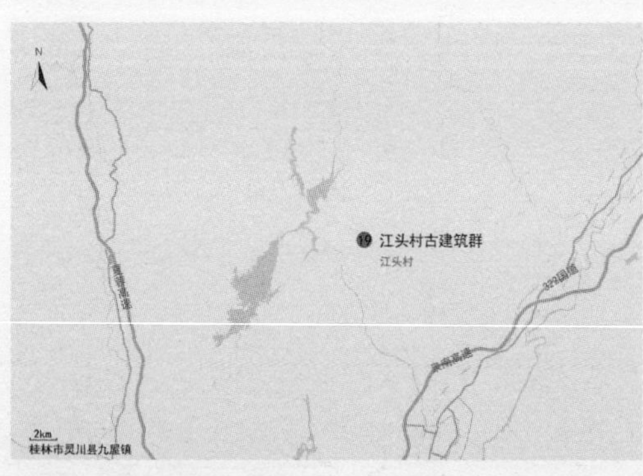

19 江头村古建筑群区位图

江头村至今保存着较为完整的明、清、民国时期的古民居百余座，呈现出不同历史时期的建筑特色和装饰风格，保存完好，至今仍在使用。明代建筑形制简单，单座单层。清代建筑多为合院式多进民居，规模宏大，格局规整，装饰精美丰富。后期建筑则灵活多变，依地形布局。典型的建筑有爱莲家祠、按察使府第、太史第、奉政大夫第、同知府第、五代知县宅、解元第、闺女楼等。

爱莲家祠，是江头村周氏的宗祠，建于清光绪八年（1882 年），以《爱莲说》之文为名，用黑色与红色象征“出淤泥而不染”，目前遗存三进，有大门楼、兴宗门、文渊楼等。

按察使府第为严格按照轴线布局的四进三开间四合院，始建于清乾隆年间，山墙高跷，雕刻精美，是直隶按察使周培正故居。

五代知县宅是周启运的故居，因周启运和他的父亲、儿子均担任过知县，其祖父和曾祖父有被追认为知县，其府第内正堂上悬有“五代知县”匾，故名。建筑有两进五开间，第二进为两堂八房，是理学文化在民宅体现的代表。

愛蓮家祠

20　长岗岭村古建筑群

文保等级：全国重点文物保护单位
文保类别：古建筑
建设时间：始建于明
建筑类型：民居
材料结构：砖木
地理位置：桂林市灵川县灵田镇长岗岭村，距离灵川县 38km

经过长岗岭村的三月岭古商道，连接兴安界首镇和灵川大圩古镇，是湘楚至粤东的陆路要道，往来客商都在长岗岭驻足。村民耕读经商而发达，成为桂北富豪村，明清时有“小南京”之称。现被列入“中国传统村落”。

长岗岭村现保留有清代建筑 9 座，有莫氏宗祠、卫守副府、“大夫第”、“别驾第”、莫府、陈府、五福堂等。建筑的显著特点是尺度体量巨大，气派古朴，在桂林地区首屈一指。

卫守副府，为清乾隆末年陈大彪以武生职授卫千总后而名，因其二进厅堂高大，采用抬梁式屋架，又名官厅。建筑前后四进四天井，两侧为横屋。大门前有 9 层台阶，颇具气势。

别驾第，始建于清嘉庆年间，三进两堂两天井，两侧与后侧分立横屋，左侧横屋设花厅、书楼。

莫府，始建于清嘉庆年间，规模宏大，前后六进，每进建筑两侧分立横屋，北侧又分立五座正堂，并有花园相间其间。

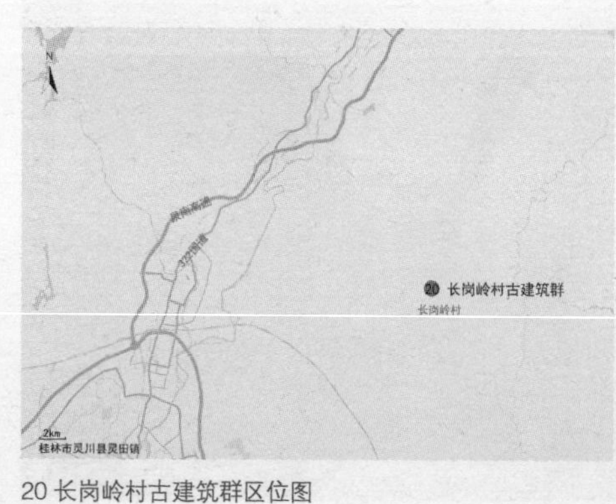

20 长岗岭村古建筑群区位图

五福堂，是村民用于集会观戏的地方，始建于清道光年间。建筑为前后两栋，中间天井。第一栋两层，一层为通道，二层为戏台；第二栋是观戏大厅，四坡顶，体量高大，内部空间开敞。

燕翼宛彰

21 大桐木湾村古建筑群

文保等级：自治区级文物保护单位
文保类别：古建筑
建设时间：始建于清乾隆年间
建筑类型：民居
材料结构：砖木
地理位置：桂林市灵川县海洋乡大桐木湾村，距离灵川县 60km

“银杏之村。”

每年深秋，海洋山的银杏树变黄，使处于海洋山核心的大桐木湾村笼罩在满山的金黄之中。拥有数十棵千年银杏树的大桐木湾村已经成为全国有名的“赏黄之地”。

大桐木湾村坐南朝北，背靠后龙山，面朝卧龙潭。卧龙潭附近银杏树较为集中，形成水口林，营造出环境优美的公共景观。村里保留有部分清末民初的古民居，为三开间的合院式建筑，有二至三进的院落，外墙为土坯砖或青砖砌筑，硬山屋顶，有少量封火墙。村中有私塾学堂，号“状元楼”，为两层砖木结构，民国初年建筑风格。

21 大桐木湾村古建筑群、22 海阳庙区位图

22 海阳庙

文保等级：自治区级文物保护单位
文保类别：古建筑
建设时间：始建于南宋乾道年间
建筑类型：寺庙
材料结构：砖木
地理位置：桂林市灵川县海洋乡东北 2.5km 处的龙母山脚下，距灵川县 60km

海阳庙是祭祀湘漓二水之源神的庙宇，肇于唐代，宋代朝廷赐名“灵泽庙”，明朝更名为“龙母庙”，清称“海阳庙”，民国时期改称“明心寺”。建筑主体为两进院落式，布置了山门、前殿、大殿，大殿旁设侧殿和侧院。山门设于前院围墙正中，檐下凹门廊，仅设一大门，显得封闭。山门紧靠前殿，殿前空间狭窄。前殿和后殿间为天井，两旁为厢房。两殿均为三开间硬山顶砖砌建筑，穿斗式木构架，湘赣式建筑式样。

明心寺

明心寺

23　大圩古镇

文保等级：自治区级文物保护单位
文保类别：古建筑
建设时间：始建于隋唐
建筑类型：民居
材料结构：砖木
地理位置：桂林市灵川县大圩镇，距离灵川县 32km

“逆水行舟上桂林，落帆顺流下广州。”

大圩是中国历史文化名镇，广西明代四大古圩镇之一，是南方丝绸之路（湘桂古商道）陆路的终点，桂北的水路码头。古镇布局为沿漓江呈一字展开，保存有较完整的明清圩镇格局与古民居建筑面貌。古镇主街是一条东西走向长 1.5km 的青石板商业街，两旁有 200 多栋明清时期古建筑。因水运兴盛，古镇路网从镇内延伸至漓江边，主街与十几个码头间有巷道相连，并形成圩行。街巷每隔一段距离有砖石防火拱门，以避免火灾的蔓延。

古镇民居多为两层青砖楼房，临街一层为商业铺面，后为主人住房，一般为二至三进，为前店后房格局。进与进之间为小天井，有跑马楼，为狭窄的院落通风采光。堂屋布局精简，多为硬山搁檩式木结构，整体古朴淡雅，在重点部位装饰，偶有浮雕图案。现存典型的民居有黄宅、廖宅、李宅等。

在商业兴盛的影响下，古镇出现了戏台、寺庙、书院、祠堂、会馆等公共建筑，雕饰精美，山墙耸立，各具特色，目前遗存有高祖庙、湖南会馆、清真寺等。还有建于明代的万寿桥等古代石拱桥。

23 大圩古镇、24 熊村古建筑群、25 圣母宫、26 秦家祠堂及戏台区位图

24 熊村古建筑群

文保等级：自治区级文物保护单位
文保类别：古建筑
建设时间：始建于清
建筑类型：民居
材料结构：砖木
地理位置：桂林市灵川县大圩镇熊村，距离灵川县 39km

熊村位于大圩镇北面，地处湘桂、潇贺两条古商道的交汇点，陆路北联中原，通过旁边繁荣大圩码头水运南下可达广州，是明清时期古商道上的一个货物集散转运中心。熊村有“三街六巷九井十二门”，三街为正街、十字街和半边街。其中正街为全村主要街道，贯穿南北约一里长，其他街巷依据地形与主街相连。街道端头及节点处有门楼，路面以青石板和鹅卵石铺砌。街道两旁是民居，为前商后宅，临街铺面多为开敞式板门，每间墙体间有凹廊的商业灰空间，使街道形成极具韵律的界面。民居多为两进到三进，天井狭小，有些高大的堂屋设有走马廊，青砖或土坯砖砌筑，硬山搁檩式，典型的湘赣式样式。商贸的发展，使熊村不仅有湖南会馆、江西会馆等宏大商业建筑，也有老龙祠、圣母宫、关帝庙、齐贤祠等多座庙宇，反映出熊村曾经四方商贾云集的盛况。

湖南會館

25 圣母宫

文保等级：自治区级文物保护单位
文保类别：古建筑
建设时间：始建于清
建筑类型：坛庙
材料结构：砖木
地理位置：桂林市灵川县大圩镇廖家村委毛村，距离灵川县 28km

圣母宫是桂林地区仅见的客家人祭祀圣母妈祖的祠堂，由明代从福建移居于此的毛村人所建。毛村黄氏家族多从事水上运输，处境危险，崇拜保佑平安的妈祖。建筑坐东朝西，共三进，依次为门楼、中堂和后座，两边带连廊，均为三开间插梁式硬山式。门楼设前廊，檐柱及门框为石制。中堂为敞厅，是族人议事聚会场所，檐柱为石制。后座为供奉圣母像的殿堂。圣母宫整体简洁朴素但不失风韵，柱础及枕石石雕精美，山墙雄浑变化，形成和谐风格。

聖母宮

26　秦氏宗祠及戏台

文保等级：自治区级文物保护单位
文保类别：古建筑
建设时间：始建于清嘉庆十三年（1808 年）
建筑类型：祠堂
材料结构：砖木
地理位置：桂林市灵川县潮田乡太平村，距离灵川县 46km

太平村建村于宋，古名砖头村。村中秦氏族人于清嘉庆年间建造了秦氏宗祠，于民国元年紧靠在宗祠前修建了戏台，连为整体，成为宗祠的一个组成部分，达到在敬神敬祖的同时娱乐教化族人的目的。宗祠门楼即为戏台背后，为三开间，设门廊，进门即是戏台架空底部，层高较低。戏台朝向宗祠，前面为观演空地，两旁是三层的看台，平面呈“凹”字形。戏台为硬山双坡屋顶，两边为马头墙，观演空间上覆四坡屋顶，与戏台屋顶勾连成为一体，使整个戏台与观演空间成为一个全天候室内演出场所，为广西古戏台所罕见。戏台顶棚设有华丽的藻井，木构件上处处雕刻精美木雕。祠堂仅一座三开间硬山顶建筑，但进深很大，门厅、中厅及祖厅的功能通过三组插梁式木构架依次排列统一在一个双坡屋顶下，成为一个整体的通透空间，颇为独特。

27　四方灵泉坊

文保等级：自治区级文物保护单位
文保类别：古建筑
建设时间：始建于北宋太平兴国年间
建筑类型：牌坊
材料结构：石
地理位置：桂林市灵川县潭下镇山口村，距离灵川县 4.5km

四方灵泉由照壁、牌坊、水井和井外石栏等构筑物组成。照壁高约5m，中心镶嵌有一方赭红色火球图石刻，左右是四方灵泉修建的碑记。牌坊为四柱三开间，面宽 4.3m，通高 4.19m，明间坊心刻有“四方灵泉”四字，两边次间坊心有名流题字，雕饰精美。井深约 2m，井外护栏由立柱与雕花石板组成，其中一块雕有升龙祥云海水纹，独具气势。

古井开凿有千年历史，据传能以独特方式预兆旱涝和吉凶，非常灵验，名气颇大，名流乡绅为其立坊，“三元及第”状元陈继昌为其题匾，非常难得。

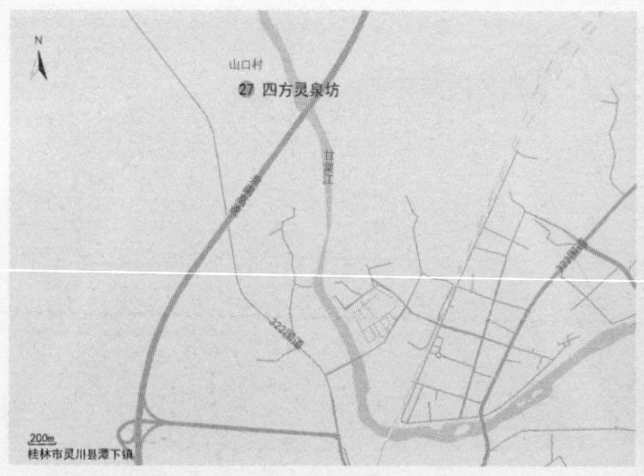

27 四方灵泉坊区位图

28　三街古城门

文保等级：自治区级文物保护单位
文保类别：古建筑
建设时间：始建于唐
建筑类型：城垣
材料结构：砖石
地理位置：桂林市灵川县三街镇，距离灵川县 11km

三街古镇曾是灵川县的县治所在地，是漓江上游的第一座建制镇，至今已有 1350 多年的历史。城池曾建有五个城门，现尚存三座建于明代城门：镇南门、东胜门和拱北门，均为仅余料石砌筑的城门洞，壕沟、城墙残留各百余米。

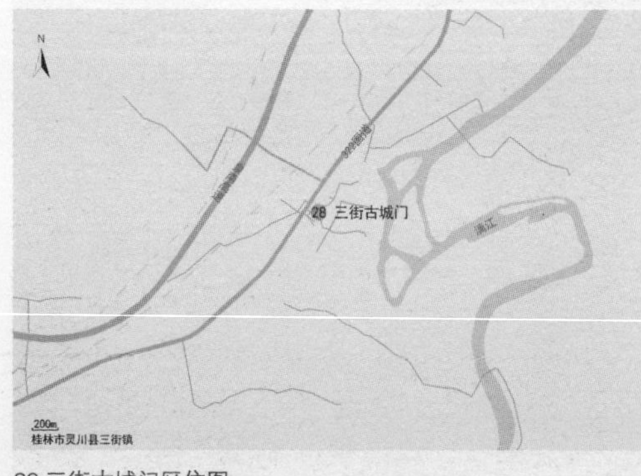

28 三街古城门区位图

四、兴安县

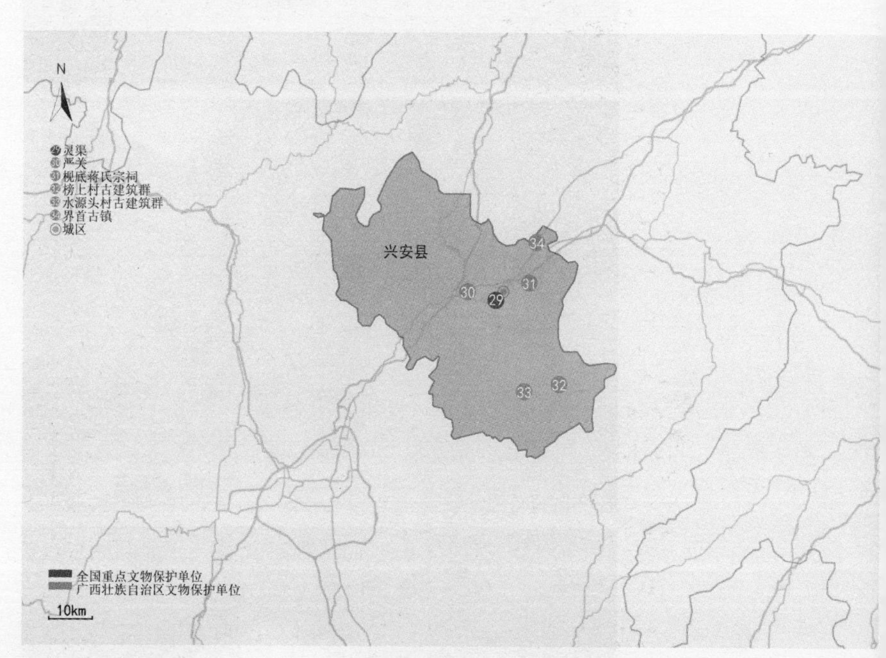

兴安县建筑古迹分布图

29 灵渠

文保等级：全国重点文物保护单位
文保类别：古建筑
建设时间：始建于公元前 218 年
建筑类型：水利设施
材料结构：砖石
地理位置：桂林市兴安县双灵路

“一道源泉却两支，右为湘水左为漓。谁知万里分流去，到海还应有会时。”

始皇帝二十八年（公元前 219 年），秦国发兵 50 万南征百越，在蛮荒之地遭遇百越部族的顽强抵抗，粮饷军辎无法转运，使战争持续三年。秦始皇命监御史史禄主持开凿河渠，以沟通湘、漓二水，转运人员与物资。公元前 214 年河渠修成，秦军籍此进入百越地区，一统中国。此河渠即为灵渠，为世界上最古老的运河之一，开凿至今 2000 余年仍发挥作用，成为中原与南疆政治、经济、军事、文化交流的纽带。

灵渠全长 34km，由铧嘴、大小天平、南北渠道、泄水天平、陡门等部分组成一个完整的水利工程体系，选址、设计、建造等各方面十分巧妙。通过灵渠，将在兴安附近背道而驰的湘江、漓江连为一体。

铧嘴：灵渠分水潭南面的一个石平台，前尖后钝，像个铧犁，锐角面向海洋河，将河水分到南北两渠，三分河水进入南渠流至漓江，七分河水进入北渠流至湘江，故有“三分漓水七分湘”之说。

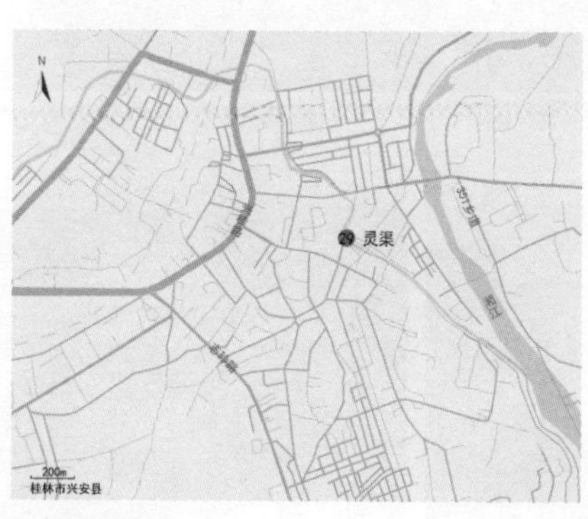

29 灵渠区位图

大小天平：灵渠分水潭出口的流水坝，在铧嘴之后，对海洋河截江蓄水、分流入渠，同时在洪水季节滚水排洪，使分水潭和南北渠道保持一定的容量，“天平”之称由此而来。北面堤坝长 380m，称大天平；南面堤坝长 124m，称小天平。大小天平连接处夹角 108°，与海洋河的流水斜线相交，大大减轻了河水对堤坝的冲击力，同时在面临来水方向，条石对接处用铁锭锚固，千年无恙。

南北渠道连接湘江与漓江，在泄水天平、陡门、水涵等多种水利设施的共同作用下，使中原南来的船只与岭南北往的船只均可溯至分水潭交汇，然后即可分头南下或北上，实现湘漓通航。

30 严关

文保等级：自治区级文物保护单位
文保类别：古建筑
建设时间：始建于汉，明崇祯十一年（1638 年）重建
建筑类型：城垣
材料结构：砖石
地理位置：桂林市兴安县严关镇仙桥村，距离兴安县 8km

“岭南战事，尝系于此。”

严关是岭南第一关，欲南下夺桂林城，必先夺严关，使严关战事弥漫了千年。现存严关为明代遗物，呈东西走向，为了关防坚固，已不再是秦汉时期的土夯城垣，城墙内外均以青方石浆砌，中夯土石，挺拔坚固。城台长 43.2m，高 5.3m，厚 3.2m。关楼在抗战中被拆除。关门居中，双重券拱，湘桂走廊的石板道由此通过，宽 2.9m，高 3.8m，深 3.23m，内外额刻“古严关”，关门雄奇威严。

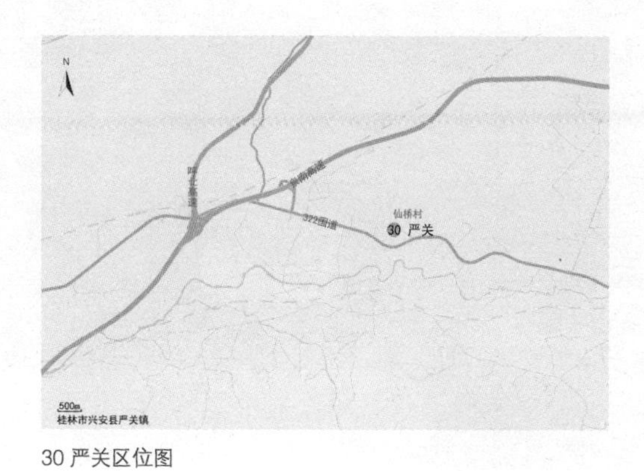

30 严关区位图

31　枧底蒋氏宗祠

文保等级：自治区级文物保护单位
文保类别：古建筑
建设时间：始建于清道光十九年（1839 年）
建筑类型：祠堂
材料结构：砖木
地理位置：桂林市兴安县湘漓镇双河村委枧底村，距离兴安县 10km

枧底村为大清名臣蒋方正故里，蒋氏宗祠为奉旨修建。祠堂为两进两廊四合院式建筑，有门楼和后殿两座，为三间硬山顶，两侧为马头墙，岭南抬梁式木构架，梁架上雕刻精美浮雕。入口无廊，大门为拱门，门上嵌“蒋氏宗祠”和“赏戴花翎”“赏戴蓝翎”匾额，门旁立有石鼓。总体为湘赣式建筑样式。

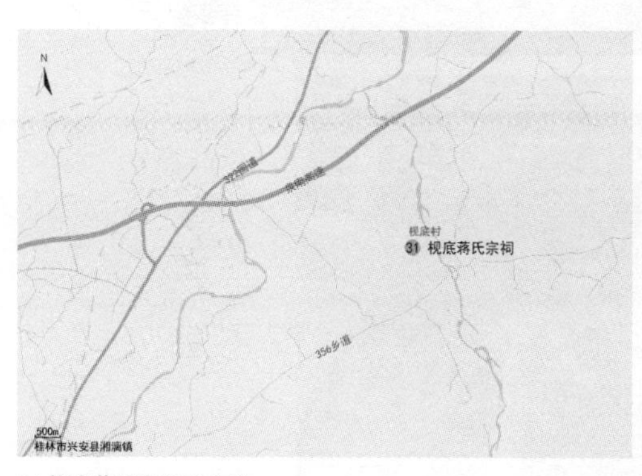

31 枧底蒋氏宗祠区位图

蒋氏宗祠

32 榜上村古建筑群

文保等级：自治区级文物保护单位
文保类别：古建筑
建设时间：始建于明洪武年间
建筑类型：民居
材料结构：砖木
地理位置：桂林市兴安县漠川乡榜上村，距离兴安县 32km

榜上村的先祖陈俊为湖北黄冈人，四品武将，于明洪武年间护驾靖江王至桂林，而后屯兵驻守漠川湘桂古道，繁衍生息，成榜上村。

榜上村依山而建、傍水而立，左右青山绵延如巨龙，村前河流如玉带在开阔的田园交汇，符合中国传统风水理念。民居建筑多为清至民国所建，依地形山势自由布局，窄巷曲折，巷道铺青石板。建筑风格为岭南与桂北民居相融合，马头墙小青瓦，高墙封闭，内天井是活动中心，周围为堂屋和厢房，花窗隔扇雕刻精美，多有石质水柜以日用和防火。村中有御敌瞭望的三层炮楼。

陈克昌大墓位于村西，是一座罕见的高规格大规模的古墓，建于光绪十五年（1889 年），因家族功于朝廷，得以建大墓立牌坊。大墓现占地 3 亩多，布局规整气势，墓道长逾 60m，宽 15m，两有望柱、石马、石狮、石羊、石翁仲，墓前立有两块高达 6m 的诰封碑。墓碑与墓圈雕刻精美，是清晚期石雕刻精品。

32 榜上村古建筑群、33 水源头村古建筑群区位图

榜上村除了古民居，还有村后的一棵 1800 年的古樟，蒋家堰的节孝坊、四十弓屯的化龙桥，构成人与自然的和谐意境，被列入“中国历史名村”“中国传统村落”。

33 水源头村古建筑群

文保等级：自治区级文物保护单位
文保类别：古建筑
建设时间：始建于明洪武年间
建筑类型：民居
材料结构：砖木
地理位置：桂林市兴安县白石乡水源头村，距离兴安县 25km

“秦家大院。”

明洪武年间，唐代名将秦琼的一支后裔从山东青州被贬至桂北大山中，相中此处山形地势，便在此“风水宝地”落下根基，生息成村。因村前的鸳鸯井是这一带的水源，故称水源头村，因该村村民为秦氏族人，又名“秦家大院”。水源头村学风鼎盛，人才辈出，通过科举先后出了武状元 1 名、进士 20 名，素有“进士村”的美誉。现在水源头村被列入“中国传统村落”。

水源头村目前保留有明清建筑 23 栋 30 座，占地 17000m^2，建筑面积约 7200m^2。村落有一个总大门面朝大路，周围有门楼和闸门守护，在太子山下依山就势拾级而建，成片的宅院布局整齐有序，鳞次栉比，巷道平直纵横，互相联通，井井有条，巷内全铺青方石板，有北方村落格局。进入门楼为横向长形广场，两端是东、西花厅，为整个村落待客与教书育人场所。民宅建筑基本为四合院状的宅院，基本为三进三开间，全是青方石料为础的青砖瓦房，高墙封闭，非常气派。入口门坊装饰精美，每家门坊上书写着“元亨利金”“户拱三星”“本固枝荣”等各种吉祥名称。宅院中间有天井，分上、中、下堂屋或上下堂屋，两边有厢房，房间木格窗户雕刻精美。村里还设有戏楼、花厅、祠堂等公共建筑。

34 界首古镇

文保等级：全国重点文物保护单位
文保类别：古建筑
建设时间：始建于秦
建筑类型：民居
材料结构：砖木
地理位置：桂林市兴安县界首镇，距离兴安县 15km

“桂北版清明上河图。”

界首古镇位于湘江边，因秦始皇南征驻军而生，伴随商贸发展而兴盛。因当时地处湖南与广西的交界，得名“界首”，已有 1000 多年的历史。徐霞客曾在游记中称界首为“千家之市”。

古镇沿湘江西岸呈带状空间布局，适应商业发展与临水交通的便利。目前遗存是明清时期的传统建筑，包括骑楼主街、关帝庙、红军楼、古码头、会馆等。主街长 1300m，宽约 6m，铺青石板，两旁是连续的骑楼。骑楼多为两层，高度一般 6m 左右，融合湘楚建筑和桂北干阑传统元素，显得朴素无华，与东南广府式西洋建筑样式的骑楼不同。底层绵延的骑楼空间，适应了桂北地区多雨潮湿的天气，方便商贸活动的进行。古镇的质朴外在与山水环境融为一体。

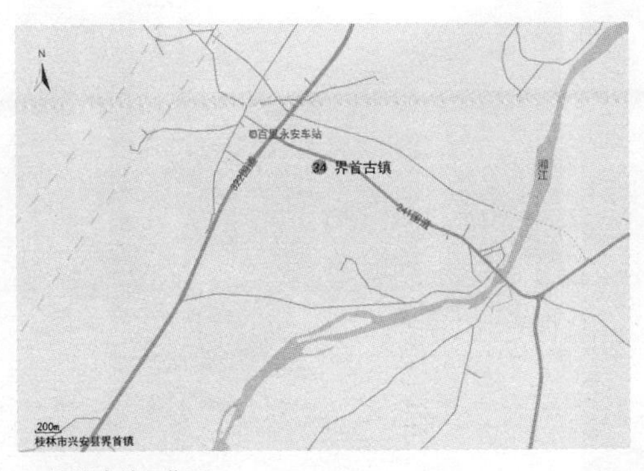

34 界首古镇区位图

五、全州县

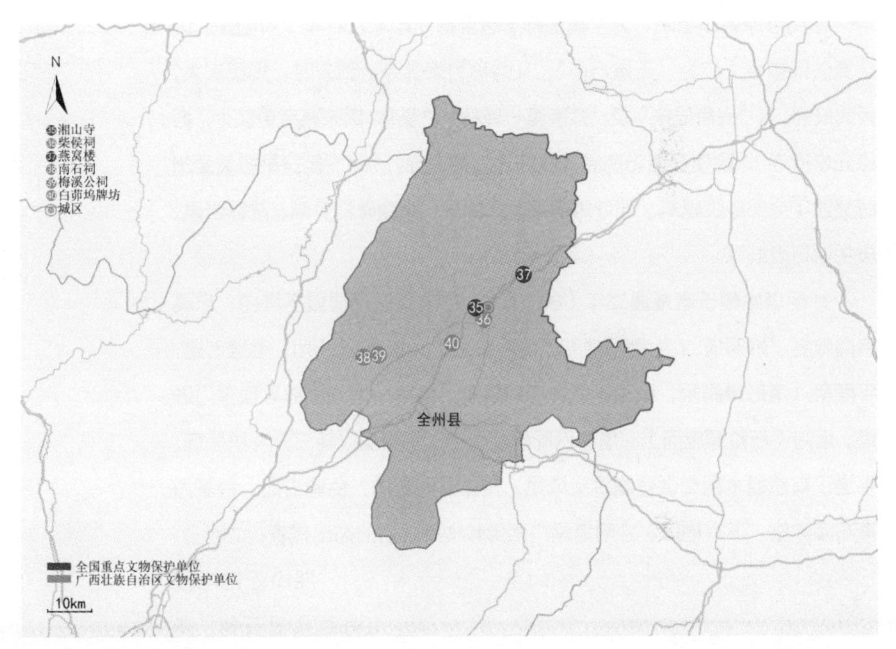

全州县建筑古迹分布图

35 湘山寺

文保等级：全国重点文物保护单位
文保类别：古建筑
建设时间：始建于唐至德元年（756 年）
建筑类型：寺庙
材料结构：砖木
地理位置：桂林市全州县桂黄中路 66 号

“楚南第一禅林。”

湘山寺原名净土院，为全真法师于唐至德元年（756 年）所创建。因全真法师被世人称为“无量寿佛”，又俗称为寿佛寺。到宋时，规模宏大，香火旺盛，有“兴唐显宋”及“楚南第一禅林”之誉称，南宋高宗更额为“报恩光孝禅寺”，因建在湘山南麓，故称之为湘山寺。1945 年日军撤离全州时焚毁了全部寺院建筑。现寺内遗存有妙明塔、摩崖碑刻多幅、洗钵岩泉、放生池石雕群等。

妙明塔始建于唐咸通二年（861 年），存全真法师遗骸于塔内。宋高宗赐敕名“妙明塔”。为攒顶楼阁式砖木空心塔，塔高 26.6m，七层七檐，平面呈八角形带副阶，塔顶置覆钵相轮铁刹。塔第一层北面辟券顶拱门进塔，塔内设石阶螺旋而上，塔身四周叠涩出挑的平坐层以斗三升斗栱装饰，平坐设有翘檐木围廊供登临眺望风景，整体秀丽挺拔，色调古拙。台基为青石须弥座，下有地宫。妙明塔是广西佛教楼阁式塔的杰出代表。

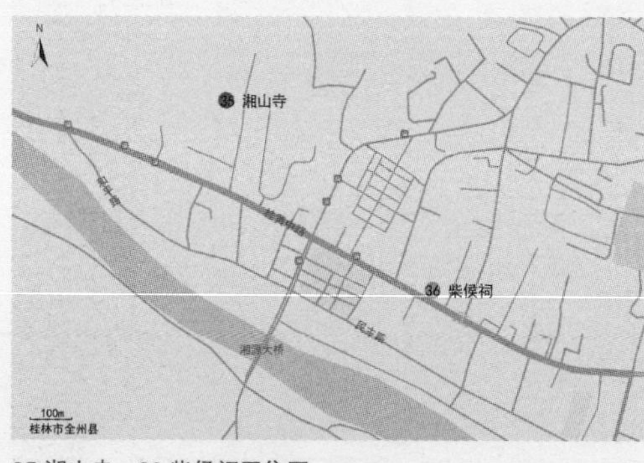

35 湘山寺、36 柴侯祠区位图

湘山寺内尚存有百余幅石刻，多为明至民国时期的摩崖石刻，内容多为游寺观感及记事，具有历史和书法价值。康熙御笔“寿世慈荫”碑刻镌刻于湘山顶峰下的石壁上。石涛兰花石刻刻于妙明塔后的飞来石下，画幅为 60cm × 80cm。

放生池石雕群为清代所刻，依石势雕有 20 多尊动物及 1 尊侧卧的护池僧，生动有趣。

洗钵岩泉在湘山寺内西北角的树林下，泉水从林地下的沟渠依次流入青石砌成的三个水池中，为当年僧人就餐洗钵之处。

36 柴侯祠

文保等级：自治区级文物保护单位
文保类别：古建筑
建设时间：始建于唐，清乾隆十三年（1748 年）重建
建筑类型：祠堂
材料结构：砖木
地理位置：桂林市全州县桂黄中路 110 号城郊粮所内

唐代全州高僧全真法师道行名闻天下，河北邢州州官柴崇慕而从之，传说得道多有庇护全州民众。柴侯祠为纪念柴崇而建，原有戏台、前殿、走马廊、后殿等建筑。现存前殿、后殿及院墙。前殿面阔五间，宽 18.03m，长 16.5m，硬山穿斗式结构，有蜈蚣形翘檐封火山墙。轩廊步架和当心间大梁置斗栱、花板，梁枋上雕饰动植物纹和彩绘人物故事图案。藻井金绘行龙纹，四围饰五蝠、西番莲纹等。后殿为穿斗式硬山顶建筑，面阔五间，宽 16.9m，长 11.3m，除前檐挑梁梁身雕有花草纹外，其他木构件均朴实无纹。木构架为中柱落地减枋式，内设阁楼，房身前浅后深、前高后低，获得充足阳光。

抗战时期，爱国将领杜聿明、戴安谰将军曾分别在此驻扎，西面内墙上至今还留有“轰轰烈烈抗日，慷慷慨慨就义”的抗战标语。

37 燕窝楼

文保等级：全国重点文物保护单位
文保类别：古建筑
建设时间：始建于明弘治七年（1494 年）
建筑类型：牌坊
材料结构：木
地理位置：桂林市全州县永岁乡石岗村，距离全州县 16km

“科甲传芳。”

燕窝楼是蒋氏祠堂门前的牌楼，因檐下的雕花如意斗栱层层出挑，相互衔接，形如“燕窝”而得名。牌楼通高 12m，面宽 8m，由四根粗壮楠木柱支撑，柱高 5.6m，为一字形四柱三开间三层楼庑殿顶牌楼，采用明代独特的飞檐单翘卯榫结构。檐下设上四层下三层斗栱，共 324 根弓形精雕细刻的斗栱。以中间为界，华栱的方向向两侧倾斜 45°，层层升起，仰望如绽开花朵、如燕窝。牌楼明间坊上镶“科甲传芳”镂空书匾，匾周围的梁上坊下，饰满各种精美艳丽的浮雕。整座牌楼金碧辉煌，如仙阁琼楼般立于湘桂走廊边，声名远扬。

石岗村在明清曾先后有 72 人在外做官，曾有公堂（祠堂）18 座，其中保存最完整且最精美的是燕窝楼。燕窝楼的建造者名蒋淦，为明代正德年间工部右侍郎。明万历大学士叶向高在门楼题联“累朝荣荫家声远，历代科名世泽长”。

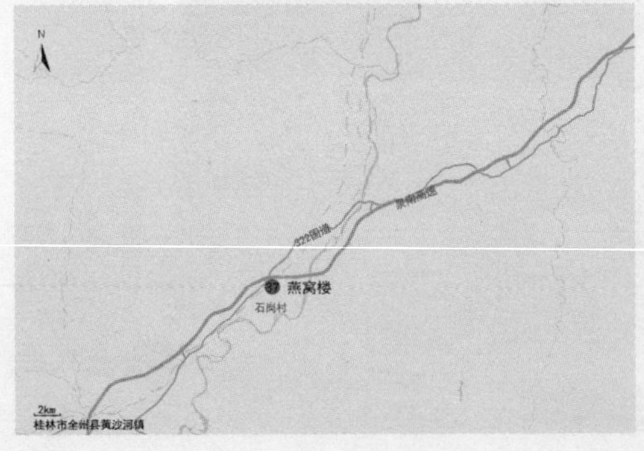

37 燕窝楼区位图

科甲傳芳

38　南石祠

文保等级：自治区级文物保护单位
文保类别：古建筑
建设时间：始建于清乾隆五十九年（1794 年）
建筑类型：祠堂
材料结构：砖木
地理位置：桂林市全州县绍水镇松川村委白塘村，距离全州县 32km

“绳其祖武　贻阙孙谋。”

南石祠是白塘村村民为纪念先祖明代吏部侍郎赵献素而建，赵献素号“南石先生”，故名南石祠。祠堂坐西北朝东南，占地面积 446m^2，背靠小山，面临荷花池塘，为三进两院建筑，中轴线上布局了门楼、一进院落、中厅、二进院落、祖厅。门楼为湘赣式建筑样式，面阔三间，马头墙山墙，设宽阔前廊，三开间均设板门，梢间檐柱间立有木栅栏，强调了明间的入口。前廊装饰精美，顶棚为轩，檐梁、挂落、封檐板等精雕细刻，一对墨石狮子石鼓弥足珍贵。中厅开敞，联通一进与二进院落，通过院落两侧连廊与门楼、祖厅连成一个整体。中厅与祖厅均为三进，硬山式屋顶，插梁式木构架，装饰雅致华丽，匾额充楹楹联满柱，充分体现当地的人文兴盛。

38 南石祠、39 梅溪公祠区位图

39 梅溪公祠

文保等级：自治区级文物保护单位
文保类别：古建筑
建设时间：始建于清嘉庆二年（1797 年）
建筑类型：祠堂
材料结构：砖木
地理位置：桂林市全州县绍水镇三友村委梅塘村，距离全州县 32km

赵琼于北宋皇祐年间自浙江兰溪县迁入全州，成为梅塘村的第一代始祖，后代村民为纪念赵琼，修建了梅溪公祠。公祠坐西北朝东南，为三进院落式建筑，占地 987m^2，前临梅池，在水光山色中颇具江南水乡之韵。门楼面阔三间，马头墙山墙，设穿巷前廊紧邻梅池水边，用鹤颈轩装饰，大门开于明间金柱，两个梢间设有挑廊至外檐下，使门楼前空间显得十分别致。中厅面阔三间进深三间，插梁式木构架，前后空间全部开敞，前檐明间的柱子向两侧偏移，使明间更加宽敞，从门楼望过来有强烈的纵深透视效果。门楼与中厅之间设雨篷相连，形成“工”字形殿样。梁架与陀墩雕刻精美，图案寓意美好。中厅之后是狭长庭院，两侧设廊连接祖厅。祖厅面阔三间，柱网布局类似中厅，在明间后金柱与后檐柱间使用鹤颈轩，与后墙的神龛一起形成特定的祭拜空间。

40 白茆坞牌坊

文保等级：自治区级文物保护单位
文保类别：古建筑
建设时间：始建于嘉庆四年（1799 年）
建筑类型：牌坊
材料结构：石
地理位置：桂林市全州县枧塘镇白茆坞村，距离全州县 12km

白茆坞牌坊是朝廷为了表彰该村唐氏父母艰辛哺育而建的孝子坊。牌坊为四柱三开间三楼庑殿顶式，石质仿木结构，通高 7.3m，面宽 8m。牌坊四柱立于须弥座上，有抱鼓石支撑，显得稳固结实。明间坊心刻有“孝子”大字，中心竖匾刻“恩荣”字，庑殿顶上中置宝瓶，正脊两端饰鳌鱼吻，戗脊翘角。抱鼓石、梁上、匾边、梁间隔等均雕刻精美，形象生动。整座牌坊比例协调、雕工精湛，有较高的历史与艺术价值。

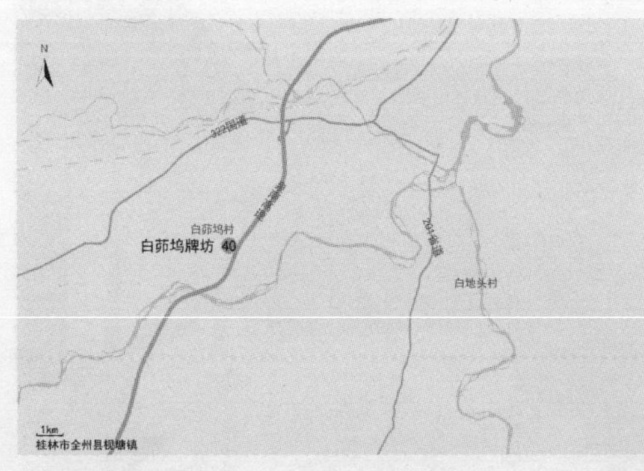

40 白茆坞牌坊区位图

六、永福县

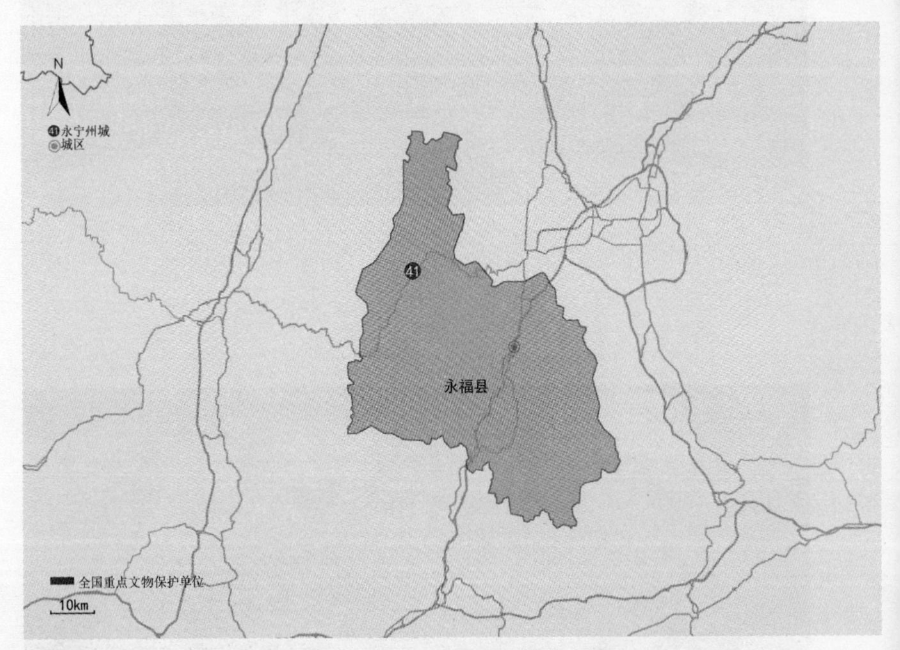

永福县建筑古迹分布图

41　永宁州城

文保等级：全国重点文物保护单位
文保类别：古建筑
建设时间：始建于明成化十三年（1477 年）
建筑类型：城池
材料结构：砖石
地理位置：桂林市永福县百寿镇寿城圩，距离永福县 51km

永宁州城是目前广西保存最完整的明代古城。现存城墙用长方形料石砌筑，南北长 430m，东西宽 170m，高 3.5 ~ 3.7m，厚 3 ~ 3.3m，周长 1200m。古城设四门：东曰东兴门，南曰永镇门，西曰安定门，北曰迎恩门。南门楼为重檐歇山顶，气势雄伟。东、西、北城楼为硬山式屋顶，其中东门因面临码头，门洞高大，方便货物进出。

永宁州城东临寿城河，三面环水。地处桂林至融安的险要古道边，军事地位重要，数百年来多次遇兵灾战火。明成化十三年（1477 年）古田知县陈达始建土城，成化十八年（1482 年）改筑石城。隆庆五年（1571 年）古田县升为永宁州，遂为州城。民国时，先后改永宁州为永宁县、古化县和百寿县，一直为县城所在地。

41 永宁州城区位图

七、灌阳县

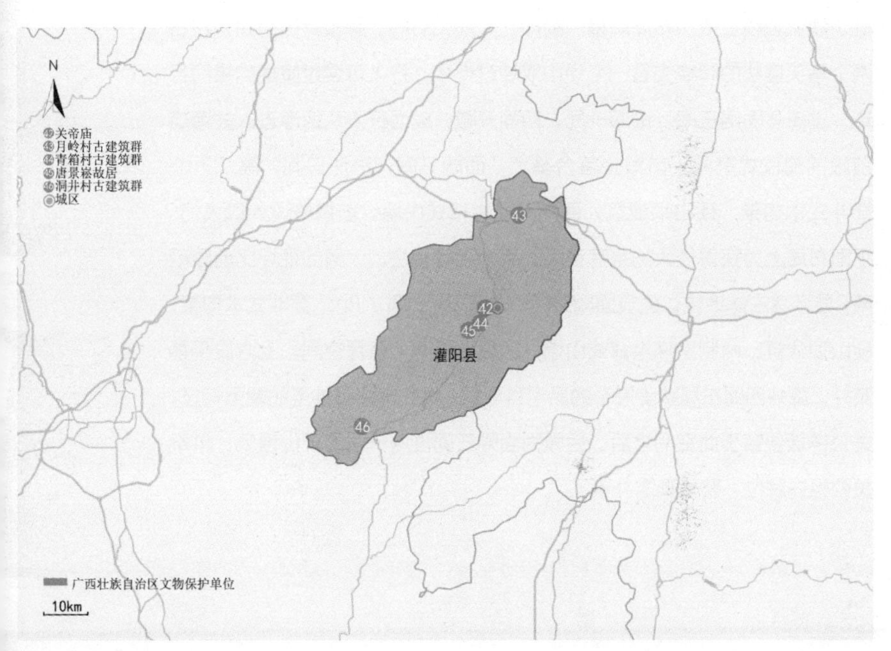

灌阳县建筑古迹分布图

42 关帝庙

文保等级：自治区级文物保护单位
文保类别：古建筑
建设时间：始建于明万历四十八年（1620 年）
建筑类型：坛庙
材料结构：砖木
地理位置：桂林市灌阳县灌江西路 4 号

关帝庙临街而建，坐西北朝东南，占地约 511m^2，为两进三座建筑群。建筑轴线上依次布局牌楼、前殿、大殿和后殿。牌楼跨街而建，左右两个马头墙状的牌楼夹着一个硬山双坡过街亭，行人可通过牌楼的拱门行走。过街亭面阔三间，进深一间，四面开敞，成为行人从街道进入关帝庙前殿前的仪式空间。前殿坐落台基上，面阔三间，进深三间，高 7.7m，穿斗式木构架，硬山顶建筑，两侧是猫拱背式山墙。前檐柱设入口大门。平面布局上为获得较大的祭拜空间，采用了减柱法。大殿的地坪比前殿稍高，显示其主体地位。建筑面阔三间，进深三间，高 7.8m，穿斗式木构架，硬山顶建筑，两侧是猫拱背式山墙。四根金柱间为祭拜空间，上方设平綦藻井，藻井四周布局精美繁杂的品字科斗栱，烘托出隆重神圣的朝圣气氛，关公神坛便置于此空间之后。后殿为面阔三间进深一间的硬山建筑，供奉关公祖先牌位，整体简洁朴素。

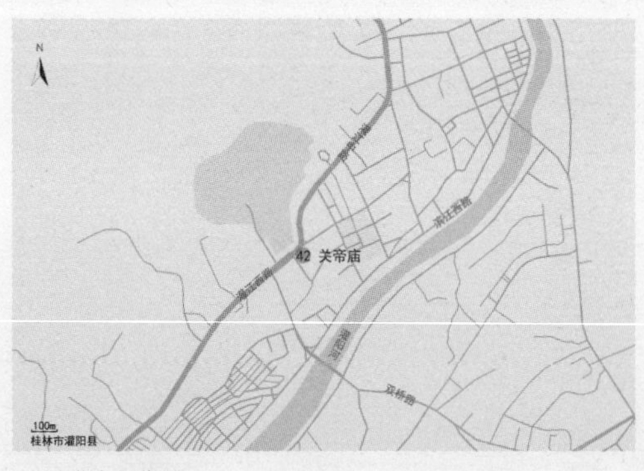

42 关帝庙区位图

43 月岭村古建筑群

文保等级：自治区级文物保护单位
文保类别：古建筑
建设时间：始建于明崇祯年间
建筑类型：民居
材料结构：砖木
地理位置：桂林市灌阳县文市镇月岭村，距离灌阳县 30km

月岭村全村均为唐姓，一脉至今近 800 年。村落位于湖南与广西交界处山脉间平原，藏风聚气，人才辈出，现保留有“六大院”等大量古民居建筑、“孝义可风”牌坊、文昌阁、邵夫公祠及各种亭、塔、庙、寨等建筑，历史内涵丰富。

六大院是月岭村保存最完整的典型古民居，被誉为“小故宫”，是清道光年间唐虞琮为其六房后代修建的住所，依次名为“翠德堂”“宏远堂”“继美堂”“多福堂”“文明堂”和“锡嘏堂”。每个堂的建筑群均有入口门楼、照壁，居住部分是三开间，沿轴线数进院落纵向布局，其他建筑以巷道、院落相隔，设有排屋或厢房，还有仓库、戏台等建筑，布局规整严谨，气势宏大。古民居多为穿斗木构架结构的砖木建筑，硬山灰瓦，门楼雕饰精美彩绘及浮雕。

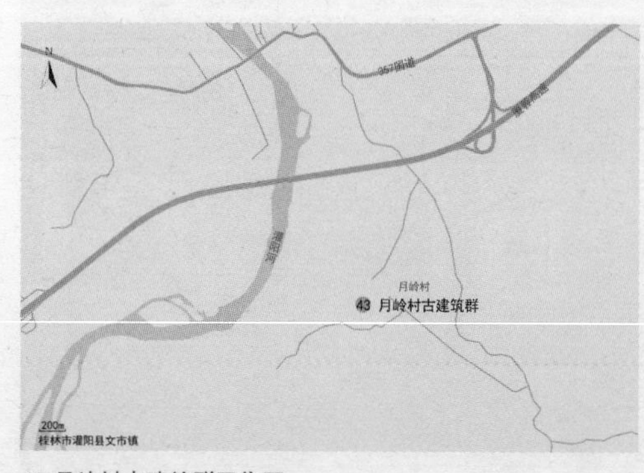

43 月岭村古建筑群区位图

孝义可风石牌坊建于清光绪十六年（1890 年），是朝廷彰寡母养儿功成名就的事迹旨准而建，高 10.05m，宽 6.55m，为四柱三间一字形，三楼庑殿顶式，石质仿木结构。正面明间坊心刻有“孝义可风”字，背面明间坊心刻有“贞艰足式”字，额间镌刻唐门史氏节孝懿事。庑殿顶上中置宝塔，正脊两端饰鳌鱼吻，戗脊翘角。整座牌坊比例协调、造型雄壮、雕工精湛，有较高的历史与艺术价值。

一鄉善士

44 青箱村古建筑群

文保等级：自治区级文物保护单位
文保类别：古建筑
建设时间：始建于明崇祯年间
建筑类型：民居
材料结构：砖木
地理位置：桂林市灌阳县新街镇青箱村，距离灌阳县 8km

青箱村为王氏家族村落，位于群山之间的沃野，有良好的风水格局。村落至今遗存秉表公祠堂、花祠堂、大祠堂、国政公祠堂、谷城公东头祠堂、秉茂公祠堂、益清公祠及古民居等建筑，整体布局既规整又灵活，建筑依巷道走向布置。祠堂多为二至三进三间硬山顶建筑，入口设于侧墙，设精美灰塑门楼，里面为天井，设照壁，对面为中厅或祖堂，为岭南抬梁式木构架，檐廊天棚或梁架雕刻精美。民居一般为一至两进的四合天井式，大门侧面山墙，连接巷道，进入时狭小天井，两旁为厢房，正方三间，明间与天井形成通透空间，为祖厅，住房设于两侧。建筑外墙为青砖与土坯砖混合砌筑，内部为木隔断，整体为湘赣式建筑样式。

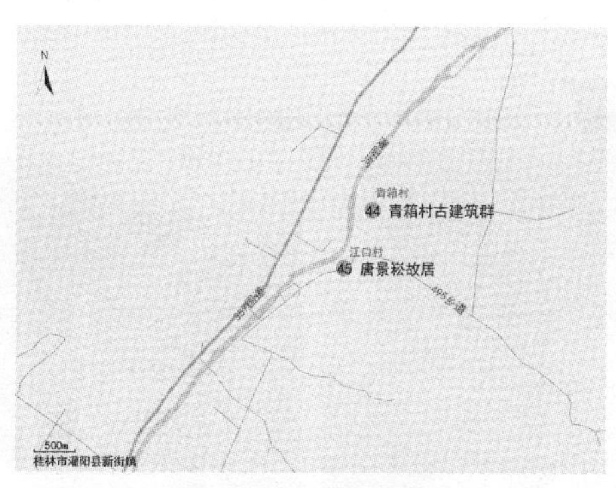

44 青箱村古建筑群、45 唐景崧故居区位图

45 唐景崧故居

文保等级：自治区级文物保护单位
文保类别：古建筑
建设时间：始建于清康熙年间
建筑类型：民居
材料结构：砖木
地理位置：桂林市灌阳县新街镇江口村，距离灌阳县 10km

江口村唐氏三兄弟唐景崧、唐景崇、唐景葑均为翰林，名动一方。其中尤以唐景崧为著，曾请缨赴越抗法，后任台湾巡抚，台湾被割让后成立“台湾民主国”并任总统，事败后休退返回灌阳，晚年创办发展了桂剧。故居占地 410m^2，立于高台之上，背靠山坡，面朝灌江，江口古圩道从门前经过。建筑为三间三进两厢院落式，硬山顶穿斗式木构架，两侧为马头墙或人字山墙。门楼立于高台，须上十七级台阶，颇具威严。门楼前设门廊，装饰卷棚，檐梁雕饰精美，三间全木板围护，入口大门上悬“翰苑”匾额，为湘赣式建筑风格。第二进为中厅，明间通透，设屏门相隔，悬“兄弟翰林”匾额。两侧为住房，梁架、门窗格扇等精雕细作。第三进为祖厅，明间为供奉祖先，悬“天诰命”匾额，两侧为住房。天井两侧为厢房。建筑整体规整典雅，做工精美古朴，为桂北民居代表。

46 洞井村古建筑群

文保等级：自治区级文物保护单位
文保类别：古建筑
建设时间：始建于明洪武年间
建筑类型：民居
材料结构：砖木
地理位置：桂林市灌阳县洞井乡洞井村，距离灌阳县 47km

洞井村古为军屯据点，为汉、瑶两个民族杂居地，汉族村民多姓唐，先祖来自江苏省上元县，瑶族村民为明代屯兵后人。村落位于古道旁，周围是沃田与莲塘，四面环山，可远眺都庞岭，一条清澈的溪水穿村而过，流入灌江，整体环境优美宜人。村落对外防护严谨，除了外围设围墙村门，内部巷道还设有六个入巷门楼，曲折如棋盘的石板巷道把各个宅院聚合成为整体，内部户户相通，具有防火防盗匪功能。洞井村遗存的古建筑有唐氏宗祠、古民居、门楼等，为湘赣式建筑风格。民居多为三间两进两厢式，中间为天井，形成“四水归堂”的方正布局。唐氏宗祠建于清道光二十年（1840 年），位于村北侧古道旁，为两进院落式，门楼外设高墙，入口开于墙中，两侧为高耸的镬耳山墙，立面颇具气势。两进间设有拜亭连接，内部装饰精美。祠堂内保留的清代廉政禁令碑，反映出洞井村的传统社会风气，与山清水秀的环境相得益彰。

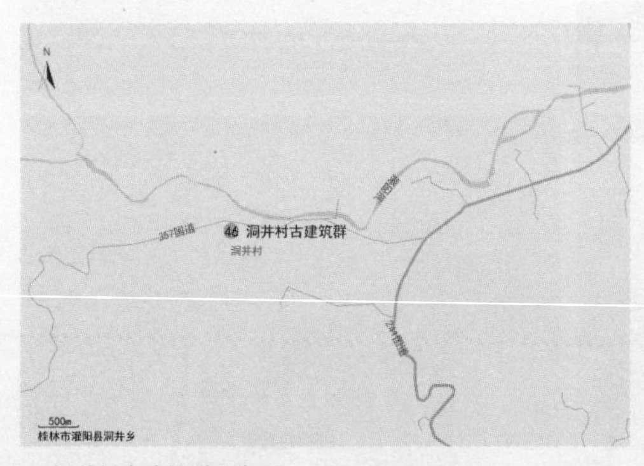

46 洞井村古建筑群区位图

八、恭城瑶族自治县

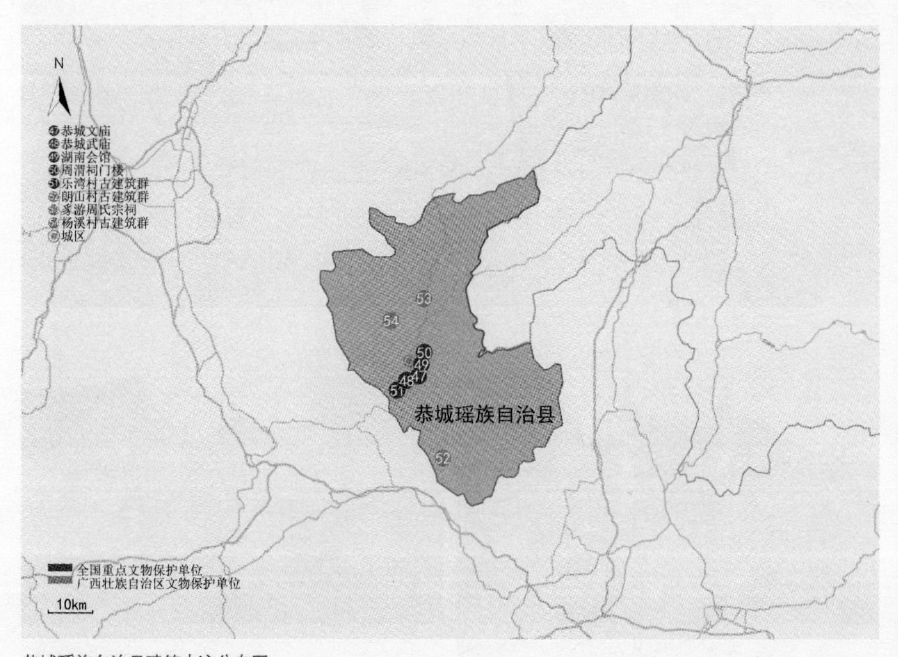

恭城瑶族自治县建筑古迹分布图

47　恭城文庙

文保等级：全国重点文物保护单位
文保类别：古建筑
建设时间：始建于明永乐八年（1410 年），历代迁移、修缮，扩建
建筑类型：坛庙
材料结构：砖木
地理位置：桂林市恭城瑶族自治县拱辰街 74 号

“脱掉兰衫换紫袍，脚踩云梯步步高。”

恭城文庙以曲阜孔庙为模式设计建造，是现广西规模最大、保存最完整的文庙建筑群。文庙坐北朝南，南偏东 6°，背靠印山，面朝茶江，依山而建，层层上升，在南北中轴线上依次为照壁宫墙、状元门、棂星门、泮池、状元桥、大成门、杏坛、大成殿和崇圣祠；东西两侧分别建有左右碑亭、名宦祠、乡贤祠、厢房等，构成一座占地达 3600m^2、建筑面积 1800m^2、布局对称严谨的院落式建筑群。

文庙状元门前立有禁碑一块，上刻“文武官员至此下马”，以示文庙的庄严与地位。状元门后为青石砌筑的五间六柱式棂星门，冲天柱头安坐辟邪狮子，明间有刻“棂星门”阑额石匾，刻“鱼跃龙门”“拜相封侯”等浮雕。过了棂星门是泮池，半圆形，周围青石栏板，一单拱石桥从池上跨过，号“状元桥”，桥面上有刻着云纹浮雕的青石，喻以“青云直上”意。

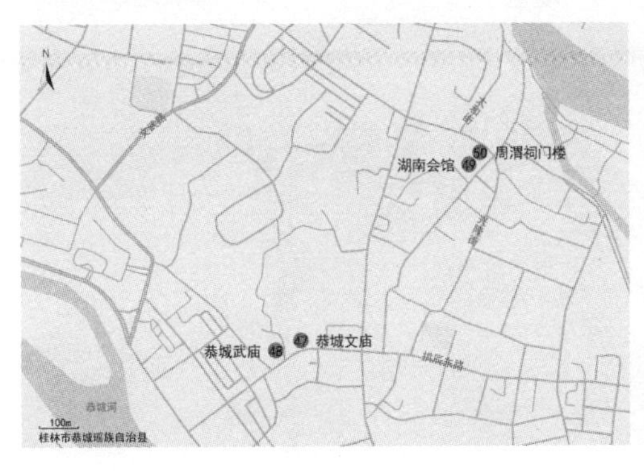

47 恭城文庙、48 恭城武庙、49 湖南会馆、50 周渭祠门楼区位图

泮池两侧各置碑亭一座，亭内立御制碑。与碑亭相邻的两侧分别是忠孝祠、省牲斋等。

大成门位于泮池北，为五开间戟门，硬山抬梁式，檐柱为石柱，屋顶为黄色琉璃瓦。大门由 22 扇隔扇组成，如雕花的高大屏风。大成门左右两侧耳房为名宦祠和乡贤祠，屋顶则使用了绿色琉璃瓦。大成门后是宽大院落，设杏坛。

大成殿是文庙中体量最大、等级最高的主建筑，为重檐歇山建筑，覆黄色琉璃瓦，供奉孔子牌位。大成殿立于高台基上，前设宽阔月台，平面为副阶周匝，面阔五间进深三间，建筑面积 370m^2，通高 16.8m。大成殿为抬梁式与穿斗式结合构架，明间正中有斗八藻井，前廊作船篷轩。屋顶正脊采用博古脊，塑“五代荣封”灰塑。整个大成殿飞檐高跷，壮观辉煌，占据整个孔庙天际线的主体地位。

崇圣祠是中轴线上最后一座建筑，是供奉孔子五代祖先的场所。崇圣祠三开间单檐歇山顶，虽然处于高地，但建筑高度仍然低于大成殿，体现了各建筑地位的高低。

48 恭城武庙

文保等级：全国重点文物保护单位
文保类别：古建筑
建设时间：始建于明万历三十一年（1603 年）
建筑类型：坛庙
材料结构：砖木
地理位置：桂林市恭城瑶族自治县拱辰西路 8 号

恭城武庙供奉关羽，位于印山南麓右侧，与印山南麓左侧的恭城孔庙形成左文右武格局，符合中国传统空间观念中左尊崇文右卑抑武的思想，同时又表达阴阳相合文武相成的精神，这种格局在全国绝无仅有。

武庙占地 2100m^2，建筑面积 1033m^2，在中轴线上依次布局戏台、雨亭、前殿、正殿、后殿及左右配殿。戏台是全庙建筑精华所在，又名演武台，是祭祀时演戏酬神娱众的地方。戏台相对面向于前殿，台面高于地面 1.32m，有精美人物浮雕石刻。戏台为三面观戏台，重檐歇山顶，四金柱间设斗八藻井，形似向下绽放的喇叭花。戏台与前殿间的雨亭，面阔三间进深两间，是观众的观演空间，能遮风避雨又通风。前殿面阔五间，门廊式门楼，设内凹式前廊，廊上有鹤颈轩棚。正殿为近年所建，仿后殿。后殿位于 2.4m 高平台上，五开间硬山屋顶建筑，明间用木构梁架，使明、次间相通，梢间用砖墙与明、次间相隔，以砖拱门相连，使明、次间形成独立的供奉空间。

819 1888
大气天成 五月面市

威震華夏

威震華夏

49 湖南会馆

文保等级：全国重点文物保护单位
文保类别：古建筑
建设时间：始建于清同治十一年（1872年）
建筑类型：会馆
材料结构：砖木
地理位置：桂林市恭城瑶族自治县太和街

“湖南会馆一枝花。”

湖南会馆为当地三湘同乡集资所建，占地面积为1847m^2，现存门楼、戏台、中堂和后座及左右厢房。整座建筑造型独特，装饰精巧，严谨壮观，誉为“一枝花”。临街的门楼面阔三开间，硬山屋顶，两侧为镬耳山墙。屋顶上升起一歇山顶阁楼，使门楼显得独特变化。门楼后面与戏台连为一体，整体建筑平面呈“凸”字形。戏台为三面观戏台，单层歇山屋顶，与门楼勾连搭连为一体，青石台基下埋有水缸，以增强音响效果。戏台后是中堂前空地，能容纳近千人，满足会馆日常娱神娱人需求。中堂为湘乡人议事厅堂，后座为供奉禹神等的殿堂，皆为面阔三间、进深三间，穿斗式构架的硬山建筑，装修华丽，檐脊镂雕繁复，融合了湘赣与广府建筑的风格。

50 周渭祠门楼

文保等级：全国重点文物保护单位
文保类别：古建筑
建设时间：始建于明成化十四年（1478 年），清雍正元年（1723 年）重修
建筑类型：祠堂
材料结构：砖木
地理位置：桂林市恭城瑶族自治县太和街

周渭祠为祭祀周渭的祀庙。周渭是宋代恭城人，官至御史，因颇有政绩，死后被朝廷敕封为“忠祐惠烈王”，家乡百姓感其恩德，为他建庙塑像。周渭祠原为一组坐北朝南的建筑群，现仅存门楼与大殿。门楼为五开间歇山顶建筑，其特别之处是歇山屋顶上升起一歇山顶阁楼，由门楼明间四根金柱支撑，整体体型在上部骤然收小。阁楼檐下装饰着五层繁复精巧的如意斜栱，相互交错连接形成蜂窝状整体，十分独特。门楼明间、次间设门，后退形成门廊，门廊梁架、花版、雀替等装饰精雕细作。覆绿色琉璃瓦，屋脊为卷草脊，塑有鳌鱼与宝珠。大殿面阔三间，进深五间，为插梁式硬山建筑，梁架进深共 20 架，梁身、承檩、雀替等雕饰夔龙、狮子、人物、花草等各式纹样。顶覆灰瓦，正脊为博古脊，灰塑夔龙纹，脊顶亦塑有鳌鱼与宝珠。

瑶风古韵 宜居恭城

周渭祠

51　乐湾村古建筑群

文保等级：全国重点文物保护单位
文保类别：古建筑
建设时间：始建于嘉庆四年（1799 年）
建筑类型：民居
材料结构：砖木
地理位置：桂林市恭城瑶族自治县恭城镇乐湾村，距离恭城瑶族自治县 3km

乐湾村居民大部分为陈姓族人，先祖来自福建漳州一带，陈氏家族宅院及宗祠带有浓厚的福建客家建筑风格与气氛。古建筑遗存主要有乐湾大屋、陈氏宗祠、陈五福宗祠、陈四庆宗祠及陈氏家族族人的民居院落。陈氏宗祠位于村落中心，为陈氏祖祠，为三间三进院落式。民居院落分布于各宗祠周围。位于村落西南的乐湾大屋又名大夫第，占地面积 $2244m^2$，为客家方形围屋样式，三堂两横一后座，外围是高 8m 的高墙围合，仅于正中设一门，颇具气势。大屋中间的堂屋为显巍公祠，门窗格扇精雕细作，富丽堂皇，周围是居住空间，装饰朴实典雅。乐湾大屋是桂北不多见的客家围屋，弥足珍贵。

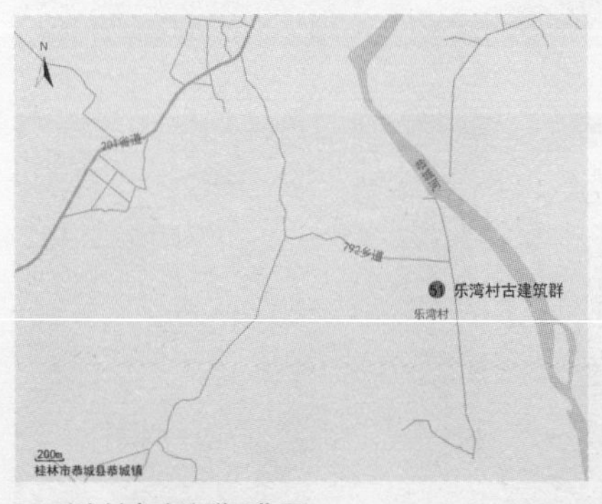

51 乐湾村古建筑群区位图

陈氏宗祠

陈五福宗祠

52 朗山村古建筑群

文保等级：自治区级文物保护单位
文保类别：古建筑
建设时间：始建于清光绪八年（1882 年）
建筑类型：民居
材料结构：砖木
地理位置：桂林市恭城瑶族自治县莲花镇朗山村，距离恭城瑶族自治县 18km

朗山村古建筑群主体是村民周国祯六兄弟所建的八座宅第，这些宅第位于村落的尽端，背靠朗山，面朝坪江河，地理位置优越，同时自成一体，通过房屋墙壁的围合与村落其他民居相隔离，界线分明，形成一个占地逾 20000m^2 的独立大院落。院落内的宅第坐东朝西，由南往北平行排列布局，每所宅第独门独户，并以巷道分隔。院落内的巷道空间层次分明，宅第前的巷道为主巷道，设有多个形态各异的门楼，有的为高耸瞭望的作用，宅第之间的巷道为支巷道，连接主巷道亦设有门禁，使户与户之间的空间形成私密与公共的递进，在防御上可分可合。整个院落通过上、中、下三个大门与村落公共道路连接，大门的前导空间曲折变化，颇具特色。

宅第为传统湘赣式建筑，平面形式为三间二进或三进式院落，多为两层，有的为三层，依山就势逐级提升地坪，形体高大，采用人字山墙或马头墙，飞檐峭壁，很有气势。第一进的入口门楼大门处内凹，墙体顶部施彩绘，檐部设卷棚，二进为正厅及耳房，硬山搁檩式构架，有的设有回马廊与二层相通。建筑的门窗隔扇、栏杆、挂落、封檐板等雕刻精美，外部的窗户造型多样，有白色灰塑窗套和披檐，在砖墙的衬托下美观醒目。

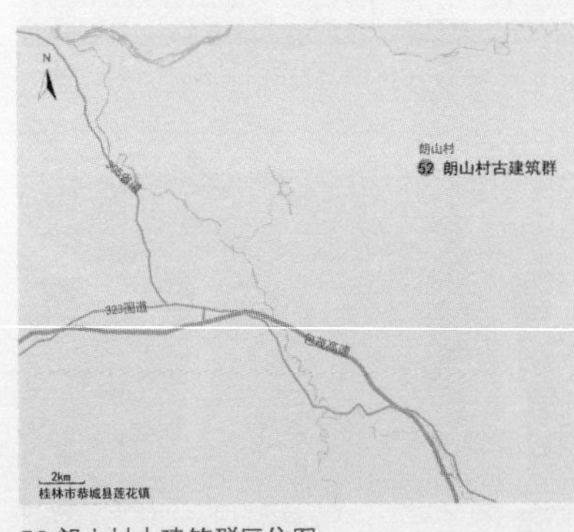

52 朗山村古建筑群区位图

朗山村村头保存有一座建于清光绪十二年（1886 年）的惜字炉，三层六边塔式，反映朗山村村民尊文重教的优良传统。

53 豸游周氏宗祠

文保等级：自治区级文物保护单位
文保类别：古建筑
建设时间：始建于清光绪六年（1880 年）
建筑类型：祠堂
材料结构：砖木
地理位置：桂林市恭城瑶族自治县嘉会乡豸游村，距离恭城瑶族自治县 23km

豸游周氏宗祠占地 1291m^2，坐西朝东，由照壁、门楼、主堂及左右厢房组成，为三路两进三开间建筑，中路为主祠，左右路为衬祠。祠堂门楼前有一长方形宽阔前院，正对一个高大砖砌照壁，照壁檐下有 1m 高通长壁画，精美细腻。前院两侧各开石质月亮门。

门楼设台基，为硬山门廊式建筑，抬梁式木屋架。门楼装饰精美，前廊为一支香轩，梁架雕刻各种吉祥花纹，墙上施墙楣画。主堂亦有台阶，硬山式建筑，马头墙高耸，前廊为一支香轩。明间金柱间设有直径约 3m 的八藻井，分两层向上收缩，形似向下绽放的喇叭花。左右两路分设三座面阔三间的衬祠，朝向中路，以月亮门与中路相通。中间天井有精美的鹅卵石铺地，周围回廊装饰精美，与门楼、主堂相呼应。

周氏宗祠为广府式建筑风格与桂北建筑风格相融合的典范，规整合理，古朴典雅，做工精美，堪称桂北祠堂代表。

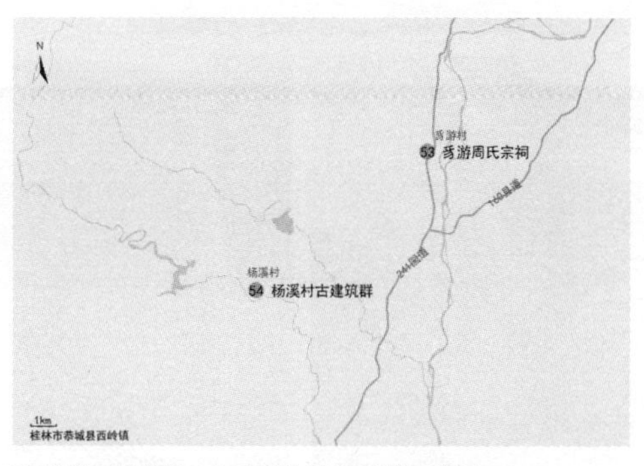

53 豸游周氏宗祠、54 杨溪村古建筑群区位图

54　杨溪村古建筑群

文保等级：自治区级文物保护单位
文保类别：古建筑
建设时间：始建于明
建筑类型：民居
材料结构：砖木
地理位置：桂林市恭城瑶族自治县西岭镇杨溪村，距恭城瑶族自治县 20km

杨溪村背靠群山，前临杨溪，周围古树成荫，景致怡人。村民主要姓王，先祖由广东海康县迁入，经过二十几代的繁衍，以读书出仕日益发达，发展成现在村庄规模。古建筑遗存有王氏民居近 30 座、王氏祠堂 1 座、牌坊 1 座等，建筑布局如棋盘，巷道纵横交错。贻谷堂是杨溪村民居代表，为知县王锡之宅第，又名大夫第，为三间三进两厢青砖砌筑硬山建筑，进入大门为天井，依次布局前厅、中厅及后座，中厅悬“兄弟登科”匾额，彰显荣耀。王氏宗祠为村里建筑最为高广，门楼和后殿均为两层，立于高台上，门前檐下有木栅栏围护，两旁是全村荣耀的诰封碑。村旁竖立着一座三间石牌坊，额题“一门双节”和“天清勋达”，为朝廷旌表节妇而立，亦为全村的荣耀。

九、荔浦市

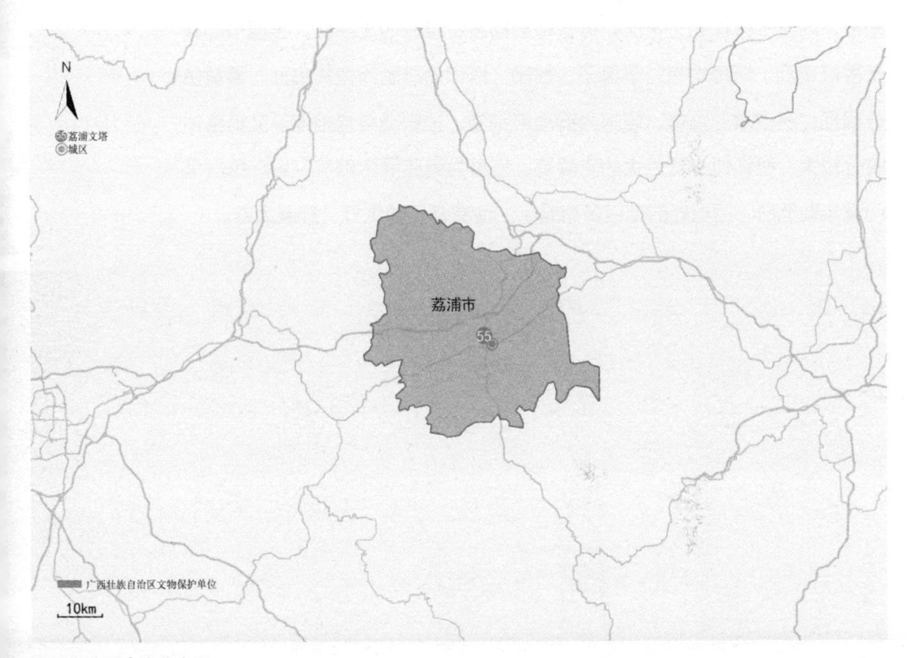

荔浦市建筑古迹分布图

55 荔浦文塔

文保等级：自治区级文物保护单位
文保类别：古建筑
建设时间：始建于清乾隆四十八年（1783 年）
建筑类型：塔
材料结构：砖石
地理位置：桂林市荔浦市塔脚路

荔浦文塔高 33.38m，为七层八边形楼阁式砖塔，空筒式结构，木构地板，内设木楼梯到达各层。塔身每层都设有腰檐而无平坐，腰檐顶部檐子覆琉璃瓦，塔角均有彩塑狮子、麒麟。塔顶为陡峭八角攒尖顶，覆黄色琉璃瓦，灰塑雕龙垂脊，塔刹为铜葫芦宝刹，垂铁链与脊相连。文塔整体收分较大，整体似一支巨大的文峰笔。塔身为青砖清水砌筑，只在每层塔门窗勾勒批白，门楣处的批白多有题字，使文塔灵动生气、舒展大方。

55 荔浦文塔区位图

十、平乐县

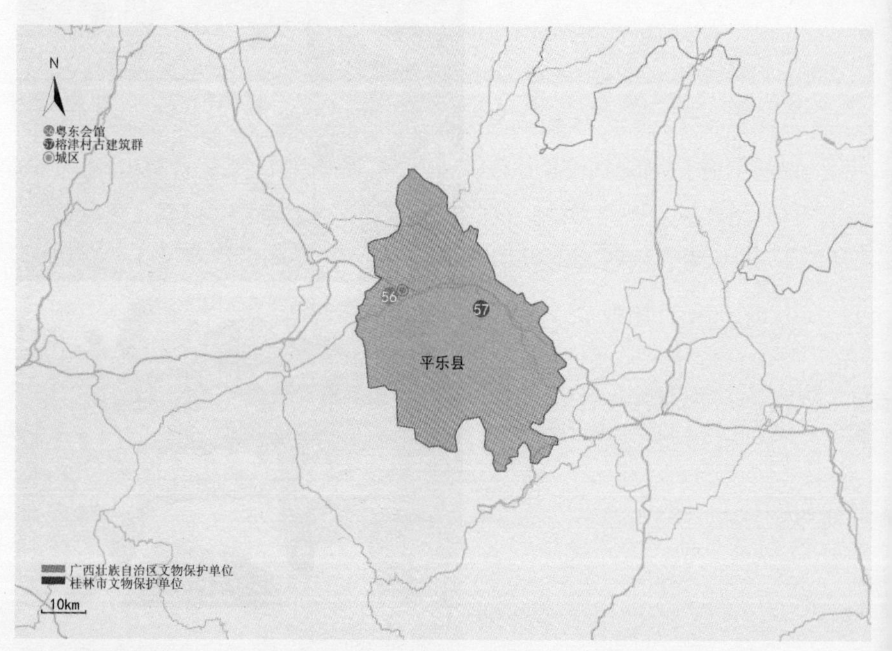

平乐县建筑古迹分布图

56 粤东会馆

文保等级：自治区级文物保护单位
文保类别：古建筑
建设时间：始建于清顺治十四年（1657 年）
建筑类型：会馆
材料结构：砖木
地理位置：桂林市平乐县平乐镇大街 56 号

平乐粤东会馆是广西现存会馆中建造时间最早的会馆之一。平乐镇地处桂北水陆黄金通道，自古是商贸重镇，建设有粤东会馆、湖南会馆、江西会馆、福建会馆等，粤东会馆是其中遗存之一。粤东会馆坐东朝西，前临繁华大街，现遗存两进建筑，两进间的天井有拜亭，形成主轴线上门楼、拜亭、大殿格局，北侧有厢房及耳房。门楼为典型的广府式会馆样式，面阔三间，前置前廊，入口设于明间，无塾台，门上镶嵌“粤东会馆”石刻匾额。前廊檐柱和檐枋均为石制，雕刻精美。拜亭亦名“香亭”，四柱歇山顶，博古式梁架装饰华丽，颇具特色。大殿设为天后宫，面阔三间，硬山顶插梁式木构架，檐廊设轩，封以雕刻精美的封檐板。会馆整体朴实厚重，有明代建筑的气息。

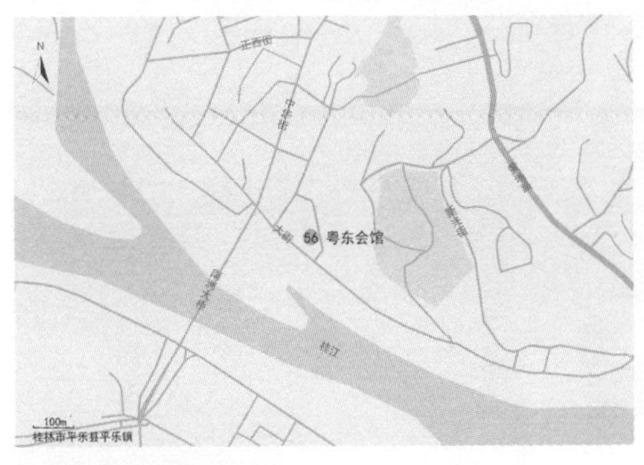

56 粤东会馆区位图

天后宫

57　榕津村古建筑群

文保等级：县级文物保护单位
文保类别：古建筑
建设时间：始建于宋嘉定年间（1208—1224 年）
建筑类型：民居
材料结构：砖木
地理位置：桂林市平乐县张家镇榕津村，距离平乐县 25km

榕津村坐落在榕津河及沙江河的交汇处，近千年的历史沉淀，形成“十榕九井八桂十三塘，两河一渡三上岸”的格局，是当时广西东部一个商业繁茂的圩街和货物集散港口。榕津村街道分为三纵三横，主街长 700m，石板铺路，南向连接榕津码头，设有四道闸门。圩街遗存有各类商铺、湖南会馆、粤东会馆、天后宫、戏台、民居等古建筑，建筑风格主要为湘赣式。主街上的民居为前商后住格局，一般二到三进，中间为采光天井，适应当地夏热冬冷气候。民居青砖素瓦，灰塑木刻装饰，古朴而精美。铺面每间宽约 4~6m，正面作凹廊，形成商业灰空间，并使整条街道形成错落的韵律。北端建有过街式火神庙，外额题写“通津履泰”。榕津粤东会馆建于清乾隆十三年（1748 年），是广西最早建立的会馆建筑之一，三间三进两廊构成四合院，第三进为供奉妈祖的天后宫，石雕、木雕装饰精美，气派豪华，印证当年榕津村商旅往来的繁荣。

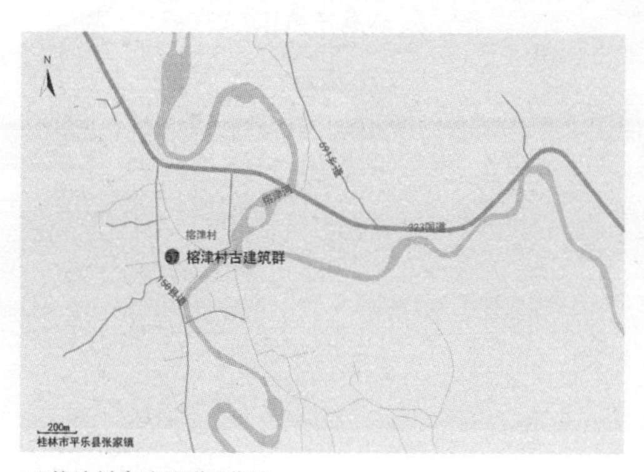

57 榕津村古建筑群区位图

通津履泰

北海市

北海市位于广西海岸南端，南濒北部湾，区域包括北海市和合浦县。合浦县是中国汉代“海上丝绸之路”的始发港之一，历史悠久，人文荟萃，遗存大量历史建筑，种类丰富，包括庙宇、民居、亭阁、塔、桥梁等，建筑多为广府式建筑风格。其中的大士阁极具特色，充分体现古代滨海建筑的建造技术。北海市是广西最早开埠的通商口岸之一，多个西方国家在北海划地建设领馆、教堂、洋行、学校、医院等西式建筑，为广西“首开西风之先”，西方建筑文化传入并影响和融入北海市建筑风貌，出现了具有中西结合的近代街区。

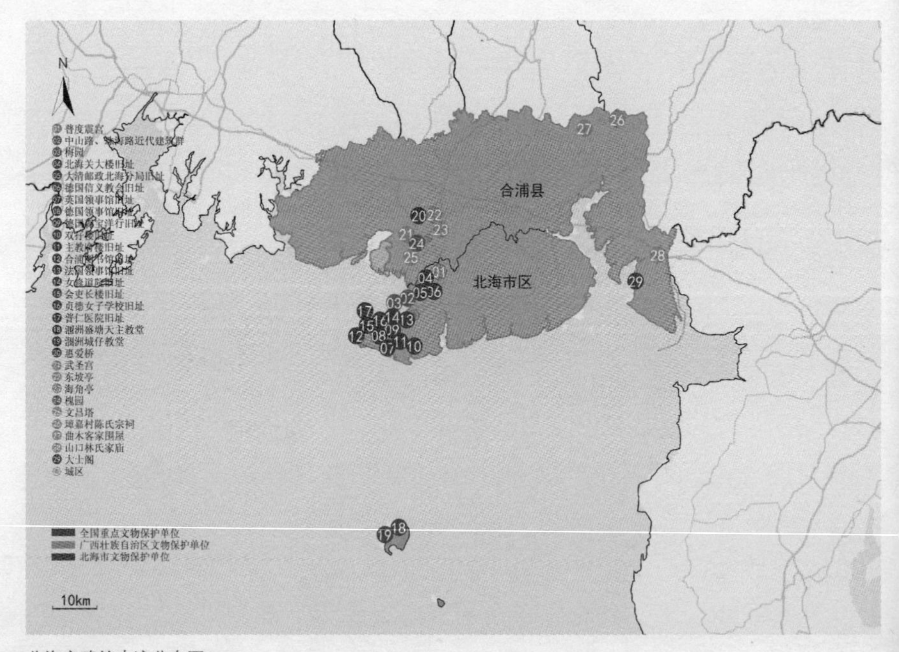

北海市建筑古迹分布图

一、北海市区（海城区、银海区、铁山港区）

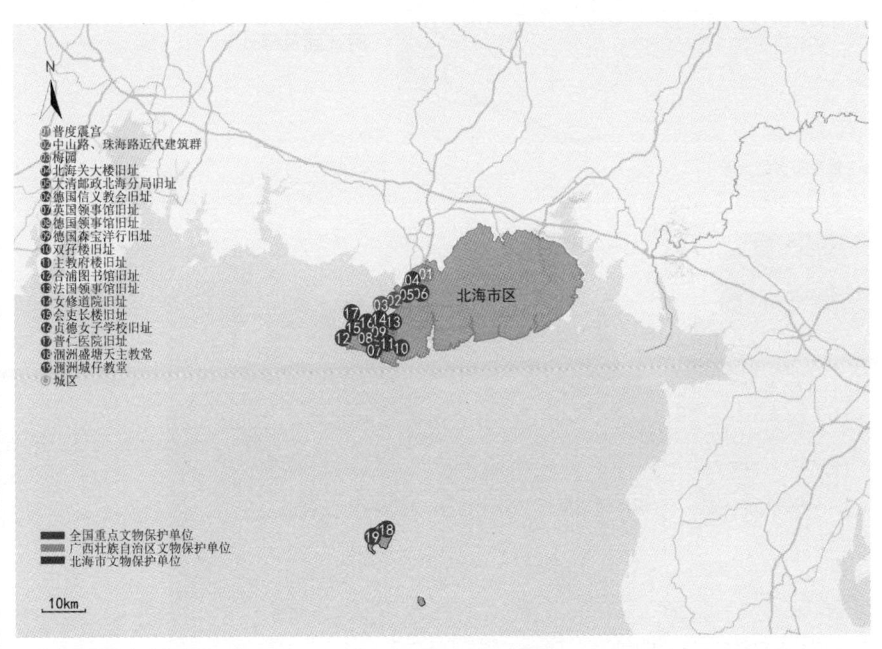

北海市区建筑古迹分布图

01 普度震宫

文保等级：自治区级文物保护单位
文保类别：古建筑
建设时间：始建于清光绪二十四年（1898 年）
建筑类型：坛庙
材料结构：砖木
地理位置：北海市海城区茶亭路 8 号

普度震宫“庙貌灿然，为北海诸庙冠”，由罗浮山乾元洞道士吴锦泉募资而建。普度震宫坐南向北，砖木结构，占地 6400m^2。主要建筑遗存由金母殿、地母殿两殿组成，是一座集佛、道、儒三教于一体的庙宇。两殿均为三间两耳硬山顶，典型广府式建筑样式。

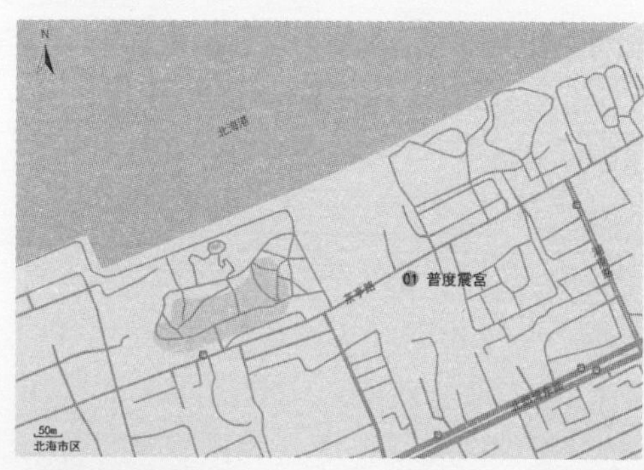

01 普度震宫区位图

02　中山路、珠海路近代建筑群

文保等级：市级文物保护单位
文保类别：近现代重要史迹及代表性建筑
建设时间：始建于 20 世纪初
建筑类型：民居
材料结构：砖木
地理位置：北海市海城区珠海路、中山路

中山路、珠海路近代建筑群即北海骑楼建筑，俗称“老街”，是广西最长、保存最好的骑楼建筑。骑楼是一种沿街商住形式，是中国传统临街商业建筑与西式建筑融合发展而成的，一般是“底商上宅”，一户一开间或二开间，二层以上楼层比底层往外挑出部分，用柱子架空，形成连续系列的半开敞空间，供行人往来购物与遮阳避雨，建筑形式适合南方多雨潮湿、烈日暴晒的天气。北海的骑楼建筑受西方外廊式建筑的影响，立面为三段式构图。底层柱廊多为券拱式，一个个连续券拱在街面上形成优美韵律。楼层多为二、三层，个别四层，表现形式大多为券柱式，有窗间倚柱与阳台廊柱，柱式多样。窗洞以半圆券拱居多，亦有方窗，三窗排列、中间大两边小或列柱连拱窗。腰檐、窗套或窗柱顶端多有装饰线条。部分骑楼楼层有阳台，内凹或外挑，均装饰精美。顶部为山花，双坡瓦屋顶。山花形态多样，与楼层风格相适应，有新古典主义风格、巴洛克风格或罗马风，图案优美，工艺精湛，是建筑的视觉焦点之一。墙面使用白色纸筋灰砂浆批荡，色调雅致，经历百年风雨侵蚀，斑驳痕迹尽显岁月的沧桑。

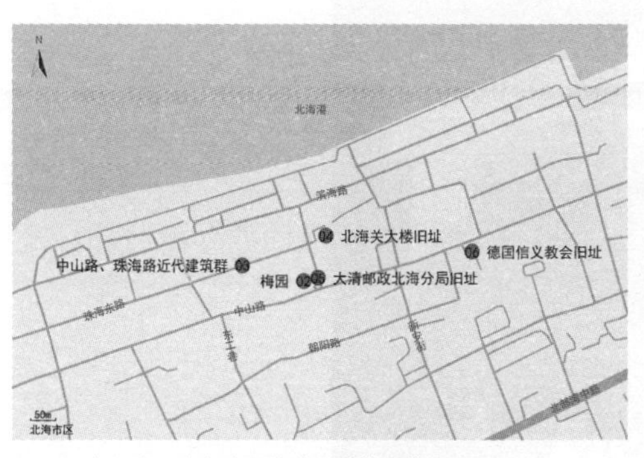

02~06 中山路、珠海路近代建筑群等区位图

03 梅园

文保等级：市级文物保护单位
文保类别：近现代重要史迹及代表性建筑
建设时间：始建于 1912 年
建筑类型：民居
材料结构：砖木
地理位置：北海市海城区中山东路 202 号、204 号

梅园为梅南胜旧居，是北海第一个由中国人拥有的洋房。梅南胜为广东台山人，民国初年任“广金舰”舰长时为打击海盗、维护北海社会治安作出了贡献，定居北海后建此居所。梅园为临街的两列平行建筑，占地面积 980m^2，为二层单边“外廊样式”建筑，券柱式外廊，每列前后两进，中间有天井。

04 北海关大楼旧址

文保等级：全国重点文物保护单位
文保类别：近现代重要史迹及代表性建筑
建设时间：始建于 1883 年
建筑类型：公共建筑
材料结构：砖木
地理位置：北海市海城区海关路 1 号

光绪元年（1875 年）云南发生“马嘉里事件”，清廷被迫与英国签订《烟台条约》，增开了多个通商口岸，北海成为清廷在广西开设的第一个“条约口岸”，北海关遂于光绪三年（1877 年）设立，1883 年建成北海关大楼。

北海关大楼旧址为三层正方形周边“外廊样式”建筑，长 18m，宽 18m，建筑面积 980m^2。建筑四周为砖砌券柱外廊，护栏饰绿釉花砖。屋顶为砖砌镂花女儿墙，覆四面坡瓦顶。南面室外设“L”形楼梯直上二楼，入口左手边设木梯上三层。

05 大清邮政北海分局旧址

文保等级：全国重点文物保护单位
文保类别：近现代重要史迹及代表性建筑
建设时间：始建于 1897 年
建筑类型：公共建筑
材料结构：砖木
地理位置：北海市海城区中山东路 206 号

鸦片战争后，西方的邮政电信形式逐渐传入广西。1896 年，大清邮政正式成立，次年原北海海关附设的“海关寄信局”转为国家开办的“大清邮局北海分局”，成为我国较早开办的邮政分局之一。

旧址是大清邮局北海分局办公地点，为长方形单边“外廊样式”建筑，建筑面积 126m^2。入口设于临街短边，立面为三联拱券柱廊，廊柱、拱券、檐口均线脚勾勒。门口为拱券门，两侧为拱券窗，门窗亦设有线脚。两侧长边各设五个百叶窗，上覆绿色梯形斜面窗盖顶棚，颇具特色。

06 德国信义教会旧址

文保等级：全国重点文物保护单位
文保类别：近现代重要史迹及代表性建筑
建设时间：始建于 1902 年
建筑类型：公共建筑
材料结构：砖木
地理位置：北海市海城区中山路 213 号

德国信义教会旧址为德国传教士的居住和办公场所，为长方形一层双边“外廊样式”建筑，长 30m，宽 16.9m，建筑面积 517m^2。两边为砖砌券柱外廊，拱券顶部中央设拱心石，廊柱、拱券、檐口及腰际均线脚勾勒，地垄高 1m。屋面为四坡顶。

07 英国领事馆旧址

文保等级：全国重点文物保护单位
文保类别：近现代重要史迹及代表性建筑
建设时间：始建于 1885 年
建筑类型：公共建筑
材料结构：砖木
地理位置：北海市海城区北京路 1 号

英国领事馆旧址是西方国家在北海设立的第一个领事馆，使用历时 46 年。自 1876 年中英签订《烟台条约》，北海成为通商口岸，西方国家在北海建造建筑，近代建筑在北海大发展，英国领事馆旧址为这一时期具有代表性的建筑。

英国领事馆旧址为一座二层、长方形的“外廊样式”建筑，长 47.2m，宽 12m，占地面积 566m^2，建筑面积 1133m^2。建筑为砖砌券柱外廊，拱券顶部中央设拱心石，护栏饰绿釉陶瓶，女儿墙为雉堞式压檐，一层底下设隔潮的地垄。室内装饰精致讲究，地面铺装红灰黄三色相间的拼花地砖，设内外双开窗，内为玻璃窗，外为木百叶窗，室内设置壁炉、壁台，墙顶装饰生动变化的线条。

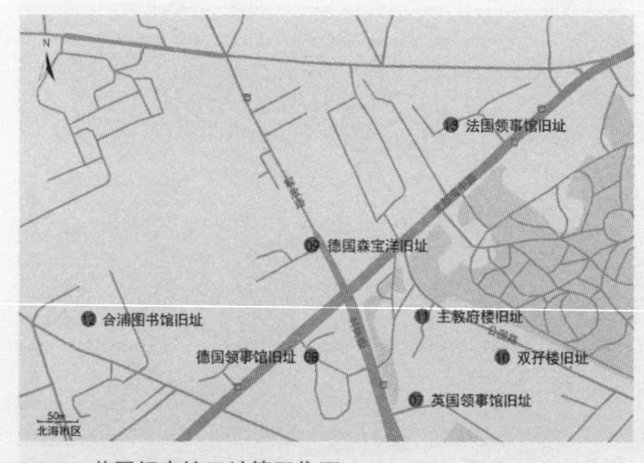

07~13 英国领事馆旧址等区位图

08 德国领事馆旧址

文保等级：全国重点文物保护单位
文保类别：近现代重要史迹及代表性建筑
建设时间：始建于 1905 年
建筑类型：公共建筑
材料结构：砖木
地理位置：北海市海城区北部湾中路 6 号

德国领事馆旧址建成后使用历时 23 年，为长方形周边“外廊样式”建筑，长 23.1m，宽 18.5m，建筑面积 855m^2。建筑四周为砖砌券柱外廊，拱券顶部中央设拱心石，护栏饰绿釉陶瓶。地垄高达 2m，设置双向弧形楼梯通向主入口的券柱门廊，呈合抱之势。

09 德国森宝洋行旧址

文保等级：全国重点文物保护单位
文保类别：近现代重要史迹及代表性建筑
建设时间：始建于 1891 年
建筑类型：公共建筑
材料结构：砖木
地理位置：北海市海城区解放路 19 号

德国森宝洋行于 1886 年在北海开办，专办煤油贸易及代理招工出洋等业务，1910 年停办撤出。主楼为二层周边“外廊样式”建筑，长 8.3m，宽 13.1m，建筑面积 479m^2。建筑四周为砖砌券柱外廊，柱子布局疏密变化，拱券顶部中央设拱心石，柱廊、券拱、檐口、腰际线脚勾勒，护栏饰绿釉陶瓶。外墙四周设内外双开落地门，内为玻璃门，外为百叶门。地垄高 2m，单坡楼梯直上入口。副楼风格与主楼相同，单层，长 20.4m，宽 15.8m，建筑面积 322m^2，设长 6m、宽 2.85m 的连廊连接主楼。

10　双孖楼旧址

文保等级：全国重点文物保护单位
文保类别：近现代重要史迹及代表性建筑
建设时间：始建于 1886—1887 年
建筑类型：公共建筑
材料结构：砖木
地理位置：北海市海城区公园路 3 号

双孖楼旧址是英国领事馆的附属建筑，为两座造型相同的单体建筑，像孪生子一样，故称“双孖楼”。两座建筑相距 32m，均长 29.2m，宽 13.5m，总建筑面积为 788m^2，是一层周边“外廊样式”建筑，四周为砖砌券柱外廊，拱券顶部中央设拱心石。外墙四周设内外双开落地门，内为玻璃门，外为百叶门。屋顶为四面坡顶。

11 主教府楼旧址

文保等级：全国重点文物保护单位
文保类别：近现代重要史迹及代表性建筑
建设时间：始建于 1934 年，1983 年加建一层
建筑类型：公共建筑
材料结构：砖木
地理位置：北海市海城区公园路 1 号

主教府楼原为北海天主教区主教办公生活处所，为二层周边“外廊式样”建筑，主体长 42m，宽 17.85m，建筑面积 1499m^2。四周为砖砌券柱外廊，拱券顶部中央设拱心石，护栏饰陶瓶，地垄高 0.6m。为当时北海最大最漂亮的建筑，被称为“红楼”。

12 合浦图书馆旧址

文保等级：全国重点文物保护单位
文保类别：近现代重要史迹及代表性建筑
建设时间：始建于 1926 年
建筑类型：公共建筑
材料结构：砖木
地理位置：北海市海城区解放路 17 号

合浦图书馆旧址由民国时期国民党上将陈铭枢捐资建造，建筑面积 600m^2，为二层长方形周边“外廊样式”建筑。周边为券柱式外廊。建筑主立面为七开间，主入口设于中间，开间较大，向两边逐步减小。外廊柱各设有两根精巧的“爱奥尼克”柱式倚柱。入口外置门廊，由两侧拾级而上，门廊顶为二层露台。二层外廊柱两边设简化的“科林斯”倚柱，中间开间额题“图书馆”，上为巴洛克半圆形山花。一、二层及女儿墙设绿釉陶瓶栏杆。内部均不设间隔，适应公共空间的需求。屋顶为四面坡。

圖書館

13 法国领事馆旧址

文保等级：全国重点文物保护单位
文保类别：近现代重要史迹及代表性建筑
建设时间：始建于 1890 年
建筑类型：公共建筑
材料结构：砖木
地理位置：北海市海城区北部湾中路 32 号

继英国在北海设立领事馆后，法国、德国、葡萄牙、意大利、奥地利、比利时、美国等八国相继在北海设立领事馆。法国领事馆旧址建于 1890 年，为一层（1973 年使用单位加建一层）周边“外廊样式”建筑，使用历时 64 年。建筑平面为“凹”字形，长 34.7m，宽 20.7m，建筑面积 718m^2。建筑四周为砖砌券柱外廊，护栏饰绿釉陶瓶。地垄高达 1.85m，设置双向单跑楼梯通向主入口。主入口外设置半圆形雨篷，由两根简化的塔斯干柱支撑。整个建筑简洁大方。

14 女修道院旧址

文保等级：全国重点文物保护单位
文保类别：近现代重要史迹及代表性建筑
建设时间：始建于 1925 年
建筑类型：公共建筑
材料结构：砖木
地理位置：北海市海城区和平路 83 号

女修道院旧址为法国天主教北海教区女修院址，是培训修女的场所，1926 年由涠洲岛迁来。现存两座建筑，一座为两层长方形双边“外廊样式”建筑，长 31.45m，宽 8.7m，建筑面积 547m^2，两边为砖砌券柱外廊。另一座面积仅 73.8m^2，为小礼拜堂样式。建筑外墙黄色批灰，简洁朴实，在绿树掩映下显得静谧雅致。

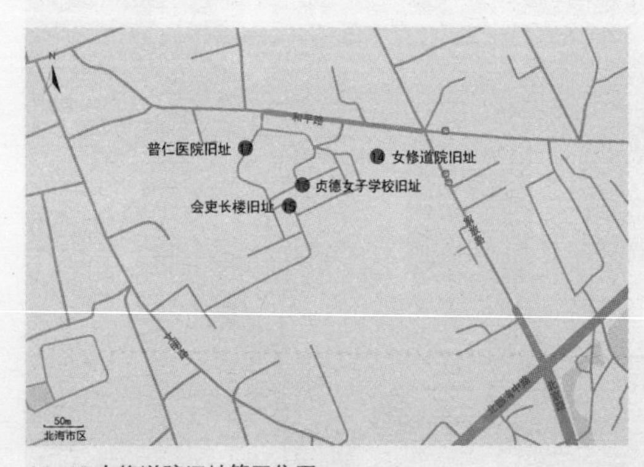

14~17 女修道院旧址等区位图

15 会吏长楼旧址

文保等级：全国重点文物保护单位
文保类别：近现代重要史迹及代表性建筑
建设时间：始建于 1905 年
建筑类型：公共建筑
材料结构：砖木
地理位置：北海市海城区和平路 83 号

会吏长楼旧址是英国基督教安立间教会所建，作为神职人员会吏长居住和办公之用。为“L”形二层双边“外廊样式”建筑，长 19.86m，宽 10.48m，建筑面积 416m^2。两边为砖砌券柱外廊，拱券顶部中央设拱心石，廊柱、拱券、檐口及腰际均线脚勾勒。二层护栏为砖砌漏花栏杆。屋面为二坡顶。

16　贞德女子学校旧址

文保等级：全国重点文物保护单位
文保类别：近现代重要史迹及代表性建筑
建设时间：始建于 1905 年
建筑类型：公共建筑
材料结构：砖木
地理位置：北海市海城区和平路 83 号

贞德女子学校旧址是英国基督教安立间教会所建，是教会于 1890 年在北海开办的第一所女子学校的校舍。为“L”形二层双边“外廊样式”建筑，长 16.3m，宽 8.65m，建筑面积 282m^2。两边为砖砌券柱外廊，拱券顶部中央设拱心石，廊柱、拱券、檐口及腰际均线脚勾勒。二层护栏为砖砌栏杆。屋面为二坡顶。

17 普仁医院旧址

文保等级：全国重点文物保护单位
文保类别：近现代重要史迹及代表性建筑
建设时间：始建于 1886 年
建筑类型：公共建筑
材料结构：砖木
地理位置：北海市海城区和平路 83 号

普仁医院是英国基督教安立间教会所建的一所西医院，是西方医疗技术传入北海的历史见证物。医院由英籍传教士柯达医生主持，同时创办附属的普仁麻风病。旧址遗存医生楼和八角楼，医生楼原为医生居所，八角楼原为办公楼及洋人宿舍。

医生楼为一座二层“凹”形券柱式外廊建筑，建筑面积 671m^2。两边为砖券柱外廊，拱券顶部中央设拱心石，廊柱、拱券、檐口、窗口及腰际均线脚勾勒。外墙四周设内外双开落地门，内为玻璃门，外为百叶门。入口门廊为柱廊，顶设三角形山花。屋面为四坡顶。八角楼为八边形三层建筑，顶层为天台，外墙简洁素净，批白色灰浆。

18　涠洲盛塘天主教堂

文保等级：全国重点文物保护单位
文保类别：近现代重要史迹及代表性建筑
建设时间：始建于 1876 年
建筑类型：公共建筑
材料结构：砖木
地理位置：北海市海城区涠洲镇盛塘村，距离北海市区 55km

涠洲盛塘天主教堂是广西较大规模的教堂，气势恢宏、庄严肃穆，且位于涠洲岛上，更加增添其神秘性。教堂由主堂、神父楼、女修院和育婴堂等组成，建筑面积达 2000m^2。主堂平面为长方形“巴西利卡”形制，两列纵向柱列把内部空间划分为三通廊式，中间跨较宽，两侧稍窄，侧廊尖券拱顶，纵向延伸至尽端的祭坛。祭坛后墙呈弧形，突出祭坛的中心地位。平面结构体系由火山灰块石的骨架券和飞扶壁组成，在方形平面四个角作双圆心骨架尖券，屋面石板架于券上，形成拱顶。飞扶壁由大厅外侧的柱墩发券，平衡中厅的侧推力。

教堂立面为哥特式风格，主立面为三段式，以单一钟塔构图，高约 21m，与两旁侧廊共同形成一种向上的动势。主立面下段是主入口，设三个券门；中段有圆形玫瑰窗，嵌镶“JHS”字样，是拉丁文“耶稣、人类、救主”的缩写；上段是尖券窗，顶上是四个小尖塔。

神父楼紧邻主堂，为二层三面“外廊样式”建筑，砖砌券柱外廊，与主堂有呼应，拱券顶部中央设拱心石，柱廊、券拱、檐口、腰际线脚勾勒，护栏为砌花砖。

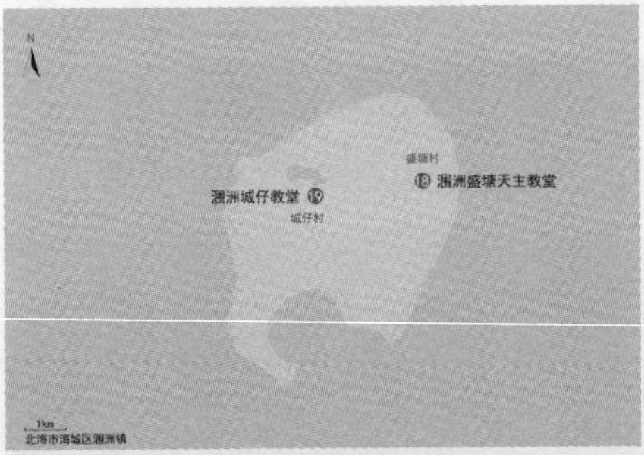

18~19 涠洲盛塘天主教堂等区位图

天主堂

19 涠洲城仔教堂

文保等级：全国重点文物保护单位
文保类别：近现代重要史迹及代表性建筑
建设时间：始建于 1883 年
建筑类型：公共建筑
材料结构：砖木
地理位置：北海市海城区涠洲镇城仔村，距离北海市区 56km

教堂由主堂、神父楼、女修院等组成。主堂平面为长方形“巴西利卡”形制，两列纵向柱列把内部空间划分为三通廊式，中间跨较宽，两侧稍窄，从柱顶发半圆形拱券支撑屋顶。立面为哥特式，钟楼独立于正面，高 14m，三段式逐步收分，营造向上的动势。主堂侧面设简洁的半圆拱券百叶窗。

神父楼在主堂后，为二层三面“外廊样式”建筑，砖砌券柱外廊，房间外墙四周开设百叶窗。女修院为一层三面“外廊样式”建筑，双边砖砌券柱外廊。

二、合浦县

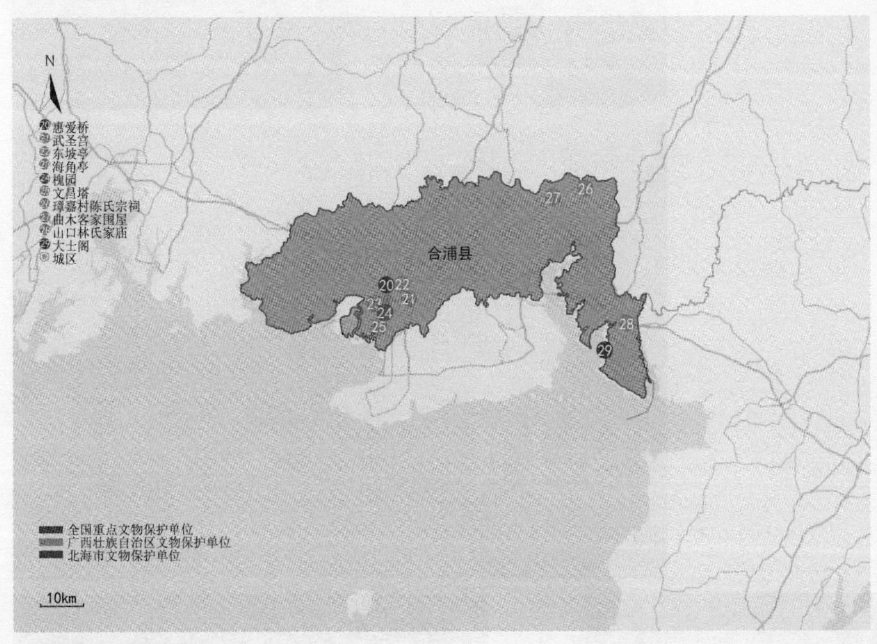

合浦县建筑古迹分布图

20 惠爱桥

文保等级：全国重点文物保护单位
文保类别：古建筑
建设时间：始建于明代正德年间，宣统三年（1911 年）落成现桥
建筑类型：桥梁
材料结构：钢木
地理位置：北海市合浦县廉州镇惠爱路

据传惠爱桥为泥水工出身的蒋邑雍设计并承包施工，其结构形式及节点处理适合木结构特点和当时的施工水平，受力合理，是当时较先进的木结构桥梁建筑之一，广西无二，全国罕见。

惠爱桥东西跨西门江，桥为木质结构，木料是来自印尼产的坤甸木，质坚而耐腐。跨度为 26m，净跨度为 18.4m，桥面宽为 2.75m，桥面至桥顶的高度为 5.64m，桥顶覆盖瓦面，以防雨水从杆件的上端渗入。结构形式为三铰拱人字架结构，拱脚支撑在两岸石砌的榄核形桥墩幄上，桥墩旁还设有砖砌弧拱式泄水孔。桥的上部为四根 40~50cm 的方木所组成的两个三铰拱，桥面下没有拉杆，而是通过木竖杆将桥面梁悬吊在两榀人字架下面，节点全部为榫接（燕尾榫和方榫）。惠爱桥在建造之初，只有跨中的上下节点及拱脚节点设钢夹板外，其余部分均无任何铁件，民国年间才在其他受力节点处补加钢夹板。

20~22 惠爱桥等区位图

21 武圣宫

文保等级：自治区级文物保护单位
文保类别：古建筑
建设时间：始建于清道光年间（1821—1839 年）
建筑类型：坛庙
材料结构：砖木
地理位置：北海市合浦县廉州镇奎文路 24 号

武圣宫临街而建，为三进院落式建筑。建筑轴线上依次布局门楼、大殿及后殿，均为三间硬山顶建筑。门楼为清代广府式建筑的典型形式，设凹门廊，大门设于明间，梁额雕刻细致，脊饰为精美灰塑。大殿供奉关公塑像，前檐作轩廊，檐梁雕刻精美，明间金柱为直径 40cm 的高耸圆石柱，形成祭祀空间，木构架为岭南抬梁式。后殿供奉关公祖先牌位，整体简洁朴素。

22 东坡亭

文保等级：自治区级文物保护单位
文保类别：古建筑
建设时间：始建于清乾隆四十一年（1776 年），1944 年重修
建筑类型：亭阁
材料结构：砖木
地理位置：北海市合浦县廉州镇小北街 83 号

苏轼曾在合浦停留两个月，留下了诗篇与札记，后人为了纪念他，在他住所故址修建了东坡亭。亭为前亭后轩二进式，第一进为别亭，主体面阔、进深一间，周围设廊，砖木单檐歇山青瓦顶，亭身两侧墙上开设圆洞，脊饰彩陶。第二进为清乐轩，面阔三间，为重檐歇山顶建筑，周围亦设廊，轩内后墙嵌有苏轼线描像石碑刻，脊饰彩陶。东坡亭内有历代文人墨客题咏碑刻 13 块，为珍贵书法作品。

23 海角亭

文保等级：自治区级文物保护单位
文保类别：古建筑
建设时间：始建于北宋景德年间（1004—1007 年），后朝多次重修
建筑类型：亭阁
材料结构：砖木
地理位置：北海市合浦县廉州镇文蔚坊 31 号廉州中学内

“海角虽偏山辉川媚，亭名可久汉孟宋苏。”

合浦盛产珍珠，闻名海内外。东汉时期，因政府管理混乱及珠民滥捕，导致珍珠产量减少，产业凋零。孟尝任合浦郡太守后，革除弊端，治理采珠，禁止滥捕，一年时间即让合浦的珍珠盛产回来。北宋时为纪念孟尝太守“去珠复还”的政绩，人们修建了海角亭。海角亭总平面分前后两进，第一进为砖砌门楼，面阔三间，开三个圆拱门。第二进为亭主体，亭平面为方形，主体面阔、进深一间，周围设廊，为搁檩式砖砌重檐歇山顶建筑，悬有苏轼书题“万里瞻天”匾。围廊正面设抹角方石柱一对，亭身通高，前后通透，两侧设圆窗，上檐与下檐之间的四面檐墙各开三个陶制花格窗。屋顶为灰垄瓦，饰以精细生动的灰塑和彩陶。亭后置碑，书“古海角亭”四字。海角亭周围古榕遮阴，环境雅致，整体建筑形象极具岭南传统风格。

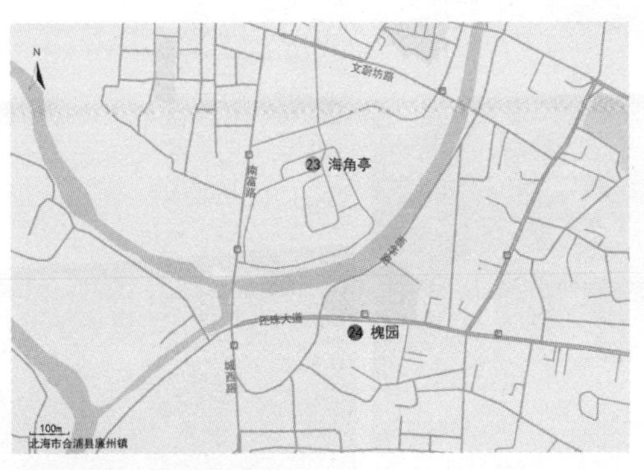

23~24 海角亭等区位图

24　槐园

文保等级：县级文物保护单位
文保类别：近现代重要史迹及代表性建筑
建设时间：始建于 1927 年
建筑类型：民居
材料结构：钢筋混凝土砖木
地理位置：北海市合浦县廉州镇康乐街 1 号

槐园又名花楼，是合浦富绅王崇周所建的庭院式建筑群，原有大门牌坊、门楼、主楼、罩房、厢房、果园、池塘及围墙碉堡等，现存门楼、主楼及部分厢房等建筑。主楼是一幢三层的中西样式结合的建筑，主体为暗红色假清水墙，柱体、栏杆及女儿墙为水刷石，呈现沉稳的色调。建筑一层为券柱式三边外廊，二层为梁柱式三边外廊，主立面中间突出半圆形柱门廊，上方为二层阳台，柱式为爱奥尼克柱，阳台上方设塔斯干柱式的八角攒尖凉亭。三层为中式建筑样式，左右对称布置两座硬山双坡房屋，中间高企一座四坡攒尖顶方形楼阁，形成形体丰富向上的态势。建筑的窗户有半圆形券拱窗，也有彩色玻璃尖券窗。室内铺设花纹图案瓷砖或阶砖，部分墙体为彩色水刷石。门楼为一座西式二层楼房，为纵向三段式构图，中间部分为入口，各面开券拱窗。门楼前有水池，有一座桥直通对岸。

25 文昌塔

文保等级：自治区级文物保护单位
文保类别：古建筑
建设时间：始建于明万历四十一年（1613 年）
建筑类型：塔
材料结构：砖石
地理位置：北海市合浦县廉州镇南郊四方岭

文昌塔为崇礼文昌帝星，保佑文运昌盛而建，为 7 层高的八边形楼阁式砖塔，高度约 35m。塔身为青砖对缝砌成，每一层设叠涩腰檐与平座，平座上东西面设对开风门，各面设装饰性假门。石康塔为厚壁空筒塔，底层直径 8.1m，内空直径 2.6m，壁厚 2.75m，塔随层数增加而收分，装饰简洁。楼梯采用穿壁绕平座式。

25 文昌塔区位图

26　璋嘉村陈氏宗祠

文保等级：自治区级文物保护单位
文保类别：古建筑
建设时间：始建于清同治五年（1866 年）
建筑类型：祠堂
材料结构：砖木
地理位置：北海市合浦县曲樟乡璋嘉村委岐山背村，距离合浦县 64km

“家声传颍水，庙貌壮廉湖。”

陈氏家族自清中期定居于璋嘉村，人才辈出，民国上将陈铭枢是其中代表，村中遗存有陈铭枢故居、陈氏宗祠等。陈氏宗祠位于璋嘉村围屋范围中，背靠山坡，前有湖面及千年古樟，形势颇佳。宗祠为三间四进悬山顶式，两旁有横屋，门前是长方形禾坪，禾坪前面有半月形池塘，整体是客家建筑与广府建筑风格的融合。门楼为设凹门斗，正立面仅明间设一门，相对封闭，檐下绘有精美彩画，屋顶为龙船脊，搁檩式构架。门楼明间为门厅，两侧为耳房，门厅后设屏风，悬挂三块功德牌匾，其中“上将军”匾是为纪念陈铭枢的。二进为“骑尉第”，三进为通透的议事厅，四进为祖厅，形制与门楼相似。每进之间为天井，两侧有连廊或厢房。宗祠地坪从禾坪开始，逐进提升，形成向上的空间序列，气氛肃穆，为典型客家宗祠建筑。

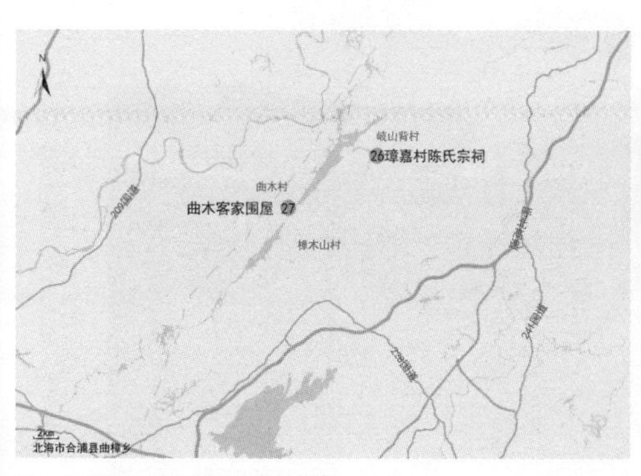

26~27 璋嘉村陈氏宗祠等区位图

27 曲木客家围屋

文保等级：自治区级文物保护单位
文保类别：古建筑
建设时间：始建于清光绪八年（1882 年）
建筑类型：民居
材料结构：砖木
地理位置：北海市合浦县曲樟乡曲木村，距合浦县 50km

曲木客家围屋由福建迁入合浦曲樟乡的陈瑞甫建设，初建“老城”后扩建“新城”，占地面积逾 6000m^2。围屋总体为长方形，四周为高达 8m、厚达 1m 的夯土围墙，巍峨宛若城堡，以应对当时不靖的环境。围墙四角高耸碉楼，枪眼星罗棋布，内墙半腰设有通长的跑马道，联系四角碉楼及城门，门禁达 3 层 5 道，可谓防护森严、固若金汤。围屋内建筑布置在后部，留出宽大的禾坪空间。建筑为两堂四横，中轴线上布局前厅和祖堂，为青砖砌筑的悬山顶建筑，搁檩式木构架，门悬“待诏第”匾额。其余建筑为土坯砖与夯土砌筑。整体简洁典雅，没有过多的装饰，反映客家人朴素的自然观。

28　山口林氏家庙

文保等级：自治区级文物保护单位
文保类别：古建筑
建设时间：始建于清同治八年（1869 年）
建筑类型：祠堂
材料结构：砖木
地理位置：北海市合浦县山口镇新建街 14 号，距合浦县 70km

林氏家庙又称“泰兴祠”，为清资政大夫林御卿所建。家庙总体由三列并排院落式建筑组成，中间一列为林氏家庙，两侧为双桂书院和三芝书院。林氏家庙为三间四进两廊广府式硬山顶建筑，设置门楼、上厅、祖厅及后殿。门楼设外檐廊、石质檐柱及虾公梁，梁架木雕精美。大门嵌石刻“林氏家庙”牌匾，两旁嵌“睦族敦宗泽延双桂，迪前启后瑞霭三芝”联，点明家庙与两个书院的关系。中厅通透，柱梁粗大，为广府插梁式木构架。祖厅和后殿为供奉祖先牌位之处，开敞高广，为青砖砌筑硬山顶插梁式建筑。两侧书院与家庙通过巷道分隔，为三间三进院落式建筑，是远近求学者免费读书场所及藏书地，三芝书院为初级学院，双桂书院为高级书院，反映了林氏家族对教育的重视和对社会的关怀。

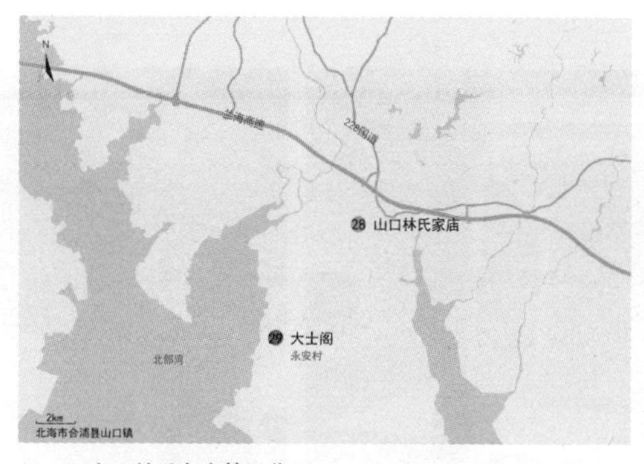

28~29 山口林氏家庙等区位图

29 大士阁

文保等级：全国重点文物保护单位
文保类别：古建筑
建设时间：始建于明成化五年（1469 年）
建筑类型：寺庙
材料结构：砖木
地理位置：北海市合浦县山口镇永安村，距合浦县 85km

“宋制风韵。”

大士阁坐落在合浦县山口镇的永安古城中心，原是抗倭卫所永安城的鼓楼，具有报警功能。清朝以后，永安城军事地位下降，鼓楼变成供奉观音的佛教场所，故称“大士阁”。大士阁全铁力木结构，屋顶坡度平缓，出檐深远，柱径粗壮，莲花柱础，角柱有侧角与升起，颇有宋制风韵。同时在其建筑结构与局部构件中遗存了许多已经在其他地方消失的古制，大士阁是研究广西古建筑的重要实例。

大士阁由两阁组成整体，共二层，底层无围护，整体像一个大亭子。平面为长方形，面阔三进 9.7m，进深七间 16.4m，柱距较密，柱径有三种，分别为 360mm、450mm、530mm。前阁为穿斗式木结构，后阁为抬梁式木结构，两阁使用唐代以后少见的“承霤”做法衔接了起来，使大士阁外观上两阁相对独立，内部浑然一体。二层层高较低，是供奉观音大士的空间，周围以木雕花窗围护。

大士阁两阁均为歇山顶，覆盖厚重的辘筒瓦以抗海风。屋脊为广府式，装饰精美的着色灰雕，具有浓郁的岭南风格。

柳州市

柳州市地处与贵州省、湖南省接壤的广西北部，地高多山，是“八山一水一分田”的代表地区。同时柳州市是广西少数民族集中聚居区之一，壮族、侗族、瑶族、苗族、仫佬族等民族的镇圩、村寨散布于市域，体现“汉族占街头、壮族占水头、瑶族占菁头、苗族占山头”的历史分布格局。各民族建筑各具特色，注重与地形结合，体现自然成长的格局，结构精巧，其中干栏式建筑是山地建筑的一大亮点。侗族的民居、鼓楼、风雨桥等历史建筑独树一帜。

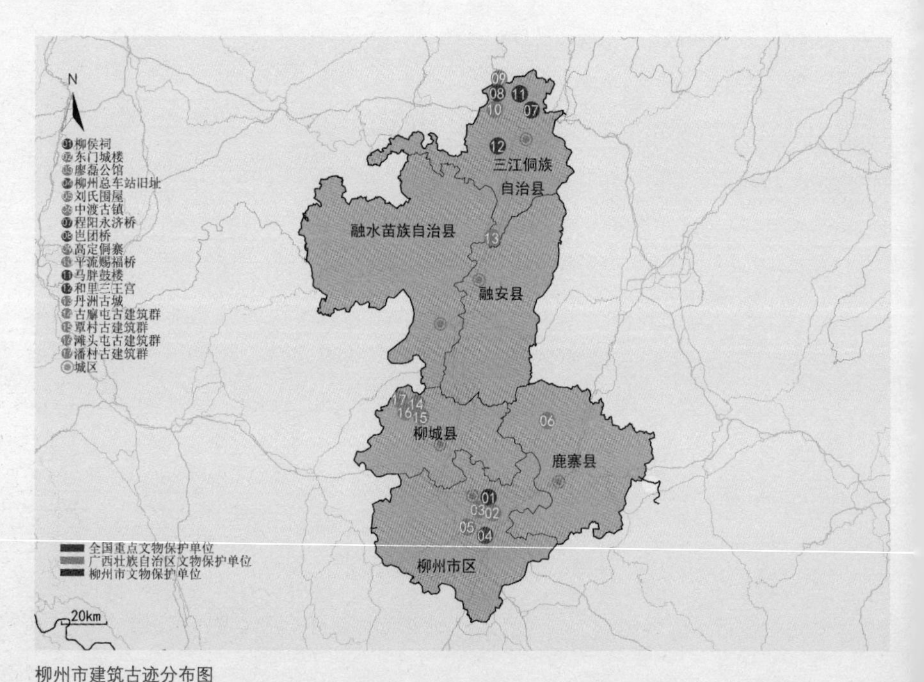

柳州市建筑古迹分布图

一、柳州市区（城中区、鱼峰区、柳南区、柳北区、柳江区）

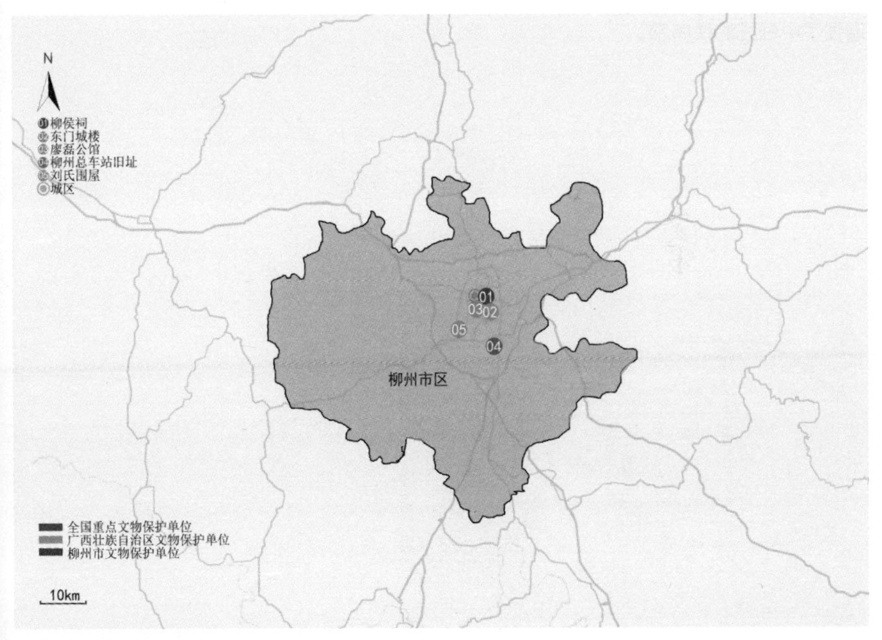

柳州市区建筑古迹分布图

01 柳侯祠

文保等级：全国重点文物保护单位
文保类别：古建筑
建设时间：始建于唐
建筑类型：祠堂
材料结构：砖木
地理位置：柳州市城中区文惠路 60 号

柳宗元在柳州度过了他生命的最后四年，这四年他对当地施政以革除利弊、移风易俗、兴学尊孔、修田治水等，政绩卓著。柳宗元死后，柳州人民为了纪念他，立庙罗池，古称“罗池庙”，发展至今“柳侯祠”。遗存建筑为清末重建的柳侯祠、清光绪年间所建的甘香亭、罗池、柳宗元衣冠墓等。柳侯祠占地 2000m^2，为三间三进两廊，硬山顶插梁式木构架，湘赣式建筑风格，整体规整严谨。主轴线上布局门楼、中厅及后殿，建筑都设有前廊，格扇通间设置，使建筑形成通透空间。两进之间的庭院进深较大，增强了中轴线的秩序感。

01~03 柳侯祠等区位图

02 东门城楼

文保等级：自治区级文物保护单位
文保类别：古建筑
建设时间：始建于明洪武十二年（1379 年）
建筑类型：城垣
材料结构：砖木
地理位置：柳州市城中区曙光东路 188 号

东门城楼由城门和城楼两部分组成，是广西目前保存较为完整的明代城门楼。城门为券拱门，城墙料石为基，外包青砖。城楼高二层，面阔五开间，占地面积约 500m^2，为重檐歇山顶式屋顶。梁架结构为抬梁式与穿斗式的混合构架，楼内圆柱无斗栱，直接承支屋顶。屋顶覆灰筒瓦，脊饰简洁古朴，气势宏伟。

03　廖磊公馆

文保等级：自治区级文物保护单位
文保类别：近现代重要史迹及代表性建筑
建设时间：始建于 1932 年
建筑类型：民居
材料结构：砖木
地理位置：柳州市城中区中山东路 36 号

公馆为抗日名将、国民革命第七军军长、安徽省主席廖磊所建的居所。公馆由主楼、前院、后花园组成，建筑面积约 $1000m^2$。主楼三层，入口设于侧面，有 4 根塔斯干柱式柱子的门廊。正面一层突出半圆，顶上是二层的露台，设铁艺栏杆。室内有西厅及大小房间 11 间。

04　柳州总车站旧址

文保等级：自治区级文物保护单位
文保类别：近现代重要史迹及代表性建筑
建设时间：始建于 1927 年
建筑类型：公共建筑
材料结构：砖木
地理位置：柳州市鱼峰区柳石路 1 号

柳州总车站旧址是广西新桂系时期把柳州作为“广西实业中心”进行建设时的一个重点项目。1935 年后车站迁出，建筑成为用于接待社会名流的乐群社。1939 年韩国临时政府在此办公。1944 年胡志明在此从事革命活动。建筑两面临路，平面布置为“L”形，转角处矗立一座四层方形塔楼，两边为两层楼房。塔楼底层设两个柱廊入口，各设两根塔斯干柱，廊上为二层阳台，二、三层的门窗顶装饰圆弧或三角山花，四层四侧有圆孔，周边装饰茛莨叶纹，顶上是圆弧形巴洛克风格山花。两边的楼房装饰与塔楼呼应，每个开间并联设置三个平券窗。建筑整体装饰华丽，成为当时柳州的标志性建筑。

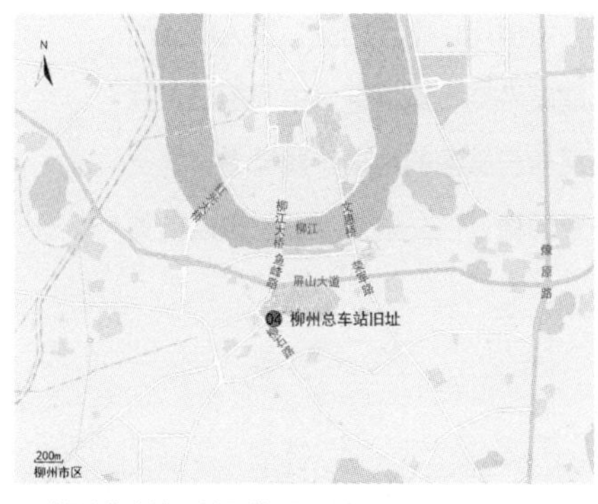

04 柳州总车站旧址区位图

05　刘氏围屋

文保等级：自治区级文物保护单位
文保类别：古建筑
建设时间：始建于清光绪十八年（1892 年）
建筑类型：民居
材料结构：砖木
地理位置：柳州市柳南区西鹅乡竹鹅村凉水屯，距离柳州市区 10km

刘氏围屋由广东兴宁县迁入的刘氏家族所建，坐西北朝东南，为宽 43m、深 32m 的长方形，三堂两横组成一个围合封闭的、具有广府式建筑特点的客家居住建筑。围屋中轴线上为三进堂屋，均为五开间悬山顶建筑。第一进为门厅，主大门前设凹门廊和廊柱，形成视觉中心效果。门厅左右两侧设侧门，通往堂屋与横屋间的花厅。第二进为中厅，面向天井开敞，为插梁式构架，厅前设轩廊，廊下设 5m 宽屏门，中厅两侧为主人所住的长房。第三进为供奉祖先牌位的主堂。堂屋两侧布置横屋，中间相隔天井与花厅。横屋均设阁楼，在北端两个角建有三层高的炮楼。建筑墙身为坚固的三合土夯土墙，地幔青砖，整体朴素沉稳，仅一些重点部位饰以精美木雕。

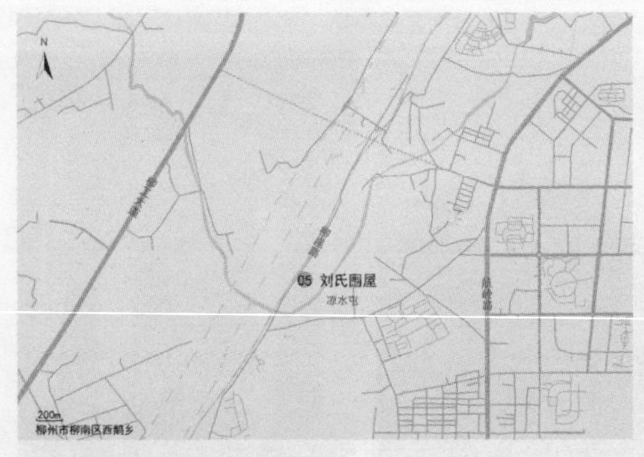

05 刘氏围屋区位图

二、鹿寨县

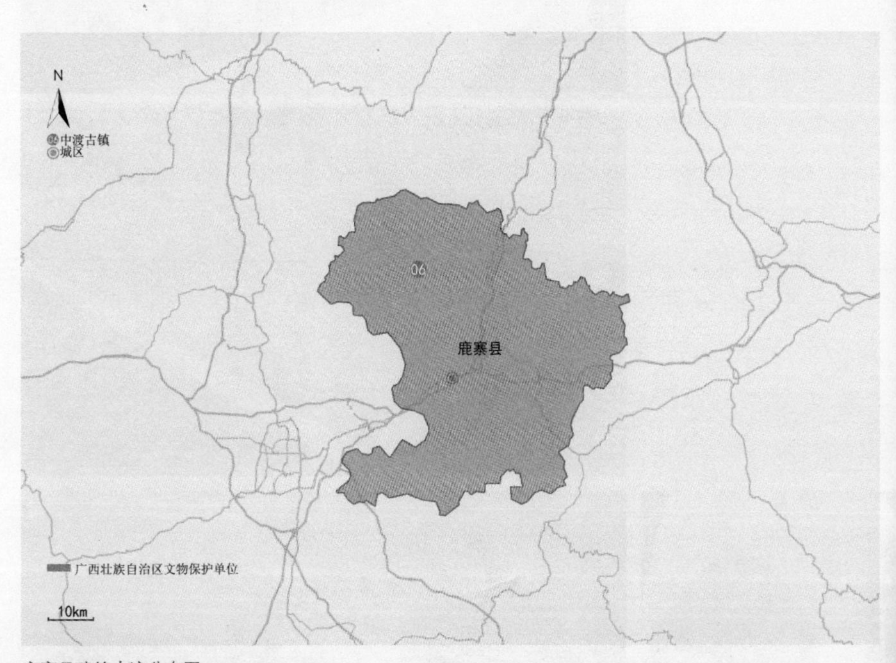

鹿寨县建筑古迹分布图

06 中渡古镇

文保等级：自治区级文物保护单位
文保类别：古建筑
建设时间：始建于东吴甘露元年（265 年）
建筑类型：民居
材料结构：砖木
地理位置：柳州市鹿寨县中渡镇，距离鹿寨县 26km

中渡古镇历史悠久，因处在洛水三个渡口中间的渡口，故名“中渡”，明代曾于此设巡检司，清、民国于此设县治，是鹿寨县的经济重镇，素有“四十八弄的明珠”美誉。古镇现存古城墙、古民居、商号、武圣宫、县府、青石板街、古码头、碉楼等遗迹，历史格局保存完整。整个街区以武圣宫为中心，布局东街、西街、南街、北街四条主要街道。民居多为一进或两进，面临街道，窄面宽大进深，户户相连，形成连续的临街界面。民居多为两层，底层为临街铺面，二层为居所。墙体为青砖及泥砖砌筑，搁檩式木构架，檐廊外挑，户间山墙直接落地，分隔一间一间的铺面，使民居商业空间与街道有过渡空间，并使街道具有较强的韵律感。民居简洁朴素，没有过多装饰。

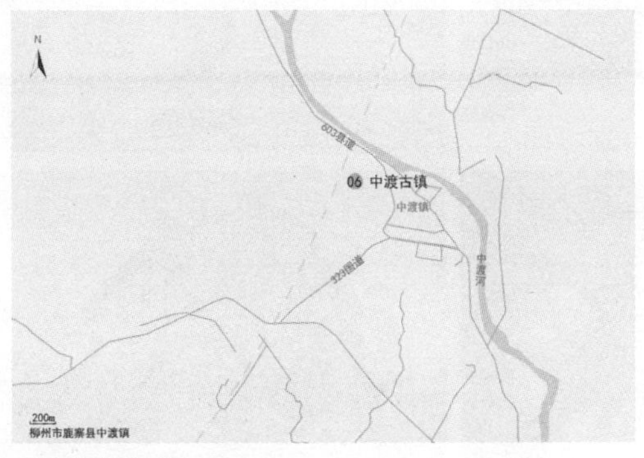

06 中渡古镇区位图

三、三江侗族自治县

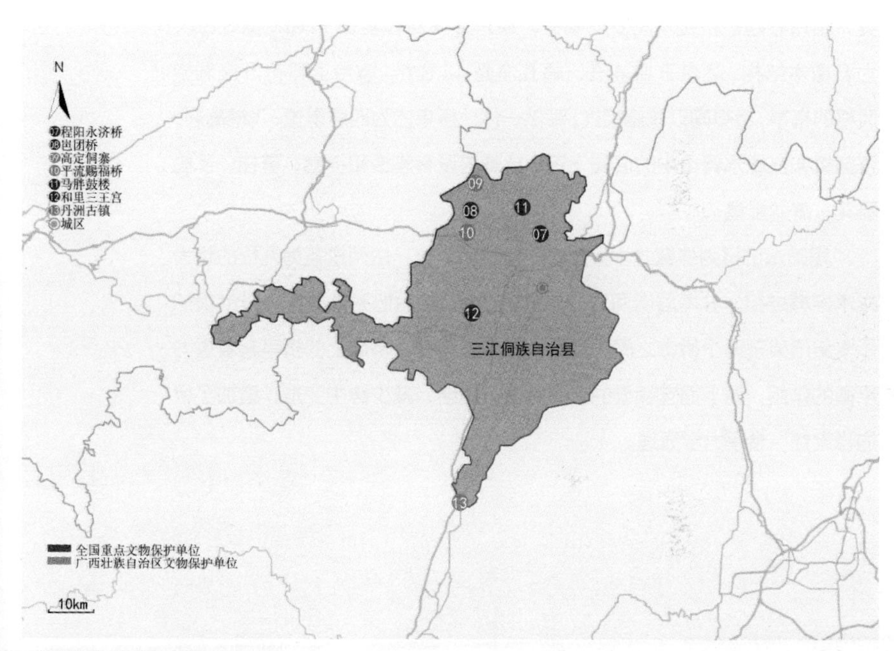

三江侗族自治县建筑古迹分布图

07 程阳永济桥

文保等级：全国重点文物保护单位
文保类别：古建筑
建设时间：始建于 1916 年，1983 年重建
建筑类型：桥梁
材料结构：石木
地理位置：柳州市三江侗族自治县林溪乡马安寨，距离三江侗族自治县 30km

程阳永济桥是广西众多风雨桥中最著名的一座，其规模宏大，造型优美，雄伟壮观。桥位于马安侗寨旁，横跨林溪河，全长 77m，宽 3.8m，为石墩木结构，2 台 3 墩 4 孔，每孔净距 14.8m。墩台上建有 5 座侗族风格的桥亭，桥亭间以长廊相连，浑然一体。桥亭皆为四层重檐，飞檐高翘，整座桥如在绿水青山中的展翅飞鸟。桥廊内设有座板和神龛，壁柱、瓦檐雕花，富丽堂皇。

程阳永济桥为伸臂式木梁廊桥，桥墩为支座，由两排各为九根的粗大杉木穿榫成组，分两层向两边各悬挑出 2m，然后把另外两排每排七根的杉木架组架于两个桥墩之间，承受桥梁的主荷载。桥墩上的桥亭起着重力平衡的作用，对下面连续梁的支撑点进行固结，减少跨中变形，增加了桥的稳定性，合乎力学原理。

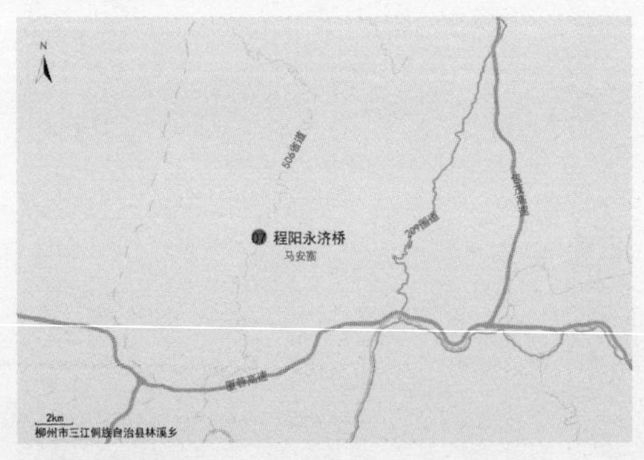

07 程阳永济桥区位图

程陽橋

08　岜团桥

文保等级：全国重点文物保护单位
文保类别：古建筑
建设时间：始建于清宣统二年（1910 年）
建筑类型：桥梁
材料结构：石木
地理位置：柳州市三江侗族自治县独侗镇岜团寨，距离三江侗族自治县 36km

“木建立交桥。”

岜团桥跨于孟江河上，长 50.2m，为伸臂式木梁廊桥，石墩木结构，有两桥台一桥墩，共两跨。木梁为 9 根直径 40cm 的圆木，在台墩上伸出 2.8m，再层叠更长的圆木，连接起桥台桥墩，承受桥廊的荷载。岜团桥最为独特之处为桥面设置两条桥廊，宽度为 3.9m 与 1.4m，分别供行人与牲畜行走，高低结合，犹如现代双层立交桥。为了稳定桥身，桥台和桥墩处分别建有三座桥亭，均为歇山顶，整座桥由此显得高低错落，轮廓丰富，依山就势。桥的出入口有门廊，处理手法别致，与桥身垂直相接，呼应周围环境。

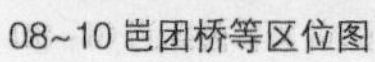
08~10 岜团桥等区位图

09 高定侗寨

文保等级：自治区级文物保护单位
文保类别：古建筑
建设时间：始建于明万历年间
建筑类型：民居
材料结构：砖木
地理位置：柳州市三江侗族自治县独侗镇高定寨，距离三江侗族自治县 58km

高定村地处贵州、湖南、广西三省交界处，是一个有 590 多户的侗族聚居大寨。寨子坐落在山坡坡脚，500 多座木干栏式民居根据地形而建，形成依山傍水的布局，鳞次栉比、层次分明，大片的灰黑色瓦顶和木墙身与周围山色呼应，极具气势和特色。建筑为典型侗族民居，通常横向布局，层数 2~4 层，悬山屋顶下有多层披檐，穿斗式木构架，墙体使用木板围合。平面多为三至五开间，厅堂为敞厅，设置火塘。寨子共有七座鼓楼，其中位于中心广场的五通楼最具特色，为方形十一层瓦檐的独柱鼓楼，工艺精湛，造型独特，是全寨共有鼓楼，其余六座较小，属于寨中各姓氏族的。高定寨的鼓楼与民居的关系，犹如月亮与星星的关系，最具典型的侗寨布局。

10　平流赐福桥

文保等级：自治区级文物保护单位
文保类别：古建筑
建设时间：始建于清咸丰十一年（1861 年），1951 年重建
建筑类型：桥梁
材料结构：石木
地理位置：柳州市三江侗族自治县独侗镇平流村寨基屯，距离三江侗族自治县 32km

平流赐福桥为典型的侗族风雨桥，坐落在平流村旁的苗江上，长 66m，宽 4m，为石墩木结构，2 台 3 墩 4 孔，墩台上建有 3 座侗族风格的桥亭，桥亭间以 27 间长廊相连，浑然一体，并在桥头设入口门亭。桥亭为五层重檐，桥廊内木柱林立，极富韵律感。廊下设有座板和神龛，是村民日常休息纳凉的好去处。

11　马胖鼓楼

文保等级：全国重点文物保护单位
文保类别：古建筑
建设时间：始建于 1928 年，1943 年重建
建筑类型：亭阁
材料结构：砖木
地理位置：柳州市三江侗族自治县八江乡马胖村磨寨屯，距离三江侗族自治县 26km

马胖鼓楼是本村屯侗族居民集会议事和娱乐的重要场所，由本村工匠雷文兴修建，用当地“丈杆”工具设计施工，充分体现了侗族建筑艺术的高超技艺。鼓楼为密檐楼阁式，高 15m，九重檐歇山顶。平面呈正方形，长宽各 11m，大门朝西，面临宽阔晒坪。鼓楼内部空间为一层，中央地面设有一直径 2.5m 的石砌圆形火塘，既是议事场所，也为冬季取暖之用。鼓楼为穿斗式木构架，由四根长 13m 的大杉木为金柱，直达屋顶，周围是 12 根檐柱构成方形框架，层叠穿榫构成牢固的整体，无用一件铁器。木构件上均雕有简练精美的图案纹样。鼓楼九层披檐，上覆小青瓦，层层收分，檐脊微翘，饰以飞鸟花草纹塑，使整个鼓楼壮丽优美，宛若宫阙。马胖鼓楼是广西最具代表性的侗族鼓楼之一。

11 马胖鼓楼区位图

12　和里三王宫

文保等级：全国重点文物保护单位
文保类别：古建筑
建设时间：始建于明隆庆六年（1572 年）
建筑类型：坛庙
材料结构：砖木
地理位置：柳州市三江侗族自治县良口乡和里村，距离三江侗族自治县 22km

三王宫是当地村民供奉古夜郎国三王子的场所，具有举行演戏酬神及其他民俗活动的功能。建筑位于溪边山包上，在中轴线上依势布局了宫门戏台、前院、观演房、仪门、后院、神堂。宫门与戏台合为一体，宫门设于底层，底层以干栏式架空形成通道，通道上方为戏台。戏台为三面观伸出式戏台，面阔三间进深两间，歇山顶，后面为三开间的扮演房。戏台为穿斗式木结构，金柱间设有方形藻井，周边为半鹤颈式卷棚。两侧山墙为燕尾式马头墙，墙头装饰彩绘，颇具特色。过了戏台是前院，为戏台的观演空间，依地势设有多层台阶供观演之用，院落两侧建有面阔四间的干栏式观演房，底层架空，二层供观演。前院后面设仪门，面阔五间，进深两间，门设于中柱，前后廊设一支香轩，等级较高。仪门后为祭祀空间，后院之北为两个三开间并立的神堂，规格形制基本一致，为插梁式硬山顶建筑，并且两个神堂共用一墙，较为罕见。

三王宫门临溪水，溪上横跨人和桥。人和桥始建于清光绪二十四年（1898 年），为三亭十二廊的廊桥，下部为单孔石砌桥体。

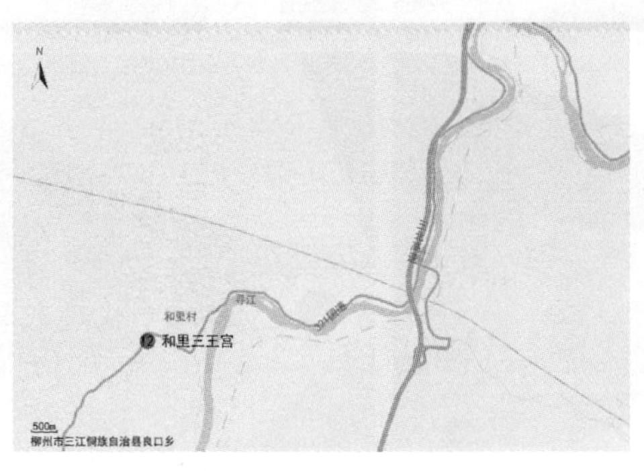

12 和里三王宫区位图

13 丹洲古城

文保等级：自治区级文物保护单位
文保类别：古建筑
建设时间：始建于明万历十九年（1591 年）
建筑类型：城垣及民居
材料结构：砖木
地理位置：柳州市三江侗族自治县丹洲镇丹洲村，距离三江侗族自治县 55km

丹洲古城位于三江侗族自治县南端三江、融安、融水三县交界处，坐落在融江江中四面环水的丹洲岛上。丹洲岛呈狭长形，南北长约 1850m，东西宽 850m。明万历十九年修筑砖石城池至民国 21 年间（1591 年至 1932 年）怀远（三江）县衙设于岛上，为明代怀远县的政治、经济、文化中心，现存有东门、北门、粤闽会馆、丹洲书院、县衙、明清民居及古城墙等古建筑。

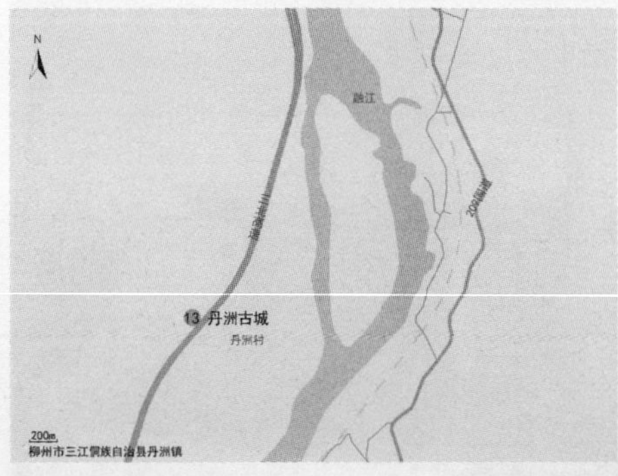

13 丹洲古城区位图

四、柳城县

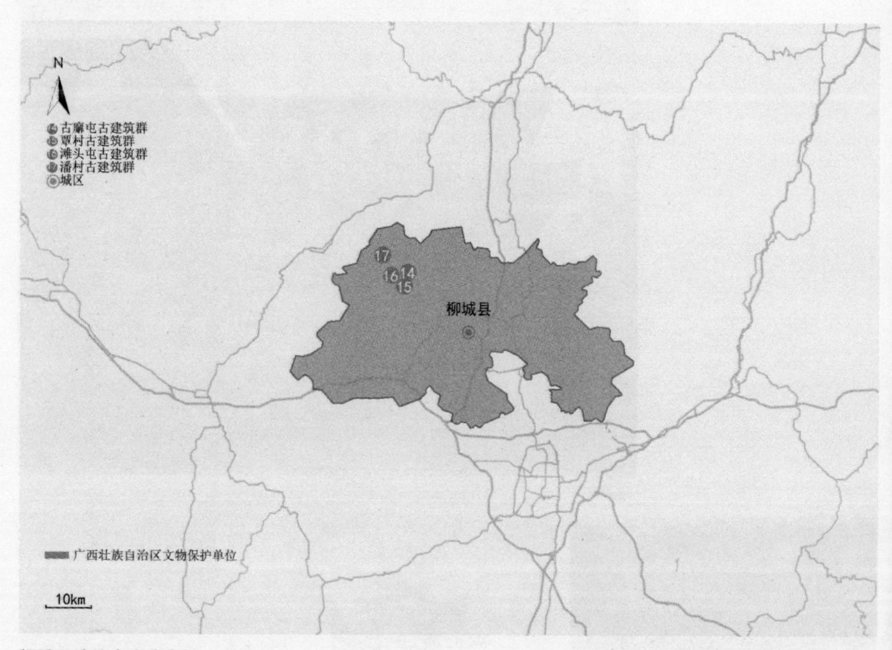

柳城县建筑古迹分布图

14　古廨屯古建筑群

文保等级：自治区级文物保护单位
文保类别：古建筑
建设时间：始建于明弘治二年（1489 年）
建筑类型：民居
材料结构：砖木
地理位置：柳州市柳城县古砦仫佬族乡古砦村古廨屯，距离柳城县 18km

古廨屯在清康熙年间称古廨街，曾设巡检司与集市于此，一度曾是古砦乡的政治、经济、文化中心和军事重地。村屯坐落于古砦山西麓，依山而建，整体呈长方形，东南至西北走向，长 350m，宽 100m，占地 35000m^2。外围为数米高石墙，石城墙以石料垒筑而成，作御敌、拒匪、防盗用，将古廨屯围成一个小城池。石城原开有石门楼 7 座，现存 5 座，自北向南依次为花门楼、官门楼、调鬼门楼、窄门楼、石鼓门楼。门楼分上下两层，上层为 2~3m^2 尖山式硬山顶“更楼”，下层为青石条垒筑而成的进出通道。民宅建筑多为明清时期的房屋，户型多为面阔三间、两进一天井，墙体材料多样，有青砖、料石、泥砖等，尖山式硬山顶。民居间的通道为石板铺筑，四通八达。梁氏宗祠建于清乾隆三十六年（1771 年），位于村屯西侧，与村屯共同构成整体人居场所。

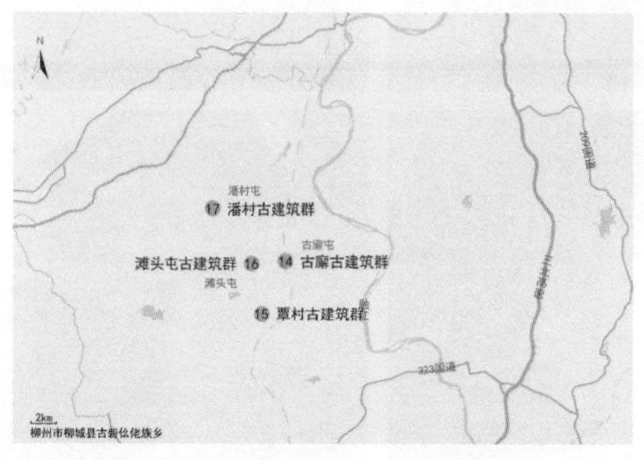

14~17 古廨屯古建筑等区位图

石鼓門樓

15 覃村古建筑群

文保等级：自治区级文物保护单位
文保类别：古建筑
建设时间：始建于明永乐年间（1403—1424 年）
建筑类型：民居
材料结构：砖木
地理位置：柳州市柳城县古砦仫佬族乡覃村屯，距离柳城县 19km

覃村居民多为仫佬族，遗存的古民居为仫佬族传统民居，对研究广西仫佬族传统建筑有较高的历史文化研究价值。古民居户户相连成排，坐北朝南，形成多条东西向村巷。民居多为三间两进一天井，后进一般有两层，硬山搁檩木构架，双坡瓦屋顶，墙体以青砖砌筑，或者墙基为石料，上部青砖及泥砖。民居建筑开窗较小，显得封闭。门楼装饰有精美木雕和灰塑。因战乱原因，覃村居民很注重村屯的防护，建围墙挖壕沟，设有五个石门楼。

覃村石拱桥位于村南，长 21m，宽 3.4m，引桥两头各长 15m，单个孔拱跨度 7m。石桥东西走向，两墩三孔。桥墩及桥拱由方料石砌筑，石块间不加辅料，上面以片石铺垫。整座桥形态优美，体现了当地当时的建造技术及造型风格。

16 滩头屯古建筑群

文保等级：自治区级文物保护单位
文保类别：古建筑
建设时间：始建于明成化十七年（1481 年）
建筑类型：民居
材料结构：砖木
地理位置：柳州市柳城县古砦仫佬族乡大户村滩头屯，距离柳城县 18km

滩头屯由 100 多户民居围拢成一个整体聚落，因此又名“滩头围村”，是目前发现的规模最大且保存完好的仫佬族古村落之一。村落的外围是连续的房屋，以房为墙形成防护，设三个大门出入，村前开挖有椭圆形的池塘，防御功能突出。三个门楼匾额上分别写着“拱辉正气”“南极流辉”及“南岳钟灵”，门内为青石板巷道，纵横交错，通达各个民居。民居多为三间两进一天井布局，后进明间通高，设木维护，左右次间为两层，硬山式双坡瓦屋顶。墙体多采用外青砖内泥砖双层砌筑，可使房屋冬暖夏凉。建筑装饰丰富，有木雕、灰塑及彩画。村屯内供奉“婆王庙”，有梁氏宗祠，节庆活动丰富，具有浓厚的民族文化底蕴。

17 潘村古建筑群

文保等级：自治区级文物保护单位
文保类别：古建筑
建设时间：始建于明洪武年间
建筑类型：民居
材料结构：砖木
地理位置：柳州市柳城县古砦仫佬族乡云峰村潘村屯，距离柳城县 16km

潘村是古砦仫佬族乡几个仫佬族古村落之一，因居民多姓潘，故名“潘村”。潘村有近百座古民居，多为三间两进一天井布局，硬山式双坡瓦屋顶，墙体以青砖或泥砖砌筑，显得厚实封闭，整体装饰朴素，仅在入口饰以灰塑及彩画。整个村屯的民居以“回”字形布局，紧密地围合成一个内向的城堡，外周空隙封以石墙，设数个门楼供出入，有很强的防卫性。

中門楼

瑞氣常臻

嵩嶽增暉

梧州市

梧州市位于广西东部，东临广东，是汉代设置的苍梧郡所在地，而后治广信县，成为广府文化的发源地之一，建筑文化即是典型的广府建筑文化，其庙宇、会馆、书院、民居等建筑物极具岭南地方特点。梧州市处于浔江、桂江和西江的汇合处，称为“三江总汇、广西水上门户”，独特的地理优势使梧州市自古便是广西的重要通道与商埠。近代开埠通商后，以广州和香港的贸易经济为跳板，成为广西近代最大对外贸易口岸，西方建筑文化由此影响了梧州的传统建筑文化，中西结合的新式建筑大量涌现，促使建设思维进一步发展，首开近代城市规划先河，指导建设了西式骑楼街区、里弄式住宅街区等。

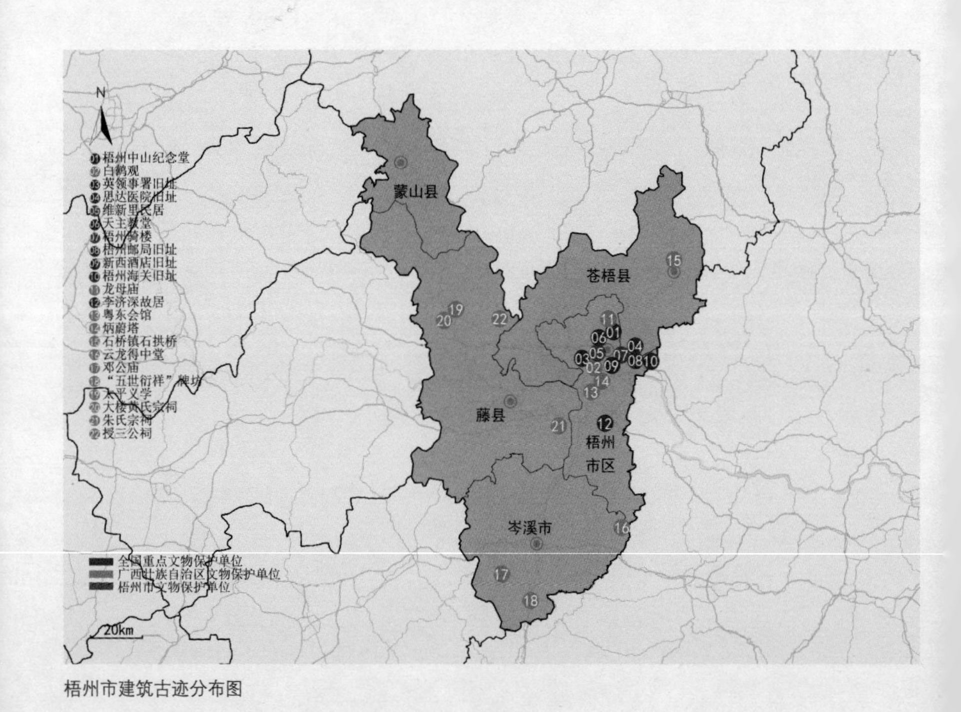

梧州市建筑古迹分布图

一、梧州市区（万秀区、长洲区、龙圩区）

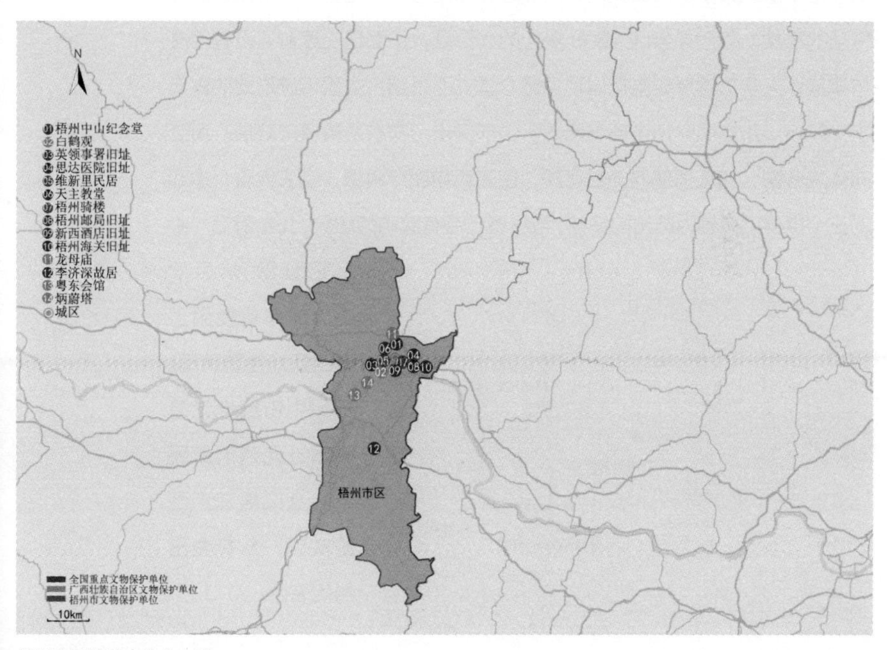

梧州市区建筑古迹分布图

01　梧州中山纪念堂

文保等级：全国重点文物保护单位
文保类别：近现代重要史迹及代表性建筑
建设时间：始建于 1926 年
建筑类型：公共建筑
材料结构：钢混
地理位置：梧州市万秀区文化路 1 号中山公园内

孙中山先生曾经三次到梧州进行革命活动，并指导梧州的经济建设。1925 年孙中山先生逝世后，梧州人民为了纪念孙中山先生的丰功伟绩，集资兴建了纪念堂，是全国最早建成的中山纪念堂。整个纪念性建筑群依山而建，气势恢宏，山脚下为“天下为公”碑刻引导的入口，沿台阶拾级而上，经过“博爱”牌坊、孙中山雕像广场，最后是山顶的纪念堂主体建筑。纪念堂建筑面积 1330m^2，平面呈“中”形布局，功能分为前厅与后厅。前厅正中是三扇拱券入口大门，两翼是辅助用房，楼上是方形塔座、圆形穹顶的塔楼。后厅是容纳 1000 多人的大会堂，正面是主席台，设有地座与楼座，人字形钢屋架支撑屋顶。纪念堂立面是结合中国传统形式的古典主义风格。正立面分为中部与两翼，中部突出，左右两翼横向舒展，用竖向体块分割，加上顶部向上的穹顶，使建筑物庄严肃穆，端庄典雅。中部的三个拱券门两侧为凸出的壁柱，与腰檐结合有牌坊的意象，正中额题“中山纪念堂”。后厅庞大的体量使用了歇山顶绿色琉璃瓦。梧州中山纪念堂是中国近代建筑新民族主义风格在广西的实践，具有突出的代表性。

01~09 梧州中山纪念堂等区位图

天下為公

革命尚未成功

02 白鹤观

文保等级：自治区级文物保护单位
文保类别：古建筑
建设时间：始建于唐开元年间，后多次重修
建筑类型：寺庙
材料结构：砖木
地理位置：梧州市万秀区鸳江路 1 号

白鹤观是广西保存较好的道教庙观，位于浔江之畔，占地约 3000m^2。建筑群为院落式，坐东朝西，中轴线上布置有牌坊、山门、三清殿，三清殿两侧布置三界殿与鹤仙殿，山门与三清殿之间为院落，两侧廊庑围绕。山门为面阔三间的硬山顶插梁式建筑，以分心槽作前后廊，明间开门，前廊为船篷式轩廊，石作檐柱，檐枋上置石作虾弓梁和石作金花狮子。山门正脊为博古脊，脊身塑精美陶塑。三清殿为面阔三间的硬山顶插梁式建筑，进深三间，设前廊及石作檐柱，为船篷式轩廊，廊檐封檐板雕刻为精美织物形式，极具地方特色。整个白鹤观体现了广府建筑的特点。

03 英领事署旧址

文保等级：全国重点文物保护单位
文保类别：近现代重要史迹及代表性建筑
建设时间：始建于 1897 年
建筑类型：公共建筑
材料结构：砖木
地理位置：梧州市万秀区鸳江路珠山景区内

1897 年英国根据《中英缅甸条约》附款专条开辟梧州为通商口岸，并于白鹤岗建领事署。1926 年梧州人民因“五卅”运动一周年对英国领事署举行示威活动，使英国领事离开梧州后再未返回。1928 年广西省政府向英国购回英国领事署建筑，并在其地建立河滨公园。

英领事署旧址由办公室、辅助用房、住所及后院组成，建筑为一层周边“外廊样式”建筑。外廊为砖砌券柱式，每边七券，方形立柱通高于檐额下，建筑角部为两根立柱，加强建筑力度。主入口上部是三角形山花，有两根圆形塔什干柱式支撑，形象突出。

04 思达医院旧址

文保等级：全国重点文物保护单位
文保类别：近现代重要史迹及代表性建筑
建设时间：始建于 1902 年
建筑类型：公共建筑
材料结构：钢混
地理位置：梧州市万秀区高地路南三巷 1 号

思达医院是一名美国富商为纪念其亲属思达牧师于 1902 年在梧州捐资建设的西式医院，委托基督教美国浸信会麦惠来牧师建设，是当时广西规模最大的西式医院。思达医院存有门楼和大楼。门楼为拱券门，三角形山花，山花内有医院院徽及 1903 年铭文，门额上书写“思达公医院”（现改为“梧州市工人医院”）。医院大楼占地 1341m^2，平面为“王”字状，以中间部分为主要立面，入口设于中部。大楼为砖混结构，楼高六层。

梧州市工人医院

05　维新里民居

文保等级：市级文物保护单位
文保类别：近现代重要史迹及代表性建筑
建设时间：始建于 1924 年
建筑类型：民居
材料结构：砖混
地理位置：梧州市万秀区民主路维新里

维新里民居是在 1924 年梧州大火灾后，梧州市对街区进行改造而建造起来的，其形式参照了广州的新式街市民居，为受西方生活形式影响的新式街巷住宅类型，造型简洁明快，功能规整合理，整体布局有韵律秩序，已经有现代城市公寓住宅批量化、标准化的思想。

维新里民居现存 39 间，为砖混结构，楼高多为 2~3 层，呈行列式布局，形成井然有序的街巷。民居平面一般为进深较大的长方形，有利于充分利用紧张的土地资源。底层大门直接联系街巷，进门是大厅，通过过道通向后部的楼梯，过道间是 2~3 个卧室，同时布置有卫生间与厨房。二层亦有大厅与 2~3 个卧室，有的设置采光天井。屋顶是可上可用的平屋面。维新里是民国时期梧州富商的居住区，所以民居的外装饰都比较精美。正门多为石质门框，大多设有拖栊门及腰门，有的门外有遮雨券柱廊。阳台装饰铁艺栏杆或绿釉陶瓶栏杆，窗楣上做有半圆形山花或花草灰塑，整体透出安稳沉静又有追求的气息。

06 天主教堂

文保等级：全国重点文物保护单位
文保类别：近现代重要史迹及代表性建筑
建设时间：始建于清光绪二十四年（1898 年），1946 年重建
建筑类型：教堂
材料结构：砖木
地理位置：梧州市万秀区民主路维新里 25 号

天主教堂占地面积约 $500m^2$，由主楼、侧房及钟亭组成。建筑共四层，一层为礼拜堂、忏悔室；二层办公；三层食堂；四层天台，中部设钟亭。整个建筑以清水砖墙勾缝为饰面，对称稳重，中间圆穹顶成为视觉中心，立面山花塑“天主堂”三字，有新古典主义风格。值得一提的是，圆穹顶采用了钢筋混凝土结构，把荷载落在了支柱上，不用鼓座、帆拱等传统支撑体系，使穹顶轻巧且易于建造。

07　梧州骑楼

文保等级：市级文物保护单位
文保类别：近现代重要史迹及代表性建筑
建设时间：始建于 1920 年
建筑类型：民居
材料结构：砖混
地理位置：梧州市万秀区大东路、中山路、大同路、北环路等街道

梧州骑楼是广西骑楼建筑街区的集中地之一，为 20 世纪 20 年代兴起，主要分布于大东路、大东下路、中山路等二十几条街道上。骑楼为一种“底商上宅”的沿街建筑形式，一户一开间或二开间，层数为二、三层，个别四层，二层以上楼层比底层往外挑出部分，用柱子架空，形成连续系列的半开敞空间，供行人往来购物与遮阳避雨，建筑形式适合南方多雨潮湿、烈日暴晒的天气。骑楼底部柱廊形成极富韵律的临街空间，楼上的窗间墙或阳台装饰精美细致，样式繁多，顶部山花各式各样，引人注目，建筑风格主要为新古典主义风格。梧州骑楼独特的一点是因为梧州经常被洪水淹街，骑楼的柱子上端和下端各有一个铁环，供洪水时拴船所用。二楼设有外门，供洪水时出入乘船。梧州骑楼是中国传统临街商业建筑与西式建筑融合发展而成的，规模较大，规划严整，参照了广州模式，具有推行城市规划的思想。

永艺

08 梧州邮局旧址

文保等级：全国重点文物保护单位
文保类别：近现代重要史迹及代表性建筑
建设时间：始建于 1932 年
建筑类型：公共建筑
材料结构：砖混
地理位置：梧州市万秀区大东上路 55 号

1884 年广西首家官办电报分局在梧州创办，到民国改为邮政分局，梧州邮局见证了梧州乃至广西邮政近代历史的发展。梧州邮局旧址位于大东路繁华地段，直接临街，楼高四层，占地面积 $300m^2$。建筑设有半地下室，正门设台阶，需拾级而上。室内铺设方格花瓷砖。建筑立面为典型的纵横三段式构图，半地下室为基座，一、二层为中段，三层及女儿墙为上部，其二层檐口线条粗壮醒目，构成横向三段式构图。正立面中轴三开间内凹明显，与两侧凸出一开间形成前后关系，构成竖向三段式构图。外墙装饰为黄色水刷石，用刻线做出仿石效果。整个建筑的构图比例严谨，主次分明。

智能生活

09 新西酒店旧址

文保等级：全国重点文物保护单位
文保类别：近现代重要史迹及代表性建筑
建设时间：始建于 1930 年
建筑类型：公共建筑
材料结构：钢混
地理位置：梧州市万秀区西江一路 17 号

新西酒店旧址位处梧州当时繁华的商贸中心，门前大南路码头台阶直通江边，七层高的大楼巍峨耸立于江边，成为梧州最具标志性的建筑物之一，在广东及东南亚享有很高的声誉。

新西酒店占地 230m^2，楼高七层，钢筋混凝土结构，为折中的西方古典主义风格，揉入多种局部装饰手法，使整栋大楼既整体性强，又有丰富生动的细部。建筑为三段式构图，底层为骑楼；中部 2~5 层为方形窗户，窗户间以垂直线条划分形成壁柱，饰以柱头，五层窗户下饰铁艺栏杆；上部檐口外挑，六层窗间饰以双柱。因新西酒店地处路口，对转角立面的处理更加关注，手法有底层转角处设两层高的塔斯干柱，支承半圆形拱券，拱券顶饰拱心石；五层转角处挑出阳台，置铁艺栏杆；六层转角处的三个窗设置为拱券式，屋顶上的女儿墙为繁复巴洛克山花等，使转角成为整栋楼的视觉中心。

10 梧州海关旧址

文保等级：全国重点文物保护单位
文保类别：近现代重要史迹及代表性建筑
建设时间：始建于 1918 年
建筑类型：公共建筑
材料结构：钢混
地理位置：梧州市万秀区西江三路 5 号

清光绪二十三年（1897 年）中英签订《中英缅甸条约》附款，专条开辟梧州为通商口岸，英国人主持设立了梧州新海关，由外国税务司管理。整个梧州海关包括办公楼、俱乐部、进修会、宿舍楼等七栋西洋式建筑，占地面积约 8000m^2，并附属有花园、网球场、大草坪等设施。

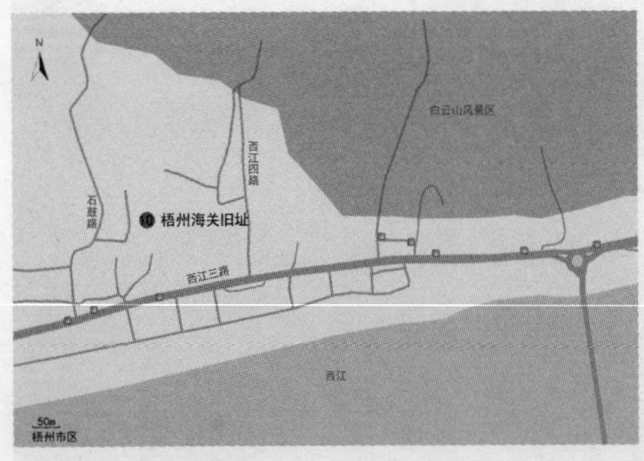

10 梧州海关旧址区位图

11　龙母庙

文保等级：自治区级文物保护单位
文保类别：古建筑
建设时间：始建于宋初，后多次重修
建筑类型：坛庙
材料结构：砖木
地理位置：梧州市万秀区桂林路 75 号

广西的龙母信仰与古代岭南氏族对河神崇拜有关，西江流域的梧州地区是龙母信仰的典型兴盛区域。龙母庙是民众供奉龙母的庙宇，位于桂江之畔，原庙包括山门、前后殿、左右厢房及角亭，现存前殿，为广府式三开间硬山建筑。

11 龙母庙区位图

龍母廟

12 李济深故居

文保等级：全国重点文物保护单位
文保类别：近现代重要史迹及代表性建筑
建设时间：始建于 1925 年
建筑类型：民居
材料结构：砖木
地理位置：梧州市龙圩区大坡镇料神村，距离梧州市区 28km

李济深故居是中国国民党革命委员会创始人李济深回乡居住及进行重要政治活动的场所，为一座防御性很强的内回环廊的庭院建筑，占地面积 $3400m^2$，建筑面积 $2100m^2$，有大小房间 53 间。故居四周环以围墙，宅外有大水塘，溪水绕过大门口。围墙大门半圆形山花塑中国传统吉祥动植物图案，顶上设八卦造型，象征吉祥意愿。故居主体三进两院，共两层，梁柱式内环廊道把两个庭院的房间串联了起来，装饰风格融中西建筑艺术，简洁大气，实用性强。建筑四角设碉楼，并在主楼瓦屋顶设置墩子走道，使防卫人员便于走动进行防御。

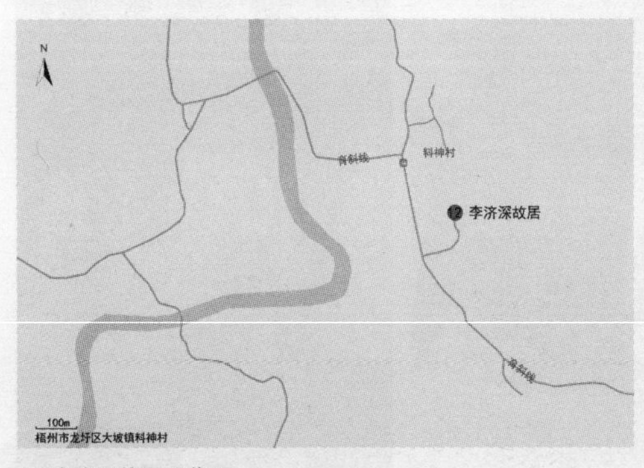

12 李济深故居区位图

13　粤东会馆

文保等级：自治区级文物保护单位
文保类别：古建筑
建设时间：始建于清康熙五十三年（1714 年）
建筑类型：会馆
材料结构：砖木
地理位置：梧州市龙圩区龙圩镇忠义街与沿江路交叉口，距离梧州市区 11km

粤东会馆由广东商人集资所建，前临西江，坐落于当时码头与市场之繁华宝地。建筑坐南向北，现存门楼、中堂和后座，均为面阔三间灰陇硬山顶建筑，梁架为抬梁式与穿斗式相结合，规整严谨，颇具明代建筑风格。门楼为清代广式会馆的典型形式，设凹门廊，大门设于明间，两旁置塾台，梁额雕刻细致，脊饰为精美灰塑。中堂台基抬高，前檐作轩廊，明间金柱为直径 40cm 的格木圆柱，格木构架与额枋雕饰精美。后座的台基比中堂再抬高，前檐亦作船篷轩廊，梁架与中堂相似。

13 粤东会馆区位图

14 炳蔚塔

文保等级：自治区级文物保护单位
文保类别：古建筑
建设时间：始建于清道光四年（1824 年）
建筑类型：塔
材料结构：砖
地理位置：梧州市龙圩区龙圩镇下仄铁顶角山山顶，距离梧州市区 7km

炳蔚塔为风水塔，建于交汇水口之间，“炳蔚”为广西状元陈继昌所提，寓意文风显达。塔高 34m，为七层六边形楼阁式砖塔，塔身为空筒式，内设木楼梯以登高。塔身外无平座，设有上披琉璃瓦的腰檐，腰檐下饰五层海草纹灰塑，具有浓厚的桂东地域特色。塔顶为攒尖顶，上顶为黄色琉璃葫芦宝刹。

14 炳蔚塔区位图

二、苍梧县

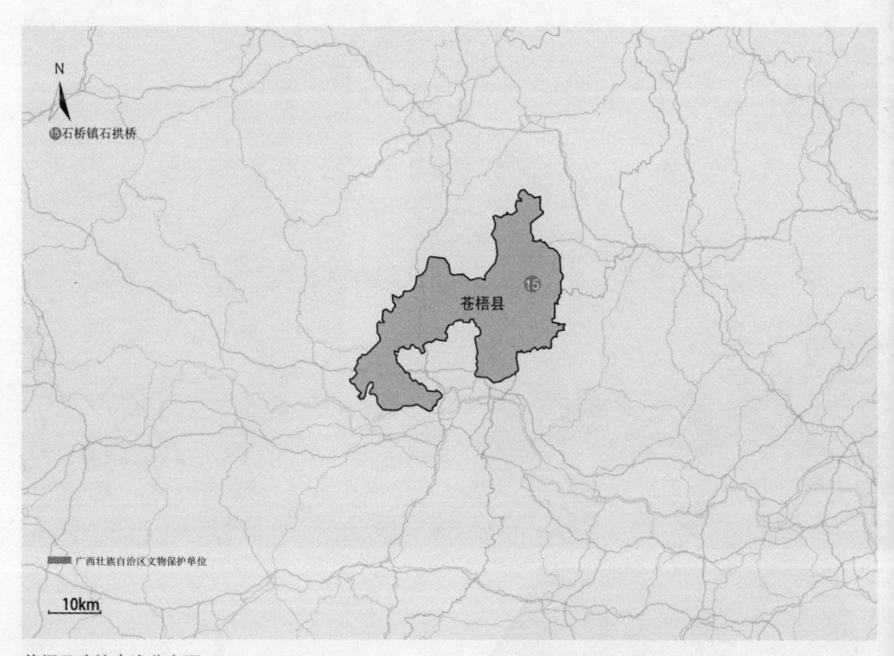

苍梧县建筑古迹分布图

15 石桥镇石拱桥

文保等级：自治区级文物保护单位
文保类别：古建筑
建设时间：始建于宋
建筑类型：桥梁
材料结构：石
地理位置：梧州市苍梧县石桥镇

石桥镇石拱桥号称“千年石拱桥”，为苍梧郡与临贺县之间古驿道的交通要冲，石桥镇因此桥而得名。桥为单孔拱式石桥，全桥用方料石材错缝干砌筑，拱券半圆高企，桥体轻巧，造型古朴简洁。

15 石桥镇石拱桥区位图

三、岑溪市

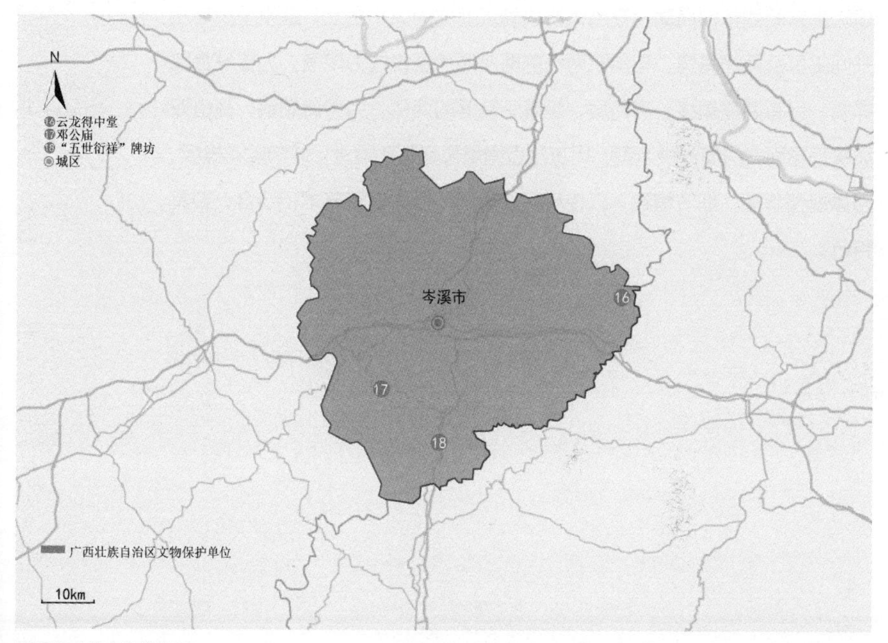

岑溪市建筑古迹分布图

16 云龙得中堂

文保等级：自治区级文物保护单位
文保类别：近现代重要史迹及代表性建筑
建设时间：始建于清末
建筑类型：民居
材料结构：砖木
地理位置：梧州市岑溪市筋竹镇云龙村，距离岑溪市 42km

得中堂是云龙村莫氏大屋建筑群的一部分，为典型近代岭南宅第民居。建筑坐东朝西依山而建，在用大石块砌筑而成的大平台上，建设了一座三开间主屋及两座耳房，与前院两侧的两座厢房围绕成为院落，为传统合院样式。另有两座副楼，高两层，坐落于院落的两侧，为青砖砌筑，硬山双坡灰瓦屋面，门窗券拱造型，用灰塑点缀墙楣壁画和屋脊，装饰雕花檐板。整体规整华丽，细节精致，以传统民居布局和西洋建筑艺术相结合，颇具特色。

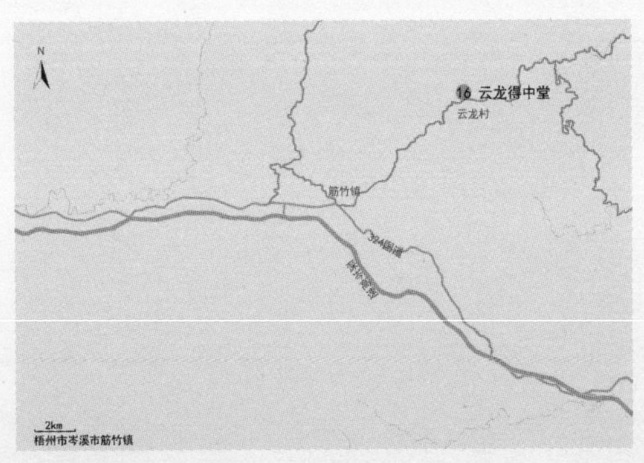

16 云龙得中堂区位图

17 邓公庙

文保等级：自治区级文物保护单位
文保类别：古建筑
建设时间：始建于明，明万历四十二年（1614 年）迁于今址，清雍正十二年（1734 年）重修
建筑类型：坛庙
材料结构：砖木
地理位置：梧州市岑溪市南渡镇南渡小学内，距离岑溪市 20km

传说明代岑溪道士邓清曾显灵唤雨扑灭了北京紫禁城大火，皇帝敕封为“灵威伯爵邓公爷”。岑溪人为了纪念邓清，在各乡村修建了许多邓公庙，南渡镇邓公庙是其中较大且有名的。

邓公庙坐北朝南，主体由前殿、后殿及连接前后殿的拜亭组成。前殿、后殿均面阔三间，硬山顶插梁式木构架，使用广府式月梁，一些梁枋上雕刻精美，保留有明代风格。特别是后殿围合祭拜空间的四根金柱采用了高浮雕盘龙，为广西唯一实例。拜殿面阔一间，进深 3.2m，屋顶略似歇山式，屋架为穿斗式，其下与前殿相接一侧设船篷式卷棚，其檩条由夔龙纹大花板承托，使拜亭空间华丽精美。

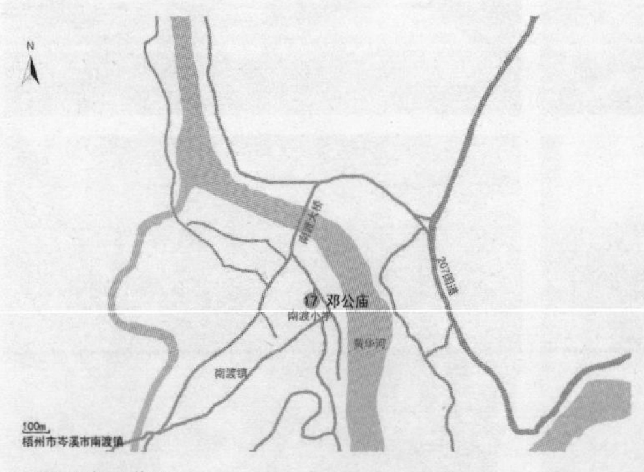

17 邓公庙区位图

18 “五世衍祥”牌坊

文保等级：自治区级文物保护单位
文保类别：古建筑
建设时间：始建于清同治七年（1868 年）
建筑类型：牌坊
材料结构：砖
地理位置：梧州市岑溪市水汶镇莲塘村，距离岑溪市 32km

“五世衍祥”牌坊是朝廷表彰岑溪水汶南禄村的百岁人瑞刘运昌及其家族五世同堂而建的牌坊。牌坊高 11m、宽 10.2m、厚 0.82m。面阔三间，为四柱三楼单拱砖砌构筑物。牌坊坊身敦厚结实，采用大青砖叠缝砌筑，外批坚固的灰浆，前后有四组厚重抱鼓石支撑坊基，显得雄伟稳固。牌坊正中为主楼，两侧为次楼，歇山顶，飞檐翼角凌空，饰博古脊。主楼枋下嵌“奉旨旌奖”龙头浮雕竖匾，匾下为三块官员题字碑。牌坊集灰塑、瓷塑、碑刻、彩绘于一体。坊脊、坊身上布满各式灰塑，有寿星、文官、力士、侍者等人物，有龙、蝙蝠、双凤、鹿、鹤等吉祥动物，生动成趣；正中二坊上贴瓷塑龙，运用灰雕加贴瓷工艺，蛟龙立体逼真。整个牌坊建造手法高超，色彩鲜明、蕴意丰富，具有浓郁的岭南气息。

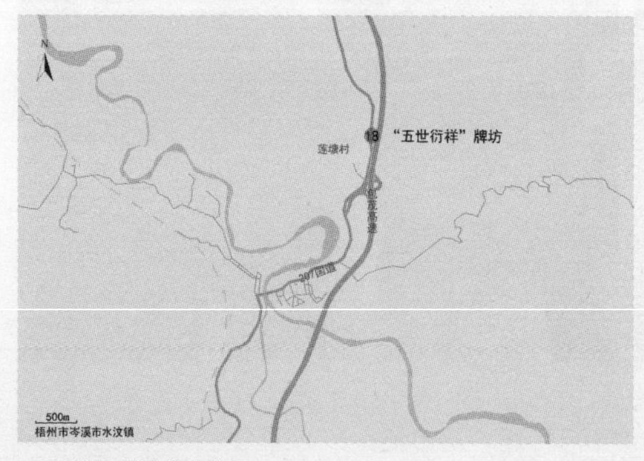

18 五世衍祥牌坊区位图

四、藤县

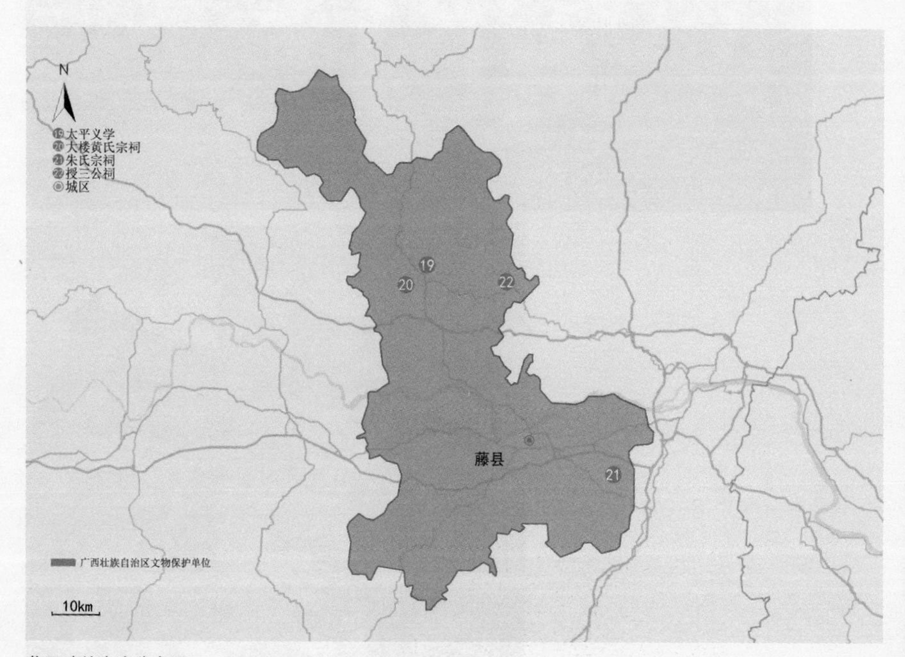

藤县建筑古迹分布图

19 太平义学

文保等级：自治区级文物保护单位
文保类别：古建筑
建设时间：始建于清光绪二十七年（1901 年）
建筑类型：书院
材料结构：砖木
地理位置：梧州市藤县太平镇上元街，距离藤县 46km

义学原为太平镇的学堂，三间三进两廊院落式，硬山顶岭南抬梁式木构架。门楼前设门廊，入口大门上镶嵌“义学”匾额，为广府式建筑风格。第二进为中厅，前后设廊，通透前后天井。第三进高两层，前廊装饰卷棚，下层为供奉孔子牌位，在天井设拜亭，连接中厅与第三进。旁设圆门，连接并列布局的文武二帝庙，整体构成太平镇的文化中心。

19~20 太平义学等区位图

20 大楼黄氏宗祠

文保等级：自治区级文物保护单位
文保类别：古建筑
建设时间：始建于清（？）
建筑类型：祠堂
材料结构：砖木
地理位置：梧州市藤县太平镇健安村委大楼村，距离藤县 46km

黄氏宗祠为典型的广府建筑样式宗祠，为三间两进两耳天井式，前有禾坪与池塘，砖砌硬山顶，典型插梁式木构架，墙楣、屋脊、石柱等雕饰精美，匾额及对联丰富。宗祠门楼设前廊，石质檐柱与木虾弓梁，入口上嵌“黄氏宗祠”匾额，两侧为“江夏源流远、陆终世泽长”。门楼墙楣长绘有精美图画与题词，脊饰为栩栩如生的灰塑。门楼内有屏门，挂“进士”牌匾，彰显荣耀。第二进为中厅，前后设廊，通透前后天井，后天井设有歇山屋顶的拜亭，连接中厅与三进祖厅。祖厅开敞，设三格神龛供奉黄氏祖先。耳房部分位于主体左右侧，为祭祀附属房间。

解元

進士

21　朱氏宗祠

文保等级：自治区级文物保护单位
文保类别：古建筑
建设时间：始建于清中期
建筑类型：祠堂
材料结构：砖木
地理位置：梧州市藤县濛江镇双德村委双底村，距离藤县 36km

双底村朱姓族人先祖朱登自广东而来择此地安居，至今已 300 余年，族人为纪念朱登建朱氏宗祠。宗祠坐西朝东，由主座和横屋两部分组成。主座位于北面，为三间两进天井式，前为围墙围合的方形前院，于前院院墙两侧设拱形院门，门楼正对照壁。门楼为广府建筑样式，砖砌硬山顶建筑，设前廊，檐柱与虾弓梁为红色砂岩石，入口上嵌红色砂岩石镌刻“朱氏宗祠”匾额。门楼后为天井，设有方形四坡屋顶的拜亭，连接二进祖厅。祖厅开敞，以砖墙分为三格神龛供奉朱氏祖先，正中神龛悬挂有双凤朝阳木雕。横屋部分位于主座右侧，相隔三个天井，为祭祀附属房间。宗祠为广府建筑，砖砌硬山顶，典型插梁式木构架，屋脊、梁架、石柱等雕饰精美。

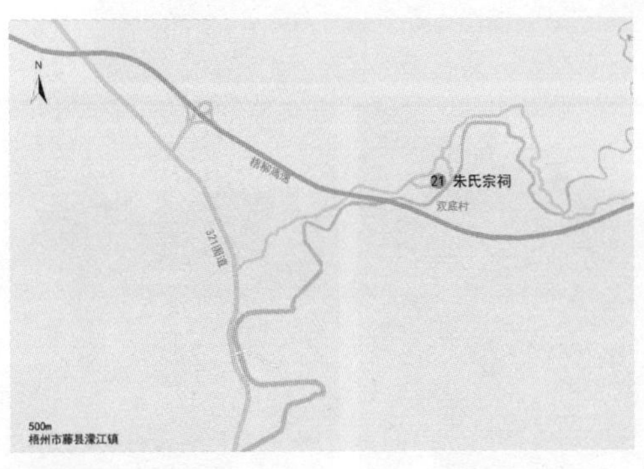

21 朱氏宗祠区位图

22　授三公祠

文保等级：自治区级文物保护单位
文保类别：古建筑
建设时间：始建于清宣统元年（1909 年）
建筑类型：祠堂
材料结构：砖木
地理位置：梧州市藤县古龙镇古龙村，距离藤县 71km

授三公祠是古龙村族人为纪念先祖陆授三而建。建筑为三间三进两耳院落式，硬山顶插梁式木构架，两侧为镬耳墙或人字山墙。门楼面临道路，前设门廊，入口大门镶嵌“授三公祠”匾额，两侧为“河南传四冑，江夏乐长春”对联，为广府式建筑风格。第二进为中厅，前后设廊，通透前后天井，明间设屏门相隔。第三进为祖厅，前廊装饰卷棚，三间都为供奉祖先牌位。天井两侧为回廊，廊下有月门与耳房相通。建筑整体规整典雅，柱高屋广，颇具古意。公祠装饰精美，各进檐廊梁架上有雕刻精美的木雕，雕刻凤鸟和瑞兽，体型巨大，引人注目。檐口的木雕封檐板模仿布匹，手法细腻，如临风飘动。墙楣彩画共有 76 幅及各式题词，寓意深刻。

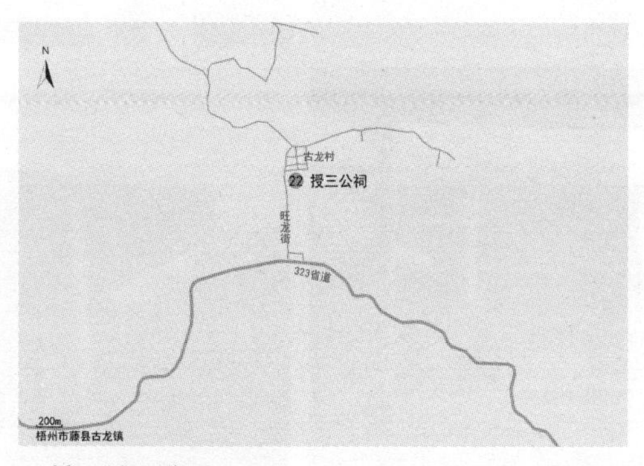

22 授三公祠区位图

授三公祠
江
河

玉林市

玉林市古称鬱州，有“千年古州，岭南都会”美誉，两千多年的历史沉淀了厚重的文化底蕴，推动其建筑文化的发展。玉林市东连广东，是桂东南地区重要的商贸重镇，广府式建筑文化深刻影响了玉林市的整体建筑文化，但当地特有的建造技艺和建造思想，产生了真武阁这个结构独一无二的建筑。作为广西第一大客家人聚居地，客家建筑文化是玉林建筑文化浓重的一笔。玉林市人灵地杰，民国时期产生了近百位叱咤风云的将军及文化名人，这些名人的故居、官邸、园林、纪念建筑等成为玉林市历史建筑的重要组成部分，是玉林市建筑文化的发展体现。

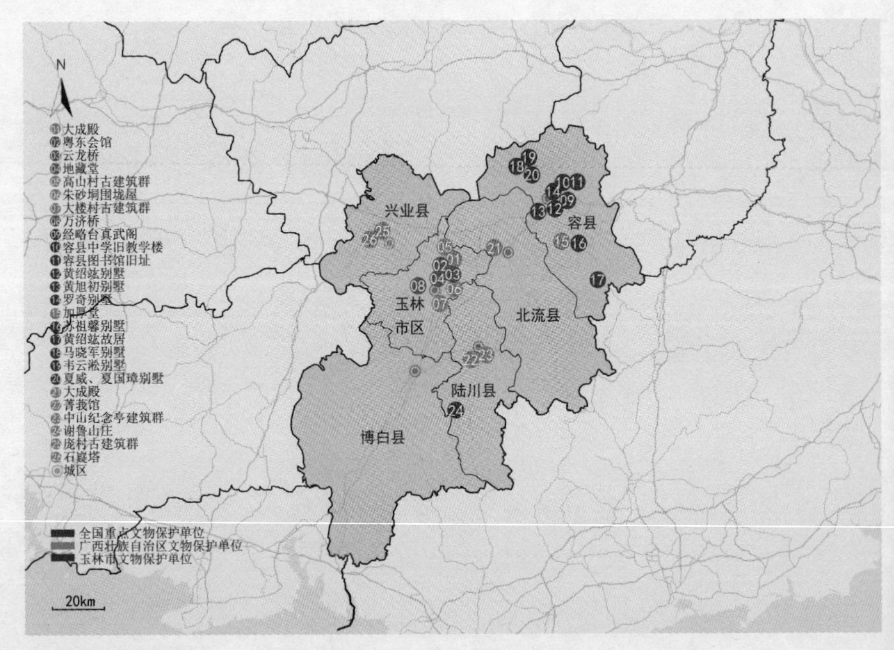

玉林市建筑古迹分布图

一、玉林市区（玉州区、福绵区）

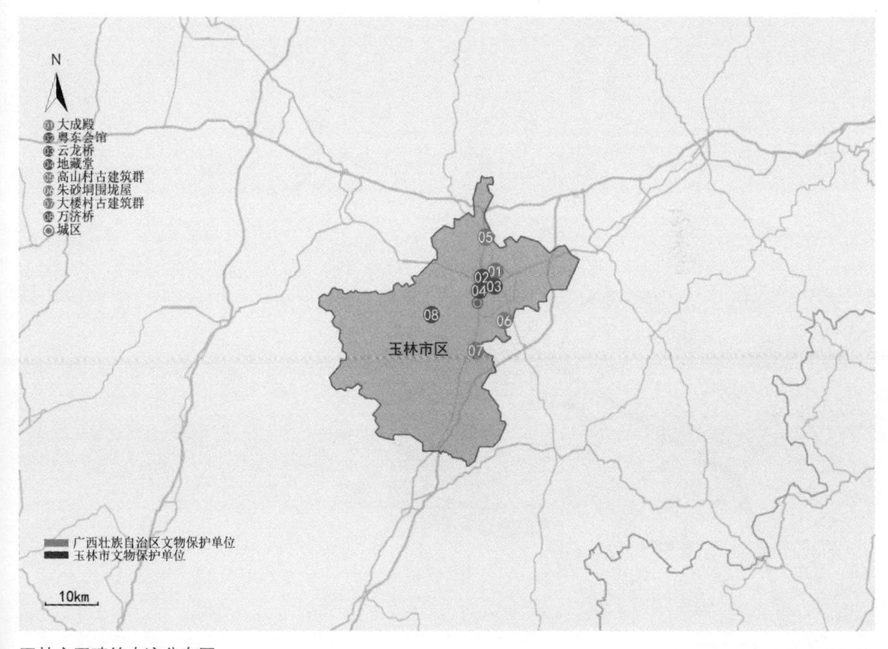

玉林市区建筑古迹分布图

01　大成殿

文保等级：自治区级文物保护单位
文保类别：古建筑
建设时间：始建于清嘉庆十七年（1812 年）
建筑类型：坛庙
材料结构：砖木
地理位置：玉林市玉州区解放路 77 号古定小学内

玉林文庙历经千年的变迁，至今建筑遗存仅余大成殿，为清嘉庆年间重建样式。大成殿面阔五开间进深三间，为重檐歇山顶插梁式木构架建筑。建筑不设前檐廊，隔扇直接安装于檐柱间，增大室内使用空间。檐枋外挑支撑屋檐，檐枋下有从檐柱伸出的长插栱，颇具桂东南特色。屋顶覆金黄色琉璃筒瓦，脊饰精美二龙戏珠石湾陶塑，檐口四周有雕刻精美的封檐板，使大成殿显得沉稳厚重且金碧辉煌。

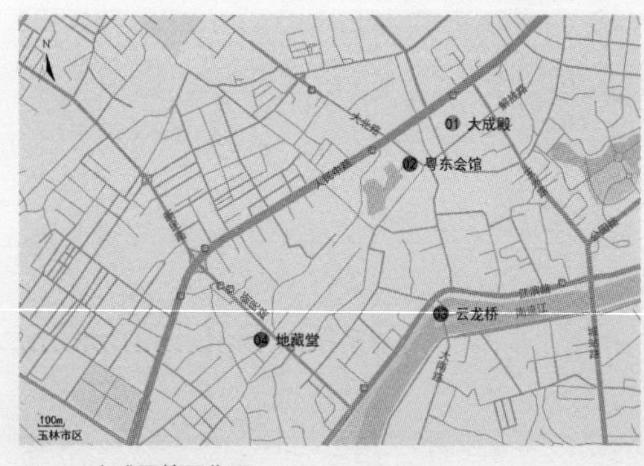

01~04 大成殿等区位图

02　粤东会馆

文保等级：市级文物保护单位
文保类别：古建筑
建设时间：始建于清乾隆五十九年（1794 年）
建筑类型：会馆
材料结构：砖木
地理位置：玉林市玉州区大北路 25 号大北小学内

玉林地处两广交界的桂东南，自古是商贸重镇，粤东会馆由广东商人集资所建，坐西南朝东北，前临繁华大街，现遗存门楼、中座两进，为面阔三间硬山顶建筑。一侧有厢房及耳房。梁架为抬梁式与穿斗式相结合，规整严谨。门楼为清代广式会馆的典型形式，设凹门廊，大门设于明间，门上镶嵌“粤东会馆”石刻匾额。两旁置塾台，前廊檐柱和檐枋均为石制，梁额雕刻细致。脊饰为精美灰塑和石湾陶塑。中堂台基抬高，前檐作轩廊，构架与额枋雕饰精美。

03 云龙桥

文保等级：市级文物保护单位
文保类别：古建筑
建设时间：始建于清嘉庆二十四年（1819 年）
建筑类型：桥梁
材料结构：石
地理位置：玉林市玉州区大南路与沿江北路交会处

“南桥古渡鲤鱼游。”

云龙桥又名南桥，位于城西南南流江上，为当时玉林至钦、廉、雷、琼等州官道，亦为玉林八景之一。桥初建于元延祐年间，原为木桥，洪水冲毁多次，最后重建为石桥。桥为三拱石桥，南北走向，全长 38.7m，宽 6.5m，拱跨均为 10.6m。桥体用规整的方形料石砌筑。桥南有碑墙，碑刻记载该桥的建造情况。

04　地藏堂

文保等级：市级文物保护单位
文保类别：古建筑
建设时间：始建年代不详，清嘉庆六年（1801 年）重建
建筑类型：坛庙
材料结构：砖木
地理位置：玉林市玉州区新民路 487 号

地藏堂是地方信仰的坛庙，除了供奉地藏菩萨外，还供奉着观音、文昌等多个神祇。建筑为三间三进两廊院落式，硬山顶插梁式木构架。门楼前设门廊，入口大门镶嵌“地藏堂”匾额，两侧为“地德无涯生态威，藏心有道乐时长”对联。第二进中殿，前廊廊柱为石雕龙柱，室内通透，后墙明间设屏门相隔。第三进为大殿，供奉各路神仙塑像。建筑整体规整典雅，装饰朴素简洁，颇具古意。檐廊梁架上有雕刻精美的木雕，檐口的木雕封檐板模仿布匹，手法细腻，如临风飘动。墙楣彩画及各式题词，寓意深刻。地藏堂为广府式建筑风格。

05　高山村古建筑群

文保等级：自治区级文物保护单位
文保类别：古建筑
建设时间：始建于明天顺四年（1460 年）
建筑类型：民居
材料结构：砖木
地理位置：玉林市玉州区高山村

高山村以宗祠众多而著称，保存有大小 12 座宗祠，分别属于牟、陈、李三大姓氏，其中牟氏拥有 9 座，为牟氏各支系所建。位于村中心位置的牟绍德祠建于清雍正十三年（1735 年），是牟氏为七代孙牟春芳所建，是家族议事、婚娶、祭拜场所。该祠三间四进，为典型广府式建筑，由门楼、中座、祖堂和观音堂组成，中座为议事厅，需要宽大空间，采用插梁式木构架，装饰精美，其他为青砖硬山式屋顶，搁檩式木结构，多处采用了砖砌拱券来承重。高山村的古民居围绕着各姓氏的祠堂布局，形成各族相对独立聚居的组团，体现了宗族的归属。民居以一进三合式或二进一天井式为多，主座两层，广府硬山搁檩式建筑，以青砖和泥砖砌筑墙体，布局密集，相互间门门相通。进士李拔谋、牟承绪等数座名人故居为大型宅第，主体三进或四进，院落旁边有花厅、厢房、侧屋等功能房，装饰屏门花窗，墙楣题画，雕花檐板，龙船屋脊等，总体朴素中点缀亮色。村中共有九条主要石板巷道，从不同走向连接各个民居组团，每条巷道设置小闸门。村外修筑有绕村围墙，与池塘构成防御屏障。

05 高山村古建筑群

牟绍德祠

06　朱砂垌围垅屋

文保等级：自治区级文物保护单位
文保类别：古建筑
建设时间：始建于清乾隆年间
建筑类型：民居
材料结构：砖木
地理位置：玉林市玉州区南江镇岭塘村，距玉林市 3km

朱砂垌围垅屋由祖籍广东梅州的黄正昌所建，由前部半月形池塘、中部长方形围屋主体和后部半圆形围垅化胎三部分组成，规制十分完整，是广西现存典型的大型客家居住建筑之一。围垅屋坐东北向西南，占地达 $15000m^2$，后有山坡为依靠，前为视野开阔的田园，风水格局俱佳。主体为三堂十横的建筑，中轴线上为三间三进的厅堂，第一进门厅为土坯砖，正中设凹门廊，主入口大门设其中，上悬“大夫第”牌匾，两侧横屋稍突出，使建筑正面层层凹进,与门前禾坪形成一种纳气态势。第二进中堂青砖砌筑，前后通畅，两侧墙上均对开设三个拱形门洞，颇具特色。第三进祖厅为供奉祖先牌位场所。三进厅堂均为悬山双坡顶，插梁式梁架。堂屋两侧各有五排横屋，之间以天井、花厅或纵向巷道相隔，主次分明。围屋的围墙在正面，面对半月池是 1.6m 高的镂空墙，其余三面为 6m 高、70cm 厚的夯土墙，如城墙般围绕围屋一圈,使围屋总平面如马蹄形一般。围墙不仅遍布射击孔，还布局七座炮楼，出入口设置瓮城，防卫十分森严。

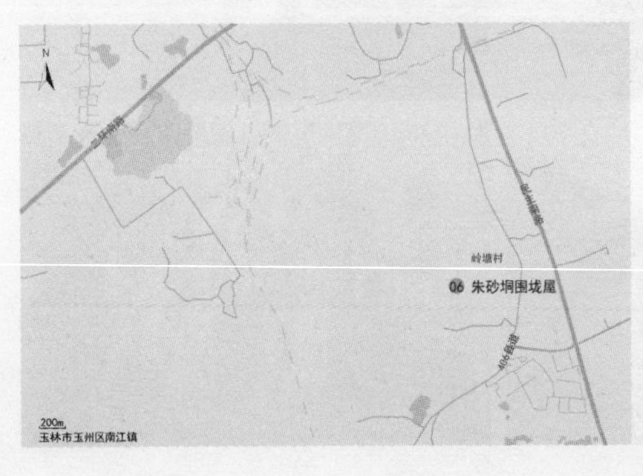

06 朱砂垌围垅屋区位图

07 大楼村古建筑群

文保等级：自治区级文物保护单位
文保类别：古建筑
建设时间：始建于清初
建筑类型：民居
材料结构：砖木
地理位置：玉林市福绵区新桥镇大楼村，距离玉林市 13km

大楼村居民的先祖 300 年前自福建迁来，主要为郑、姚、黄三姓，分别建设了具有客家建筑风格的郑氏宗祠、姚氏宗祠及黄氏宗祠，各姓居民建筑围绕三姓祠堂而建，形成大楼村的建筑格局。郑氏宗祠及周围郑氏民居规模最大，独成一体，有池塘、围墙及门楼围护。郑氏祠堂建于中轴线上，面朝禾坪与半月形池塘，为三间四进的厅堂，第一进门厅正中设凹门廊，主入口大门设其中，上悬“郑氏祠堂”牌匾，门内悬有“翰林第”“进士”“副魁”匾，两侧院落突出，使建筑正面与门前禾坪形成一种纳气态势。第二进中堂前后通畅，青砖砌筑硬山顶，岭南抬梁式木构架，前设披檐，构架上木雕精美，显示建筑的重要性。第三进祖厅为供奉祖先牌位场所，第四进后座高两层，为储物空间。

07 大楼村古建筑群区位图

08　万济桥

文保等级：市级文物保护单位
文保类别：古建筑
建设时间：始建于清乾隆十八年（1753 年）
建筑类型：桥梁
材料结构：石
地理位置：玉林市福绵区福绵村，距离玉林市 12km

万济桥位于车陂江上，为四墩五拱石桥，东西走向，全长 73m，宽 6m，高 8m，拱跨为 11m，为玉林市最大规模的古代石桥。桥体用规整的方形料石砌筑，技艺精湛。桥面设有桥台、桥栏，两侧碑文记载建桥情况。

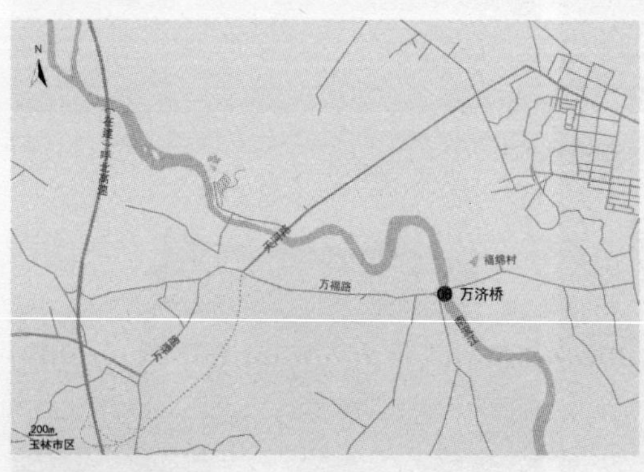

08 万济桥区位图

二、容县

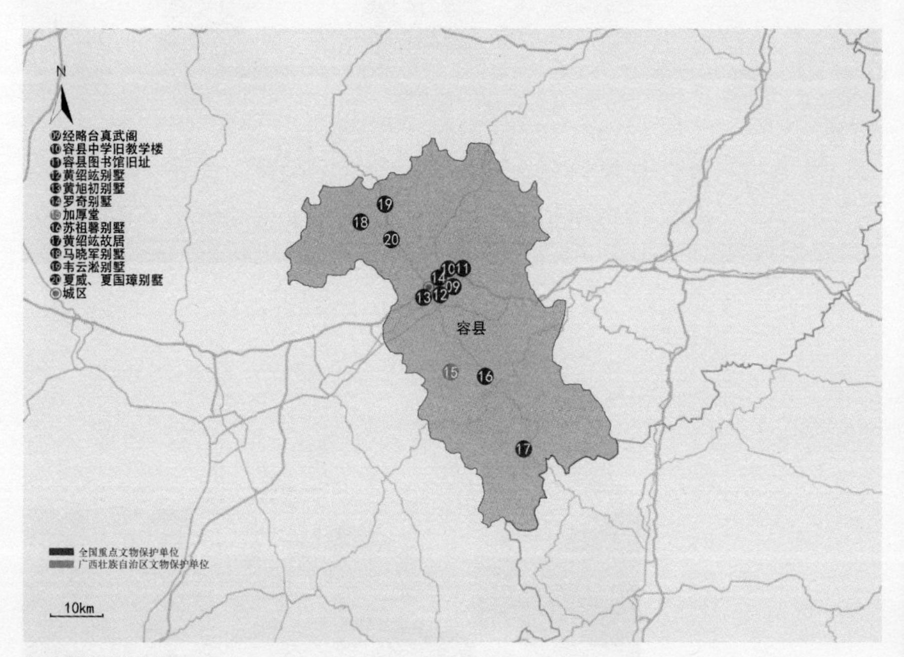

容县建筑古迹分布图

09 经略台真武阁

文保等级：全国重点文物保护单位
文保类别：古建筑
建设时间：始建于明万历元年（1573 年）
建筑类型：亭阁
材料结构：砖木
地理位置：玉林市容县容州镇东外街 57 号

“天南杰构。”

真武阁建在古经略台之上。古经略台始建于唐，为唐代朝廷派驻容州的经略使建设的练兵台遗址，位于绣江之畔，高突江面十数米，是唐代容州军政阅兵及观光的绝佳之处。明代万历年间，因容州火灾严重，于经略台上建真武阁奉祀北方真武大帝以镇火灾。真武阁高三层，通高 13.2m，为三重檐全木结构建筑，3000 多件构件全部采用铁力木。屋顶覆绿色琉璃瓦，构架采用抬梁式与穿斗式结合做法。底层面阔三间，周边开敞无墙，仅柱子落地，为金厢斗底槽布局，深远的檐廊与主体空间形成一个完整的敞厅，檐柱上斗栱以 45° 角十字相交连续布置，层层上挑至檐下，形成极富韵律和美观的斗栱装饰带。二、三层无外檐柱，由底层的金柱上升成为檐柱，用穿枋承托外挑檐，内部插入增加的四根内金柱，其中二层的金柱不落地，悬空地面约 20mm，用令人惊叹的“杠杆结构”方式达到整个建筑的力学平衡。真武阁造型飘逸大气，精美匀称，至今保存完好，充分体现建造者深厚的力学知识、丰富的想象力和高超的施工技术，为广西古建筑的杰作。

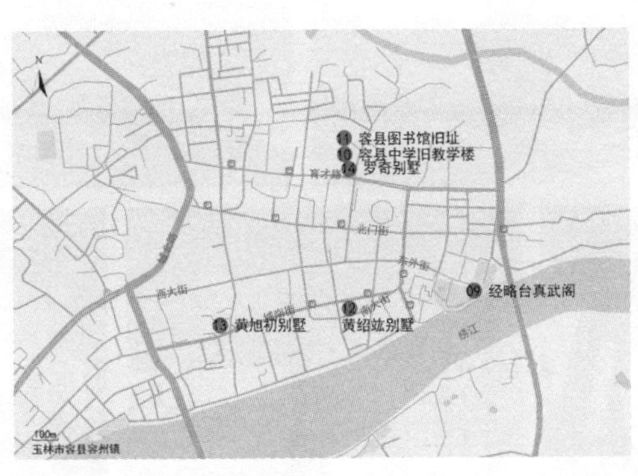

09~14 经略台真武阁等区位图

天南奇觀

10　容县中学旧教学楼

文保等级：全国重点文物保护单位
文保类别：近现代重要史迹及代表性建筑
建设时间：始建于 1917 年
建筑类型：公共建筑
材料结构：砖木
地理位置：玉林市容县容州镇育才路 33 号容县中学内

容县中学旧教学楼占地 767m^2，平面呈“山”字形，是仿照日本早稻田大学法国楼建造的。教学楼为二层双边券柱外廊式，绵长的砖砌券柱外廊光影变化，具有强烈的韵律感。为了强调主入口，建筑中间设有柱廊门楼，三面为券柱拱门，上为露台。教学楼两侧墙体稍往前凸，设连续券拱窗。券拱廊的廊柱、拱券、檐口及腰际均线脚装饰，栏杆饰以绿色釉陶瓶。整栋建筑典雅宁静、古朴端庄，与教学楼的功能相适应。

文昌毓秀咸薈萃

11　容县图书馆旧址

文保等级：全国重点文物保护单位
文保类别：近现代重要史迹及代表性建筑
建设时间：始建于 1925 年
建筑类型：公共建筑
材料结构：砖木
地理位置：玉林市容县容州镇育才路 33 号容县中学内

容县图书馆旧址占地 366m^2，为长方形二层单边“外廊样式”建筑，砖砌券柱外廊，廊柱、拱券、檐口及腰际均线脚装饰。外廊北端设楼梯上二层，二层护栏为砖砌栏杆。侧面窗户饰有券拱窗楣。屋面为四坡顶。

12 黄绍竑别墅

文保等级：全国重点文物保护单位
文保类别：近现代重要史迹及代表性建筑
建设时间：始建于 1927 年
建筑类型：民居
材料结构：砖混
地理位置：玉林市容县容州镇南大街

别墅为曾任民国三省政府主席、内政部长、交通部长的黄绍竑在容县的寓所。建筑占地面积288m^2，前门临南大街，为面阔三间二层外廊式门楼。院内主楼高三层，平面为正方形，正面是三开间外廊，中间开间稍突出，柱内侧设置有一对爱奥尼克倚柱，顶部周边檐口飘出，上面是女儿墙，中间开间顶部为巴洛克山花。整个建筑简洁庄重，朴素大方。

13　黄旭初别墅

文保等级：全国重点文物保护单位
文保类别：近现代重要史迹及代表性建筑
建设时间：始建于 1933 年
建筑类型：民居
材料结构：砖混
地理位置：玉林市容县容州镇城南街 44 号

别墅为原国民政府广西省主席黄旭初在容县的寓所，建筑占地面积 260m^2，平面呈手枪形，以“L”形走廊联系各房间。立面简洁，仅在窗框和腰身装饰简单的线条。

14 罗奇别墅

文保等级：全国重点文物保护单位
文保类别：近现代重要史迹及代表性建筑
建设时间：始建于 1937 年
建筑类型：民居
材料结构：砖木
地理位置：玉林市容县容州镇北门街 195 号

别墅为民国上将罗奇所建，占地面积 189m^2，清水砖砌，高二层，歇山瓦顶。中间开间设主入口门廊，立两根塔斯干柱式柱子，门廊顶为二层露台。旁边两开间呈多边形向外突出，长方形窗户均设砖砌券拱窗楣。整座建筑朴实庄重。

15 加厚堂

文保等级：自治区级文物保护单位
文保类别：古建筑
建设时间：始建于清嘉庆年间
建筑类型：民居
材料结构：砖木
地理位置：玉林市容县杨梅镇四端村，距离容县 32km

加厚堂为容州封氏故居。建筑为围屋式，背倚小山，三进三开间，左右六横屋廊，硬山顶砖木结构。正屋前面为半圆形晒坪，院落入口设于西南侧。三座建筑分别为门楼、二堂和主堂，均设台阶，依次拾级而上，形成尊卑姿态。各座和各屋廊之间围合呈一个较大长方形天井，横屋廊之间有小天井。门楼中间开间开门，形成门廊。整座建筑的外墙及柱子由青砖砌筑，没有太多的装饰，显得朴实大气。

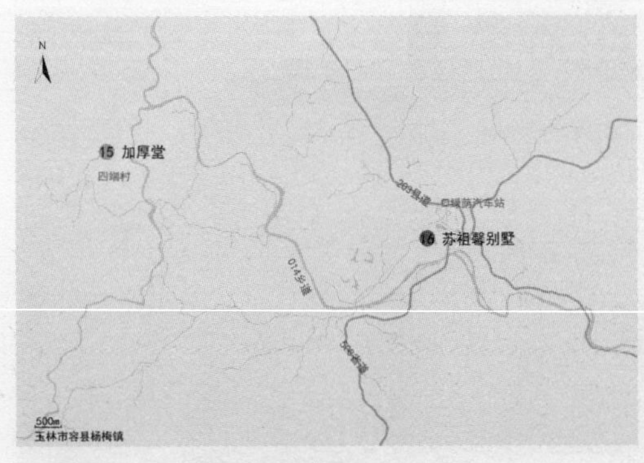

15 加厚堂、16 苏祖馨别墅区位图

16　苏祖馨别墅

文保等级：全国重点文物保护单位
文保类别：近现代重要史迹及代表性建筑
建设时间：始建于 1931 年
建筑类型：民居
材料结构：砖木
地理位置：玉林市容县杨梅镇政府内，距离容县 23km

别墅为民国上将苏祖馨所建，主楼前依附两座副楼，呈“凹”字形布局。建筑为硬山式，高二层，正立面三开间设券柱式外廊，砖砌壁柱贯通两层，二层栏杆为蓝釉陶瓶栏杆，显得朴素典雅。

17 黄绍竑故居

文保等级：全国重点文物保护单位
文保类别：近现代重要史迹及代表性建筑
建设时间：始建于清中期
建筑类型：民居
材料结构：砖混
地理位置：玉林市容县黎村镇珊萃村，距离容县 43km

黄绍竑故居又名“修安堂”，为黄绍竑的父亲黄玉梁所建，后由黄绍竑改扩建而成。故居背靠石印山，前有广阔田野。门前是禾坪和院墙，外接池塘与小河，建筑环境幽雅。建筑占地面积约 3000m^2，为五间两层四进四横院落式，青砖砌筑悬山顶，搁檩式木构架。第一进为门楼，为对外接待场所，第二进为生活起居的中堂、花厅和住所，第三进为供奉祖先的祖堂及住所，第四进及横屋为后勤用房及住所，两端设有高耸的炮楼。建筑群对外相对封闭，有一定防御功能。整体为岭南民居样式，布局规整，庄重大方，装饰朴实无华。

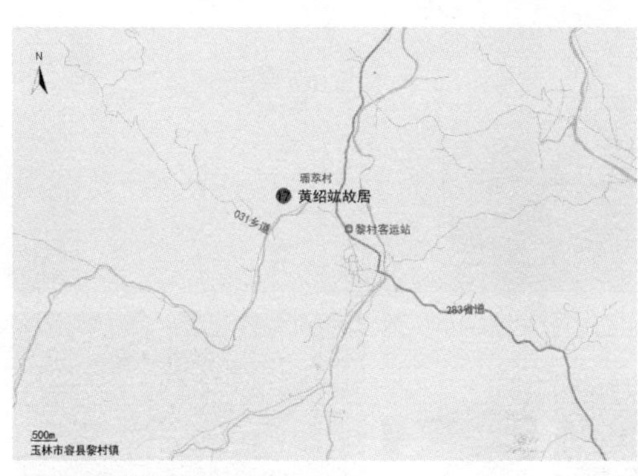

17 黄绍竑故居区位图

18 马晓军别墅

文保等级：全国重点文物保护单位
文保类别：近现代重要史迹及代表性建筑
建设时间：始建于 1919 年
建筑类型：民居
材料结构：砖木
地理位置：玉林市容县松山镇慈堂村，距离容县 23km

别墅为民国中将马晓军所建，历时八年，建筑占地面积 $3250m^2$，为一座宏大的三进庄园式建筑。别墅背倚小山，依山而建，正门外是田园，视野开阔，高墙中间是半圆拱与三角形组合装饰的门楼。门楼后是宽广的前院。面对前院的是横向展开的二层主楼，中间部分是设有五个券拱柱式的外廊，两端是方正的碉楼，其余为半拱装饰的方窗，整体颇具气势。二、三进院落的建筑为中西结合的形式，二层柱式外廊，硬山双坡屋顶。每进两边是横屋，并有外廊连接各建筑，形成封闭的内院格局。

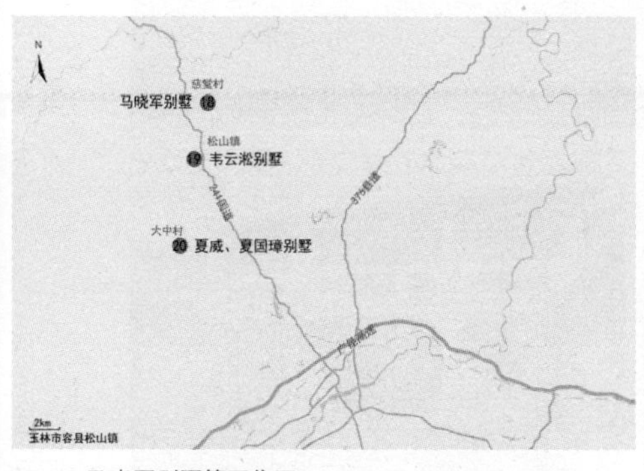

18~20 马晓军别墅等区位图

19　韦云淞别墅

文保等级：全国重点文物保护单位
文保类别：近现代重要史迹及代表性建筑
建设时间：始建于 1930 年
建筑类型：民居
材料结构：砖木
地理位置：玉林市容县松山镇政府内，距离容县 18km

别墅为民国上将韦云淞所建，背靠小山，占地面积 1131m^2，由前楼、后楼、左右横屋及中间庭院组成。前楼为柱廊式门楼，高两层，中间设四根高大塔斯干式柱子，直通屋檐下。主入口设于中间开间，中厅设屏风，楼后是连廊。前楼两侧有一层平屋面建筑，连接两端二层碉楼。过了前楼后是庭院，庭院前设有三间四柱冲天牌坊，砖砌巴洛克风格。庭院后是后楼，二层梁柱式外廊建筑，一层中间开间依立有两根塔斯干柱子，端头两开间外凸八面形造型，顶上成为二层的露台。二层中间开间设圆弧状阳台，强调了中间开间是进出口。整座别墅为青砖砌筑，四坡屋面，朴素典雅。

20　夏威、夏国璋别墅

文保等级：全国重点文物保护单位
文保类别：近现代重要史迹及代表性建筑
建设时间：始建于 1930 年
建筑类型：民居
材料结构：砖木
地理位置：玉林市容县松山镇大中村，距离容县 13km

别墅为民国上将夏威、民国中将夏国璋所建，占地面积 248m^2，由主楼及前后护楼组成。主楼为二层清水砖砌歇山屋顶建筑，有较高地垄，设成半地下室。入口设于中间开间，有长直台阶到达。台阶平台装饰有两根爱奥尼克柱子，两边开间向外呈多边形突出。腰檐装饰较宽的菱形花纹。主楼与后护楼之间设双拱廊桥连接，护楼两端是三层的碉楼。

三、北流市

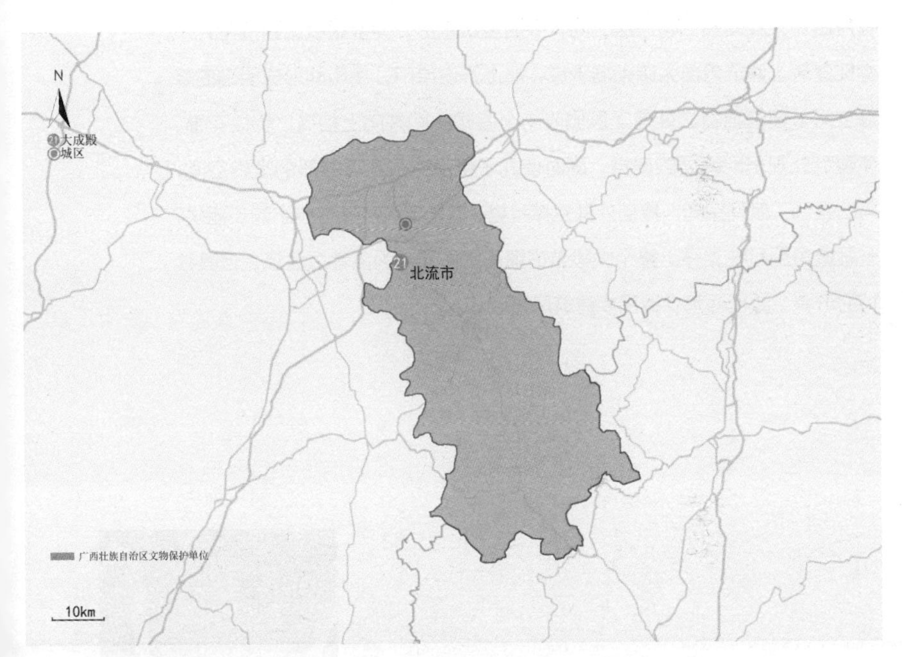

北流市建筑古迹分布图

21 大成殿

文保等级：自治区级文物保护单位
文保类别：古建筑
建设时间：始建于清康熙元年（1662 年）
建筑类型：坛庙
材料结构：砖木
地理位置：玉林市北流市陵宁路 6 号

北流文庙在历史变迁的过程中仅存大成殿。大成殿坐落于台基上，前有月台。大殿面阔三间进深三间，平面呈正方形，为重檐歇山顶搁檩式木构架建筑。建筑内部为砖砌墙承重，墙上开设拱门，使明间形成明确的祭拜空间。建筑独特之处是上层檐收小至面阔一间并向上抬高，饰以花窗，使建筑外观呈现两层的感觉，同时使孔子像上方形成藻井般的室内空间，再次强调了祭拜空间。檐枋外挑支撑屋檐，檐枋下有从檐柱伸出的长插栱，一层檐角用石柱支撑。整个大殿装饰精美，体现其为高等级建筑。但其独特的形制，颇具西南少数民族建筑风格。

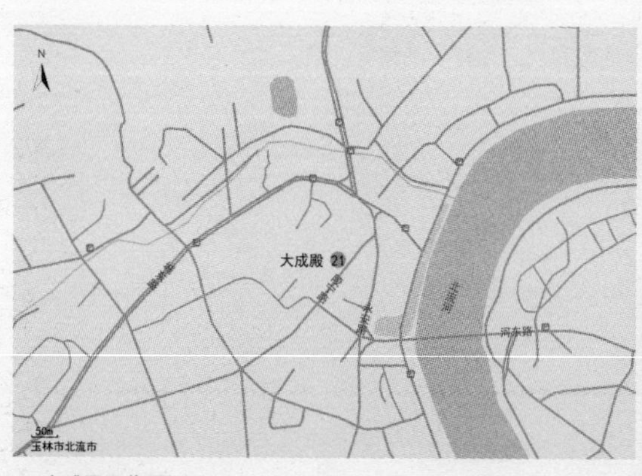

21 大成殿区位图

聖集大成

四、陆川县

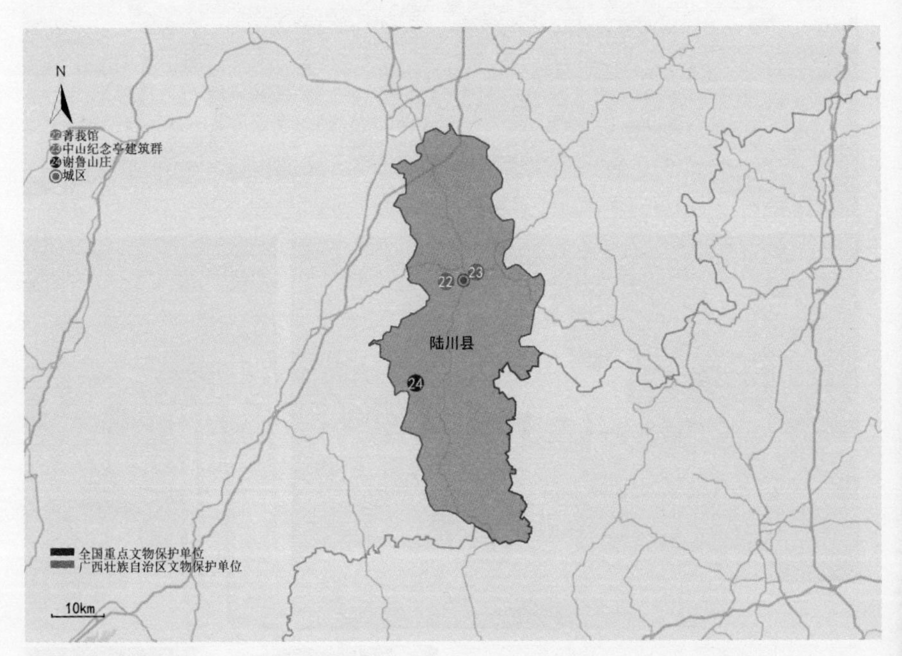

陆川县建筑古迹分布图

22 菁莪馆

文保等级：自治区级文物保护单位
文保类别：古建筑
建设时间：始建于清光绪九年（1883 年）
建筑类型：祠堂
材料结构：砖木
地理位置：玉林市陆川县温泉镇新洲北路 140 号

“菁菁者莪，乐育才也，君子能长育人才。”

菁莪馆又名“陈家祠堂”，由当地陈氏族人集资兴建，是陈氏族人祭祖集会、赶集憩息和子弟到县城考试就读住宿之所。占地面积 414m²，建筑面积 692m²，共二层，为内回廊式长方形合院建筑，外廊均设券柱，栏杆装饰精美的花卉图案，二层前后两座之间设钢筋混凝土天桥连接，使中间院子呈“日”字形。菁莪馆是传统的祠堂建筑，以西式建筑风格来设计建造，实属罕见。

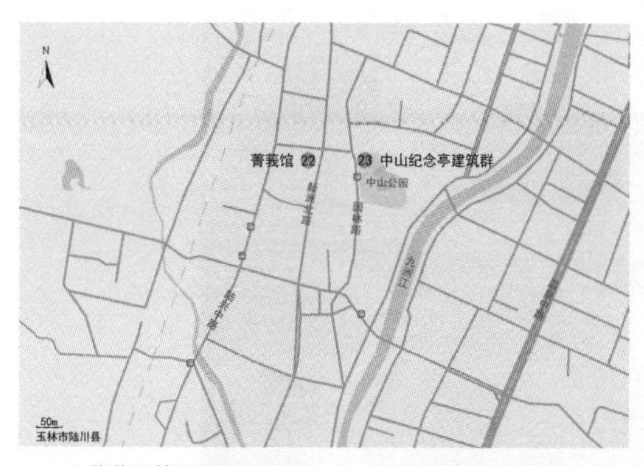

22~23 菁莪馆等区位图

23　中山纪念亭建筑群

文保等级：市级文物保护单位
文保类别：近现代重要史迹及代表性建筑
建设时间：始建于 1931 年
建筑类型：公共建筑
材料结构：砖木
地理位置：玉林市陆川县园林路 20 号中山公园内

陆川中山纪念亭建筑群是陆川县各界人士为纪念孙中山先生集资兴建的建筑物，主要由纪念亭、附亭、艺文学舫、超然亭、双十门等建筑组成。纪念亭是戏台样式，台面四柱三开间，西式柱式，三角形山花有国民党徽标及额题“中山纪念亭”，台面后壁两侧设券拱门，门额上题“和平”“博爱”。附亭在纪念亭旁，是四边攒尖亭，绿琉璃瓦剪边。艺文学舫取意画舫，长方形建筑立于三面是水的石台基上，两侧为檐廊，端头入口立面为三开间柱廊门楼。超然亭为八边琉璃瓦攒尖亭。双十门为砖砌四柱三开间纪念牌坊，外两侧柱与枋形成“十”字状，寓意 10 月 10 日“辛亥革命”纪念日，明间额题“双十门”，门上为三个三角形山花，饰有国民党徽标。

车联网陆川服务中心

车联网陆川服务中心
13347550513

24　谢鲁山庄

文保等级：全国重点文物保护单位
文保类别：近现代重要史迹及代表性建筑
建设时间：始建于 1920 年
建筑类型：园林与民居
材料结构：砖木
地理位置：玉林市陆川县乌石镇谢鲁村，距离陆川县 38km

“琅环福地。”

谢鲁山庄原名“树人书屋”，是民国少将吕芋农所建设的私家园林和建筑群，占地约 26 万 m^2。山庄根据《琅环记》中所描述的神仙洞府的模式，结合苏杭园林的神韵，依照山形地貌造园与布局房屋，层叠曲折，错落有致而浑然一体。山庄分前山与后山两部分，前山以建筑物与人工园林为主，以“一至九”的数字至景设物；后山以自然景观为主，格局天成。前山核心区名“琅环福地”，有“迎屐”“湖隐轩”“树人堂”等主体建筑，庭院轴线对称，序列感较强；有各种亭、阁、廊等各种别致的建筑小品，精巧别致，布置巧妙；有塘池，有曲径，有奇花等，并通过对联、抽象意境、名称等赋予各种丰富的传统文化内涵，充分体现了主人在生活、读书、会客等雅致方面的追求。

谢鲁山庄因其主人性格、地位与所处的岭南气候环境、人文习俗的影响，其建筑风格具有拙朴自然、浓郁的乡土气息。同时受到西方文化及其他岭南文化的影响，运用了不少西方的造园思想，如几何形的理水方式、规律的路径与绿地等，建筑装饰有西式券柱门廊、窗洞等，表现出多元的风格。谢鲁山庄是研究岭南地区园林建筑、民风民俗的重要实物，有很高的学术价值。

24 谢鲁山庄区位图

五、兴业县

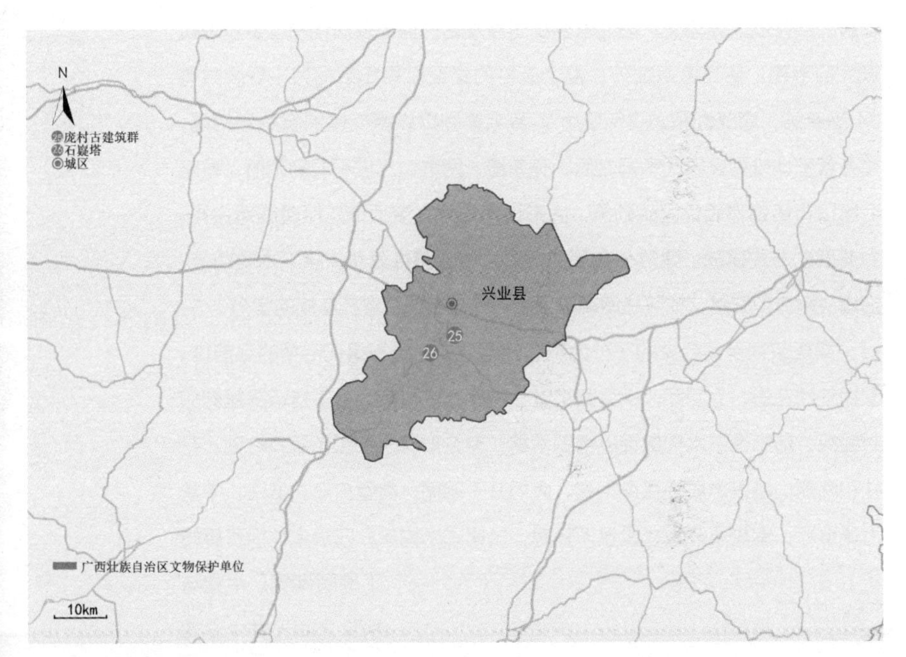

兴业县建筑古迹分布图

25 庞村古建筑群

文保等级：自治区级文物保护单位
文保类别：古建筑
建设时间：始建于清乾隆四十一年（1776 年）
建筑类型：民居
材料结构：砖木
地理位置：玉林市兴业县石南镇庞村，距离兴业县 1km

明末庞姓族人聚居于此，得名“庞村”。而让庞村兴旺发展的是清朝迁居的梁姓族人梁标文，因经营蓝靛生意发达后自己及后代建设多座规模宏大的宅院，使其名声在外。整个庞村的建设以梁氏宗祠为主导，共有 34 座府第，建筑面积达 25 万 m^2。各宅第间以纵横交错的窄巷道相隔，整齐紧密地排列在梁氏宗祠之后，有单进、两进、三进不同的院落。每座宅第以青砖或青砖包泥砖砌筑，人形硬山山墙，屋顶饰龙船脊或博古脊，为典型广府式建筑。建筑外在简洁朴素，内部装饰奢华，檐下木雕精美，山墙灰塑造型细腻，柱下柱墩精雕细凿，充分展现了梁氏家族的实力。

梁氏宗祠是梁标文的子孙为纪念他而建的，位于梁氏宅第的最前排。宗祠三间三进，为门厅、中堂及祖堂。门厅前设檐廊，檐下挂精美雕刻的封檐板，前廊檩下木构架饰以精美木雕，有方形石檐柱和花瓶式柱础，石柱和两侧山墙以木质虾弓梁相连，大门开于明间，典型广府式做法。中堂为议事厅，室内全开敞，设弧形轩廊，插梁式木构架，四根金柱为青砖精工磨圆砌筑。中堂与祖堂之间天井中设连廊，为镬耳山墙。祖堂为硬山搁檩式结构，明间两侧隔墙砌筑拱券，形成供奉空间。

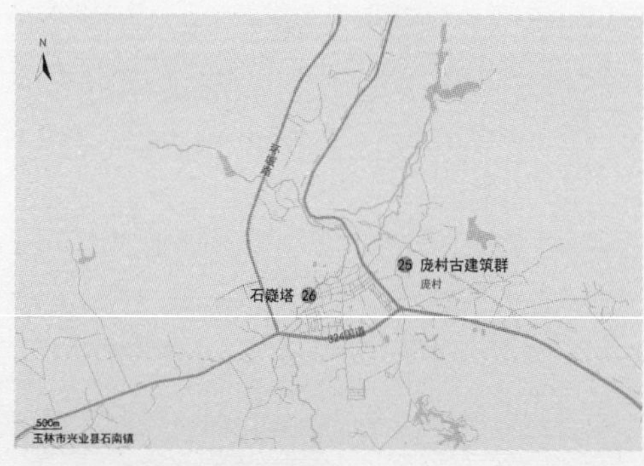

25~26 庞村古建筑群等区位图

将军第是庞村古建筑群中保存较完整、规模较大的一座府第，是梁标文的第七子梁际昌所建。梁际昌儿子梁毓馨因战功被朝廷嘉奖，晋升武功将军。将军第位于村西北端，共三进，主轴上布局门厅、中厅及祖堂，开间为三间，同时每进两侧建有耳房、连廊和天井，使府第的空间与宽度加大，气势宏大。门厅高大，前设凹廊和弧形轩，墙楣上画彩画，檐口挂有精美封檐板。中厅为重檐硬山顶，两侧装饰有徽派马头墙，明间通透，两梢间高两层，前设弧形轩廊，二层为万字木拼花格窗，颇有官署气派。二、三进间天井较小，祖堂明间通高，梢间两层，青砖砌筑的外墙较为封闭，但周围的木雕、灰塑及其他装饰精致动人，消解了压迫感。将军第规模宏大，装饰精美，技艺精湛，为桂东南汉地民居的代表。

斗山支派
吉水源流

26　石嶷塔

文保等级：自治区级文物保护单位
文保类别：古建筑
建设时间：始建于清乾隆十二年（1747 年）
建筑类型：塔
材料结构：砖石
地理位置：玉林市兴业县石南镇石嶷山，距离兴业县 1km

石嶷塔位于县城西石嶷山之巅，为石南一邑壮观。塔为八边形楼阁式砖塔，共 7 层高 22m。塔身为砖砌，为厚壁空筒塔，楼梯采用穿壁绕平座式。每一层设有上披琉璃瓦的腰檐，腰檐上设有平座，每层平座上南北面设对开风门，其余各面设装饰性假门，塔随层数增加而有较大收分，装饰简洁，犹如文笔笔尖指向天空。塔顶为攒尖顶，上顶黄色琉璃葫芦宝刹。

贺州市

贺州市位于广西东北部，地处湘、粤、桂三省交界地，属南岭山地丘陵地带，山多平地少。秦时潇贺古道联系了中原地区与岭南，汉代设临贺郡，使贺州地域成为军事经济枢纽。优越的地理位置，让贺州人文兴盛，历史建筑呈现出多姿多彩形态，种类有古城池、古镇、古村落及寺庙、会馆、戏台、塔、桥梁等各式古建筑，遗存数量众多，文化底蕴深厚，建筑样式受湘赣文化和广府文化共同影响。贺州市的瑶族建筑极具特色，在汉化的过程中保持了自身特点，其风雨桥样式别具一格，区别于侗族风雨桥。作为广西客家人聚居区之一，客家建筑文化融汇于贺州当地建筑的建造，影响着贺州市的建筑文化。

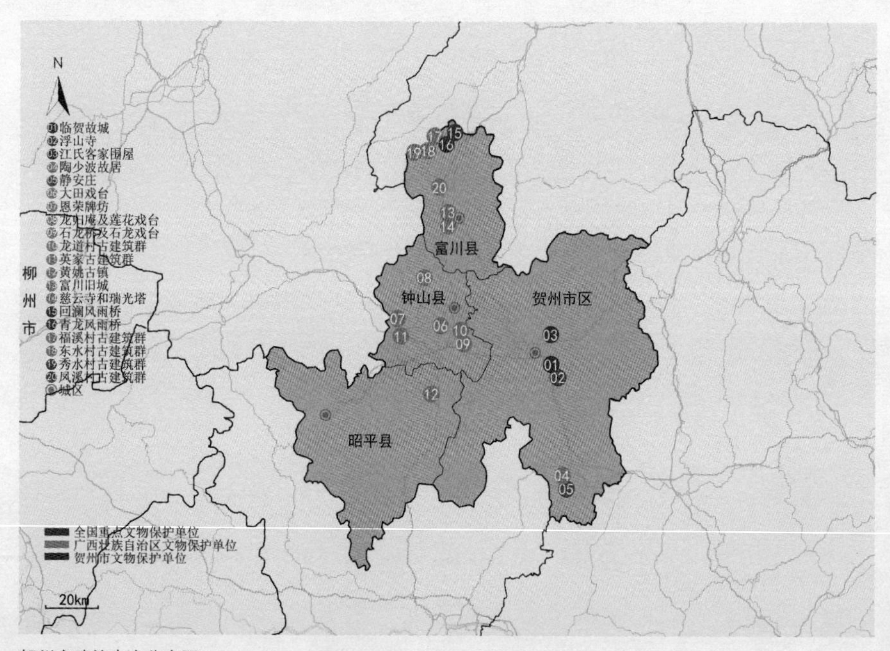

贺州市建筑古迹分布图

一、贺州市区（八步区、平桂区）

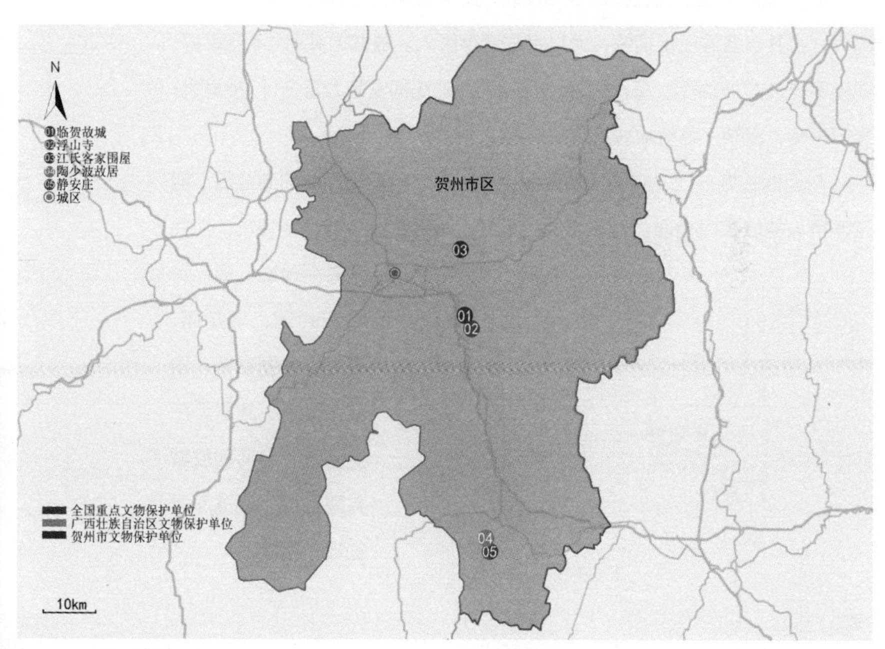

贺州市区建筑古迹分布图

01　临贺故城

文保等级：全国重点文物保护单位
文保类别：古建筑
建设时间：始建于西汉元鼎六年（公元前 111 年）
建筑类型：城垣及民居
材料结构：砖木
地理位置：贺州市八步区贺街镇，距离贺州市区 17km

临贺故城历经 2000 余年，至民国终止，成为“现存县级行政治所城址中延续时间最长、保存最为完整的古城址”。故城位于临江与贺江交汇处，因各种原因数度迁址，包括大鸭村城址、州尾城址、河西城址及河东街等。河西故城位于临江西岸，城墙原为夯土筑成，至南宋德祐年（1275 年）开始外包青砖，乾隆年间在城墙上建五层六边塔状魁星楼。现遗存城墙 1100 余米。

临贺故城内主要为公共建筑和民居，遗存有县衙、书院、庙宇、公馆、码头、古井、各姓氏宗祠等，尤以宗祠遗存量大。故城内共有 14 座宗祠，规模不等，以刘氏祠堂、莫氏祠堂、王氏祠堂、陈氏祠堂等为著名，门楼高大，装饰精美，反映了临贺故城的人文兴盛。

与河西故城一江之隔的河东附城，是明清时期发展而成的商业街，通过浮桥与故城东门相通。河东街长约千米，两侧商铺多为骑楼建筑，为民国时期建设。遗存有粤东会馆、乌龙庙、真武观、图书馆、剧院、公馆、故居等历史建筑，与河西故城共同构成了底蕴深厚的桂东名城。

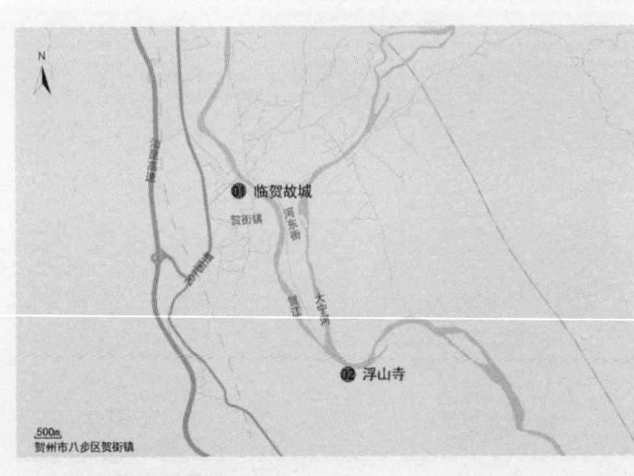

01~02 临贺故城等区位图

桂花古井

02 浮山寺

文保等级：市级文物保护单位
文保类别：古建筑
建设时间：始建于唐，后代多次重修
建筑类型：坛庙
材料结构：砖木
地理位置：贺州市八步区贺街镇临、贺两江交汇处，距离贺州市区 26km

浮山又名玉印山，立于临江与贺江交汇处，有“中流砥柱”之称。浮山上建有环碧亭、陈侯祠、对歌楼、钓鱼台等历代建筑，同时有李济深题词“浮山”及历代书法家书法石刻。陈侯祠为纪念当地陈姓秀才积德成仙后显灵庇护，乡民在浮山立庙祭祀，并形成了热闹的“浮山歌节”。

浮山
中流砥柱

03　江氏客家围屋

文保等级：全国重点文物保护单位
文保类别：古建筑
建设时间：始建于清乾隆末年
建筑类型：民居
材料结构：砖木
地理位置：贺州市八步区莲塘镇仁冲村，距离贺州市区 11km

“淮阳源远，世代流芳。”

江氏客家围屋现存规模由清光绪年间的云南省盐检道台江海清在老屋基础上新扩建，其先祖原籍河南淮阳，先入广东，后迁贺州此地，数代繁衍发家，建成数座围屋，此屋是其中代表。建筑为典型的客家堂横屋，主体布置为长方形，坐东北朝西南，长约 87m，宽约 50m，四堂六横格局，共有九厅十八井。建筑主体前是半圆弧形的大晒场，高大的围墙把主体建筑和晒场围合起来，总平面呈现出方圆结合布局，有“天圆地方”意味。入口门楼位于晒场围墙南面，挂有“淮阳第”匾额，说明了客家出处。主体建筑群的堂屋为四进，均为五开间悬山顶建筑，以夯土、土砖及青砖相结合。中部依轴线布置门厅、中厅、上厅及祖堂，雕刻精美的木格扇使中轴线上各建筑通而不透，地坪逐步升高，主次分明。门厅大门特意倾斜一个角度，朝向远处“笔架山”。横屋布局在堂屋两侧，左右各三排，设有入口，与天井、花厅、连廊相联通，形成通透流畅的空间。江氏围屋布局严整合理，规划有序，装饰朴素简洁，颇具气势，为桂东围屋之典范。

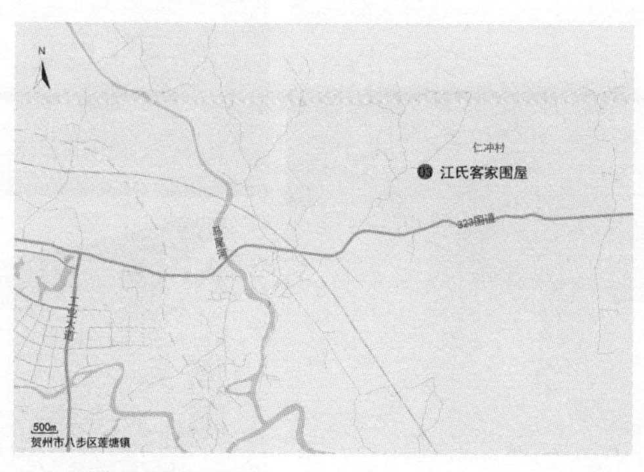

03 江氏客家围屋区位图

04 陶少波故居

文保等级：自治区级文物保护单位
文保类别：近现代重要史迹及代表性建筑
建设时间：始建于 1915 年
建筑类型：民居
材料结构：砖木
地理位置：贺州市八步区仁义镇保福村象角寨，距离贺州市区 65km

陶少波故居又名“爱菊斋”，是当地豪绅陶少波所建的宅第建筑群，占地面积约 3000m^2，建有门楼、得月楼、四合院主楼、池塘、花园等，布局精巧，颇具匠心。入口门楼之后是一个方形池塘，倒映了正对的得月楼。得月楼为两层外廊式单边券柱式建筑，双坡悬山顶，左右设有一个券拱门，入口书“五柳”，出口书“得月”，通往后面主楼。主楼位于中轴线上，为三开间单边券柱式外廊建筑，硬山双坡顶。入口设于明间，券门高大，突出入口地位。主楼两侧厢房为两层单边券柱式外廊建筑，主楼正对的是一层的券柱式建筑，顶部是高大的券柱式通廊，联通左右厢房，这四座建筑围合成了一个封闭的四合院，有西方宫殿内廷的氛围。主楼侧有花园。陶少波故居具有中国传统意蕴，同时结合了西方建筑艺术，装饰精美，工艺精湛，有相当的历史文化价值。

04~05 陶少波故居等区位图

05 静安庄

文保等级：市级文物保护单位
文保类别：古建筑
建设时间：始建于清嘉庆年间（约 1795—1820 年）
建筑类型：民居
材料结构：砖木
地理位置：贺州市八步区仁义镇保福村象角寨，距离贺州市区 66km

静安庄为当地陶姓族人的民居，又名“陶家大院”，占地约 7000m^2，分为外院与内院两部分。主入口位于静安庄的东南角，为一间镬耳山墙两层门楼，进入门楼，即是外院。外院围绕着内院的东侧与南侧，原由晒场、牛棚、鸡舍、佣工房、私塾等组成，西面及北面侧门设有两层高炮楼。内院为一个规整的长方形围屋，由左右两排近 70m 长的横屋夹着两个主体建筑组成。内院唯一的入口设于东南侧横屋，朝向外院，有内凹门廊，门上悬“静安庄”牌匾。院门后是一个由正房、两侧横屋和南面围墙围合的宽 18m 的方形前庭院，宽阔的前庭院使北面的正房显得高大巍峨，颇具气势。正房为三开间三进式建筑，青砖悬山搁檩构架，由门厅、中堂及祖厅组成，厅堂高大深远。正房厅堂的次间房间均不设门于厅堂，而是设于正房与横屋间的厝巷，使日常生活的人流与中轴线上的议事人流分开，使厅堂显得庄严肃穆，颇为独特。正房后原有五层高的楼房，已毁于战乱。静安庄是广府式的建筑风格与客家堂横屋布局相糅合，反映了当地当时的社会现实。

二、钟山县

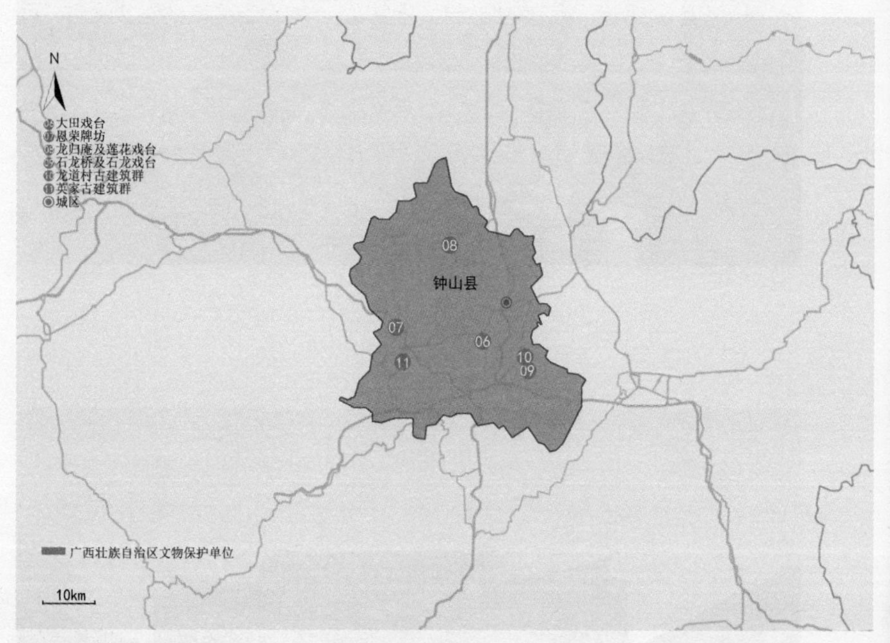

钟山县建筑古迹分布图

06　大田戏台

文保等级：自治区级文物保护单位
文保类别：古建筑
建设时间：始建于明宣德五年（1430 年）
建筑类型：戏台
材料结构：砖木
地理位置：贺州市钟山县公安乡大田村，距离钟山县 12km

大田戏台原在大田村水口祠内，后水口祠毁掉，独戏台遗存。戏台整体呈“凸”形，为三面看戏台，以提供更多的看戏空间。戏台部分为方形，面宽 6.5m，进深 6.26m，台面面高 1.73m，台口高 3.5m，台基为石材，刻有龙凤、八仙等装饰。戏台为重檐歇山顶，台中四根金柱通高到顶，檐柱置于外沿。后台面宽 11.7m，为三开间硬山砖砌建筑。大田戏台造型古朴，木雕装饰精美，石雕线条饱满有力，具有明代建筑风格。

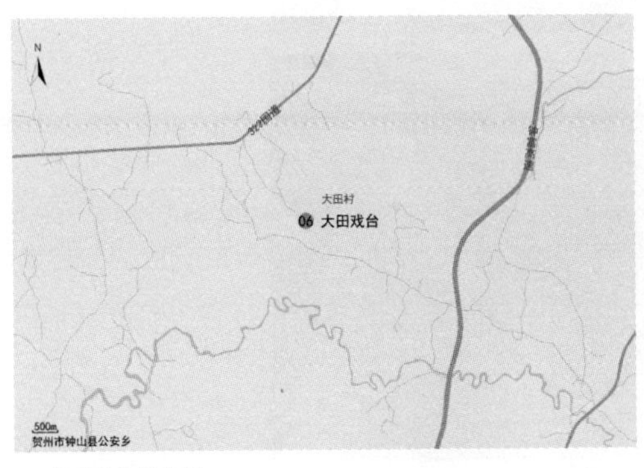

06 大田戏台区位图

07　恩荣牌坊

文保等级：自治区级文物保护单位
文保类别：古建筑
建设时间：始建于清乾隆十七年（1752 年）
建筑类型：牌坊
材料结构：石
地理位置：贺州市钟山县燕塘镇玉坡村，距离钟山县 30km

“光前裕后。”

玉坡村始建于宋元祐年间，兴盛于明清，在明清时期是远近闻名的进士官宦之乡，至今遗存玉坡大庙、牌坊、古民居宅院 20 多座等。

清康乾年间，该村廖世德一家三代六人先后赶考，四人考取举人。为谢皇恩与祖德，廖家兴建了恩荣石牌坊。牌坊全部由青石建造，高 6.9m，宽 6.22m，四柱三间五楼庑殿顶式。牌坊四柱立于地面，前后有抱鼓石支撑，显得稳固结实。明间坊中心竖匾刻“恩荣”字，庑殿顶上中置宝瓶，正脊两端饰反尾上翘鱼吻。抱鼓石、梁上、匾边、梁间隔等浮雕双龙戏珠、双狮戏球、骑马出行、卷草纹等，均雕刻精美，形象生动。整座牌坊雄伟壮观、雕工高超，有较高的历史与艺术价值。

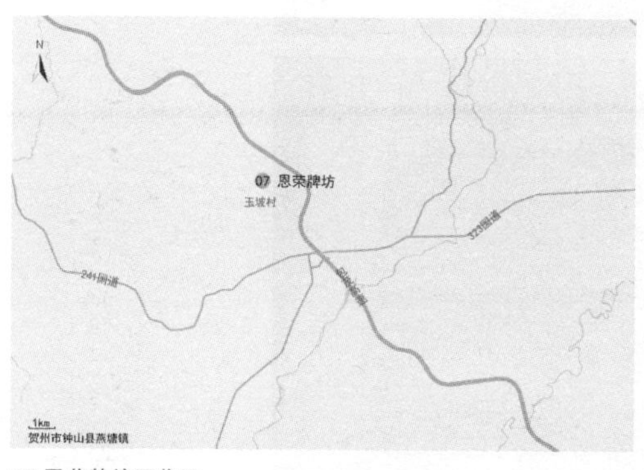

07 恩荣牌坊区位图

08 龙归庵及莲花戏台

文保等级：自治区级文物保护单位
文保类别：古建筑
建设时间：始建于清光绪九年（1883 年）
建筑类型：庙宇、戏台
材料结构：砖木
地理位置：贺州市钟山县两安瑶族乡莲花村，距离钟山县 20km

龙归庵是莲花村村民祭祀神祇的场所，为三间两进院落式，由门楼与大殿组成，门楼设前廊，明间入口上嵌“龙归庵”匾额。大殿内部由砖墙分三间，供奉不同神祇。建筑为湘赣式，硬山顶搁檩式木构架，整体朴素无华。

莲花戏台位于龙归庵前空地，与庵相对，是龙归庵的附属建筑，为莲花村村民日常唱戏酬神娱己之用。戏台整体呈“凸”形，为三面看戏台。戏台部分为方形，台基为石材，刻有龙凤、花卉、官人等浮雕。戏台为重檐歇山顶，檐间升高设花格窗扇，并塑二龙戏珠灰塑。台中四根金柱通高到顶，檐柱置于外沿。台顶设斗八藻井覆顶，台后放置仕女抚琴彩画的屏风。后台为三开间硬山砖砌建筑。莲花戏台造型飘逸，装饰华丽，木雕、石雕精美，为广西戏台的典范。

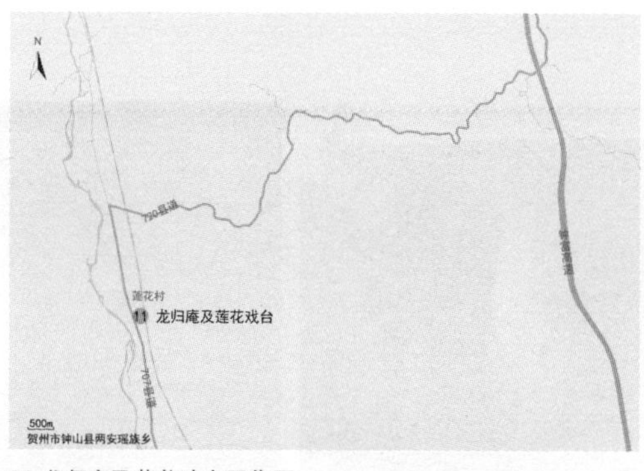

08 龙归庵及莲花戏台区位图

三联

09 石龙桥及石龙戏台

文保等级：自治区级文物保护单位
文保类别：古建筑
建设时间：石龙桥始建于清乾隆十一年（1746 年），石龙戏台清同治三年（1864 年）
建筑类型：桥梁、戏台
材料结构：石、砖木
地理位置：贺州市钟山县石龙镇石龙街，距离钟山县 16km

石龙桥横跨石龙河南北，桥长 40m，宽 5.2m，高 12m，为一墩两跨石拱桥。主拱跨度 14m，副拱跨度 7m，使桥北高南低，形成四个不同高度的平台。桥面两侧设有栏板、望柱及石栏，内侧均刻满浮雕，内容以神话故事、戏文典故为题材，手法细腻，栩栩如生。主拱栏板外侧分别刻有“龙蟠东水”“石锁珠江”大字。石龙桥造型古拙，颇具气势，同时细部精美，体现广西桥梁建造技术的水平。

石龙戏台位于石龙街，与石龙桥相近。戏台整体呈“凸”形，为三面看戏台。戏台部分为方形，台基为砖砌素面。戏台为重檐歇山顶，檐间升高设花格窗扇。台中四根金柱通高到顶，檐柱置于外沿。台顶设斗八藻井覆顶，后台为三开间硬山砖砌建筑。石龙戏台造型简洁，装饰精美，为石龙街村民日常唱戏酬神娱己之用，见证了广西民间戏曲如桂剧、彩调剧的发展。

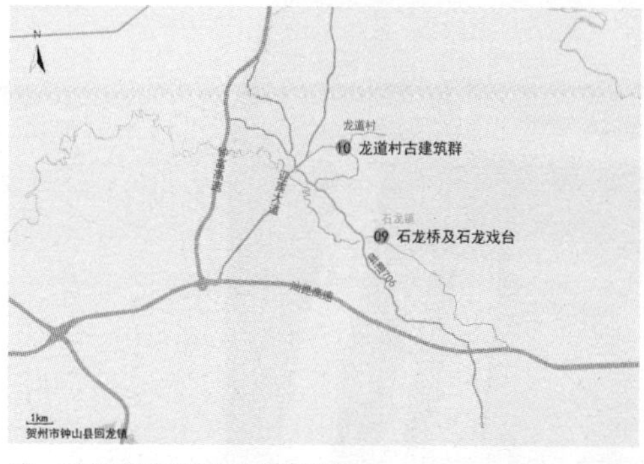

09、10 石龙桥及石龙戏台等区位图

出将
入

10　龙道村古建筑群

文保等级：自治区级文物保护单位
文保类别：古建筑
建设时间：始建于元
建筑类型：民居
材料结构：砖木
地理位置：贺州市钟山县回龙镇龙道村，距离钟山县 15km

龙道村居民的始祖来自江西，唐朝时到广西平叛而留在当地发展。龙道村古建筑有不同于其他村落的特点。第一个特点是崇尚读书习武，重视教育，直接体现在民居门框的装饰上。龙道村民居入口为石库门样式，用石条作门框。石门框多刻诗联，雕刻手法朴素端庄或装饰华丽，多种多样。诗联对仗工整，思想积极向上，反映龙道村村民知书达理的家风。第二个特点是防御性强，整体规划布局形成严密的防御系统，对抗当时社会动荡不安产生的匪乱盗贼。村落前有池塘，外围是围墙，进村道口设置闸门，村内巷道曲折，巷道两侧是高直的院墙，多设有门楼，通往散布村中的六座碉楼，犹如一座森严城堡。第三个特点是民居院落错落的布局。村落依山而建，民居多为两户并联两进两天井建筑，高两层，后一进比前一进地势高很多，第一进的二层和第二进的一层的地坪基本持平。入口大门设于第一进，进门后为低矮通道至小天井，由石砌台阶上第一进的二层和第二进的一层。第一进的一层功能主要是入口和牲畜栏，厅堂卧室及厨储功能在第一进的二层和第二进的一层。这种形式的建筑以家族关系重复布局，形成村落中的一组组建筑群。建筑造型为湘赣式民居特点，青砖砌筑硬山式顶，搁檩式构架，装饰朴素典雅。

11　英家古建筑群

文保等级：自治区级文物保护单位
文保类别：古建筑
建设时间：始建于清乾隆四十二年（1777 年）
建筑类型：民居
材料结构：砖木
地理位置：贺州市钟山县英家镇英家街，距离钟山县 26km

英家村地处桂、粤、湘三省交界地，思勤江绕村而过，渡口繁忙商业发达，是远近闻名的富贵村。现存有螺山街、七甲街等街巷民居、粤东会馆、英家戏台、石拱桥等古建筑。街巷端头设门楼，内为青石板商业街，多为两层楼房，临街一层可作为商业铺面，后为主人住房，一般为二至三进，进与进之间为小天井，为狭窄的院落通风采光，适应当地炎热多雨气候。建筑为硬山搁檩式木结构，整体古朴淡雅，在重点部位装饰墙楣图画或浮雕图案，同时有壮族干栏式建筑形式融合于其中。粤东会馆建于清乾隆四十二年（1777 年），为典型的广府式会馆建筑，三列三间二进砖砌硬山顶，插梁式木构架，石雕、木雕装饰精美，气派豪华，充分反映英家街商业的兴盛。英家戏台是村民自娱自乐的场所，为三面观戏台，平面呈“凸”字形，面阔三间，单檐歇山顶，台基为石质，整体简洁朴素。

11 英家古建筑群区位图

三、昭平县

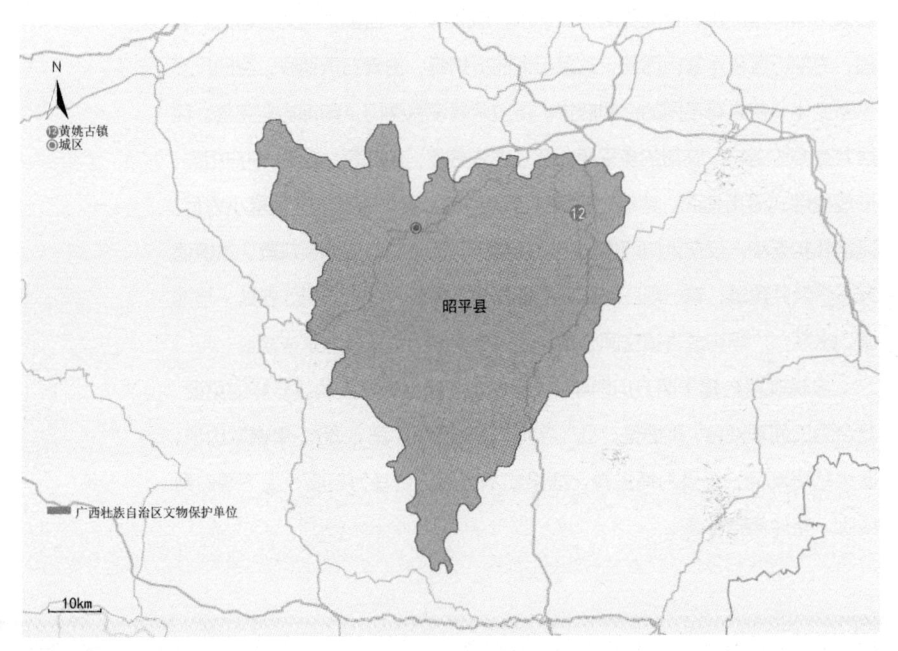

昭平县建筑古迹分布图

12　黄姚古镇

文保等级：自治区级文物保护单位
文保类别：古建筑
建设时间：始建于宋开宝五年（972 年）
建筑类型：民居
材料结构：砖木
地理位置：贺州市昭平县黄姚镇，距离昭平县 59km

黄姚古镇位于桂、粤、湘三省交界处，紧临姚江，是历史悠久的商贸圩镇。古镇三面群山环绕，空间格局枕山环水，藏风聚气。古镇外围为石建的护城墙，内部街区依水靠山而建，八条街道曲折蜿蜒，由青石板铺设，空间尺度不断变化，使人有不同的空间感觉。街道两端设有闸门，防御功能完善。民居共有 600 余户，临街的多采用一至二进院落式，窄面宽大进深，户户相连，形成檐廊式沿街铺面。建筑为青砖或泥砖砌筑，硬山搁檩式，顶覆小青瓦，风格朴实无华，仅在大门门楣雕刻、墙顶饰以壁画或山墙墀头灰塑。古镇遗存多个公共建筑，有一观三庙五亭七楼九寺九祠堂，分布于街区各处，与池塘、水系、广场构成古镇空间节点，使古镇空间特色层次非常丰富。

宝珠观戏台建于明万历四年（1576 年），是当地壮汉两族修好的见证。戏台为三面观戏台，平面呈“凸”字形，面阔三间，宽 8.3m，单檐歇山顶，覆绿色琉璃瓦，正脊为博古脊。插梁式木构架，台基为石质，上下端勾勒线脚。整体简洁朴素。

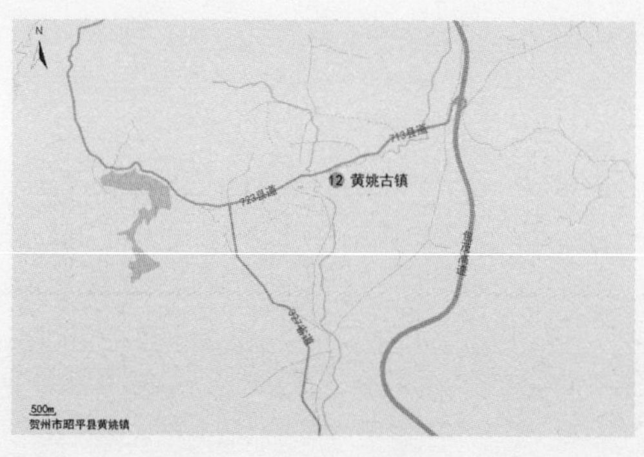

12 黄姚古镇区位图

四、富川瑶族自治县

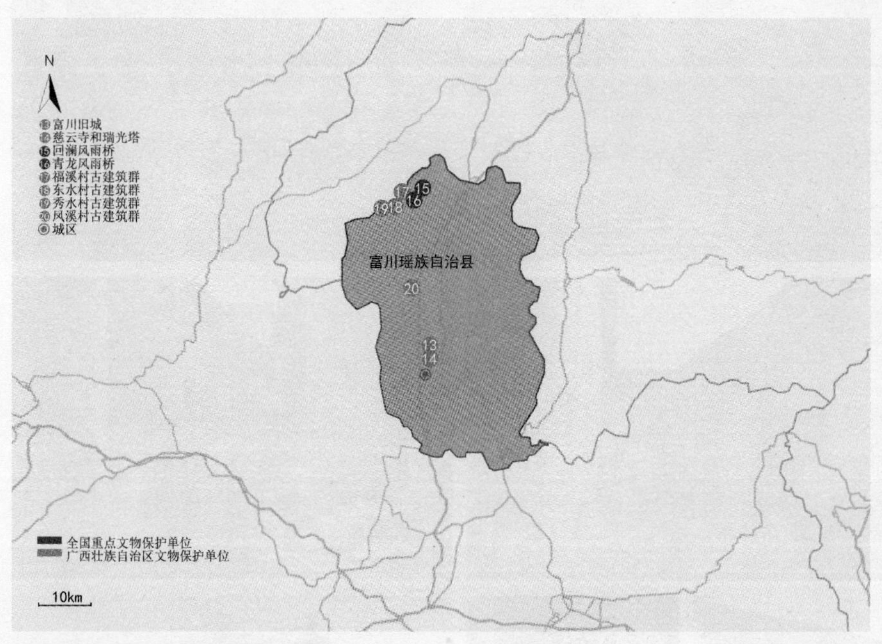

富川瑶族自治县建筑古迹分布图

13　富川旧城

文保等级：自治区级文物保护单位
文保类别：古建筑
建设时间：始建于明洪武二十九年（1396 年）
建筑类型：城垣
材料结构：砖石
地理位置：贺州市富川瑶族自治县文教路 18 号

富川旧城是富川瑶族自治县的旧治遗址，初建时为土城，明万历年间改为青砖护砌的高墙城楼，清乾隆年间城门改砌料石。原有四座城门，现存东门“升平门”、南门“向日门”两座城门。城内有镇升、仁义、镇武、阳寿四条街道，交叉分成十二方阵布局，呈“井”字形。路面用鹅卵石镶嵌成的金钱图案，古雅别致，俗称花街。现旧城仍有古民居、祭神街楼、各氏宗祠、古井、学宫、岳庙戏台等建筑遗存，是潇贺古道上保存较完好的古代军事城池，具有极高的历史价值和文化价值。

13、14 富川旧城等区位图

貫三界英雄蓋世

紫燕鳴春逺

14　慈云寺及瑞光塔

文保等级：自治区级文物保护单位
文保类别：古建筑
建设时间：慈云寺始建于清康熙十六年（1677 年），瑞光塔始建于明嘉靖三十四年（1555 年）
建筑类型：寺庙
材料结构：砖木
地理位置：贺州市富川瑶族自治县瑞光路 165 号

先有瑞光塔，再有慈云寺。塔为风水塔，为镇水患而立于富江边，同时意为民众带来人财两旺，故名“瑞光”。塔为七层六边形楼阁式砖塔，高 28m，空筒式结构，内砌楼梯到达各层。塔身每层都设有腰檐而无平坐，腰檐下有砖雕仿木檐枋斗栱，每面设一拱门和拱窗。塔顶六角攒尖顶，塔刹为铜葫芦宝刹。慈云寺原供奉观音大士，为三间三进院落，分别为山门、大殿、观音殿等建筑，硬山插梁式木构架。山门朝向富江，寺后紧邻瑞光塔，塔、寺成为一个整体，相互辉映。这种塔依寺立、寺依塔建的建筑形式在广西极为罕见。

15 回澜风雨桥

文保等级：全国重点文物保护单位
文保类别：古建筑
建设时间：始建于明万历年间，明崇祯十四年（1641 年）重修
建筑类型：桥梁
材料结构：石木
地理位置：贺州市富川瑶族自治县油沐乡油草村，距离富川瑶族自治县 28km

回澜风雨桥是当地瑶族人民的风水桥，为上部亭阁下部石桥的组合桥梁。全桥长 37.4m，宽 4.64m。桥一端为马头形山墙，山墙开通行门洞，连接 11 间坡顶桥廊，桥廊中间屋顶突出一个单檐歇山桥亭，打破原屋面的单调。另一端为砖砌重檐歇山顶阁楼，楼高两层，为插梁式木构架。桥的下部为高约 4m 的石砌桥体，设三个半圆形拱券桥孔，使整座桥梁上部轻盈下部显得稳重。回澜风雨桥是集桥、廊、亭、阁于一体的桥梁，造型错落有致，与当地环境融为一体，极具地方民族特色。

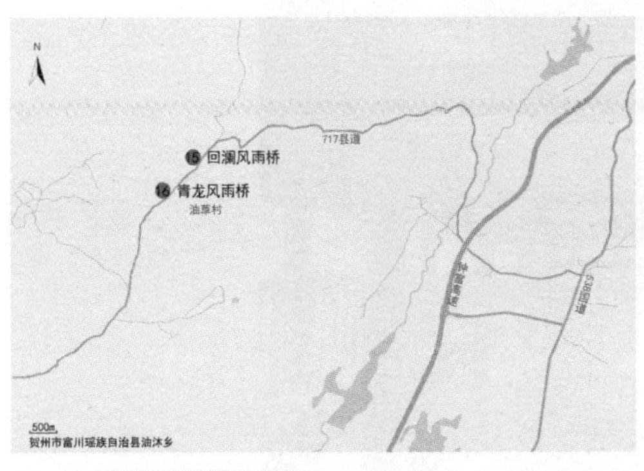

15、16 回澜风雨桥等区位图

16　青龙风雨桥

文保等级：全国重点文物保护单位
文保类别：古建筑
建设时间：始建于明
建筑类型：桥梁
材料结构：石木
地理位置：贺州市富川瑶族自治县油沐乡油草村，距离富川瑶族自治县 28km

青龙风雨桥与回澜风雨桥为姐妹桥，两桥相距不远，其形制亦相似，都是上部廊亭阁下部石桥的组合桥梁。青龙风雨桥下部石砌部分高 5.1m，外砌方条石内填料石，设单孔半圆形石拱。上部桥廊共 7 间，一端为马头墙，另一端为桥阁。桥廊为插梁式构架，双坡屋面，在中部突出一个单檐歇山桥亭，靠近桥阁端有一悬山顶桥亭。桥阁为三重檐歇山顶，高 12.96m，一、二层为砖砌墙体，第三层为木构，周围为木花窗。青龙风雨桥与回澜风雨桥一样，集桥、廊、亭、阁于一体，极具地方民族特色。

17 福溪村古建筑群

文保等级：全国重点文物保护单位
文保类别：古建筑
建设时间：始建于北宋
建筑类型：民居
材料结构：砖木
地理位置：贺州市富川瑶族自治县朝东镇福溪村，距离富川瑶族自治县 47km

福溪村地处湘桂两省三乡交界处，五座山梁环绕，四周数里没有村庄，村头泉涌而成福溪穿村而过，为“五马归槽”的天然态势。福溪村临近潇贺古道，商贾穿行，货运不止，村中商铺林立。经过近千年的生息发展，福溪村形成“一溪、二庙、三桥、四祠、十三门楼、十五街巷、二十四戏台”的村落体系，是广西瑶族地区保存完好的村落之一。村中主街为青石板街巷，通过门楼通往外部，两旁民居多为三间两进天井式，红砖青瓦，富于地方特色。

“二庙”指百柱庙和马王庙。二庙均为供奉五代十国时楚国国王马殷。百柱庙建于明永乐十一年（1413 年），由大殿、戏坪及戏台组成。大殿平面呈“凹”字形，主轴线上为三间两进两耳，两个大殿通过连廊相连，两侧横屋紧邻耳房，并且突出前殿。建筑采用穿斗式与抬梁式结合的木构架，内部共 120 根木柱支撑，仰莲覆盆柱础、柱头卷杀、月梁、掐瓣驼峰等构件极具宋式建筑风格，为我国南方瑶族地区保存最完整、规模最大、年代最早的木构之一。马王庙建于明洪武二十五年（1392 年），由主殿、附殿及戏台组成，主殿与附殿并列布局，

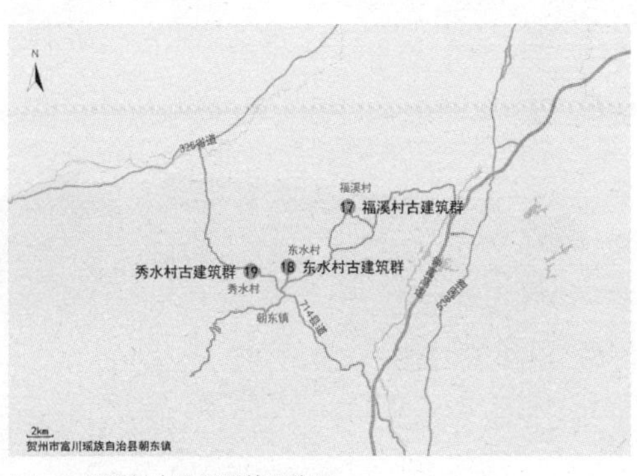

17~19 福溪村古建筑群等区位图

主殿五间附殿三间，穿斗式与抬梁式木结合构架，梁柱粗壮，形制古朴，极具明代建筑气息。

钟灵风雨桥建于光绪三十二年（1906 年），横跨村中福溪，为中西样式结合的风雨桥，两侧入口山墙为西式风格，门洞上分别镌刻“钟灵”“毓秀”字样。桥体为中式木梁桥，桥面架设三间桥廊，廊上中间升起一间桥亭。桥与溪流、田野、石街、天然石、民居等构成怡人景观节点。钟灵风雨桥位于百柱庙与马王庙之间，是村民为方便两庙的祭拜而捐资修建。

馬王廟

18 东水村古建筑群

文保等级：自治区级文物保护单位
文保类别：古建筑
建设时间：始建于明
建筑类型：民居
材料结构：砖木
地理位置：贺州市富川瑶族自治县朝东镇东水村，距离富川瑶族自治县 12km

东水村位于潇贺古道旁，古建筑群主要是东水村戏台、双溪风雨桥、文昌阁、毛氏宗祠等。戏台整体呈“凸”形，为三面看戏台。戏台部分为方形，台基为砖砌。戏台为重檐歇山顶，檐间悬“声闻于天”匾。台中四根金柱通高到顶，檐柱置于外沿。台顶覆斗八藻井，台后饰木雕背屏。后台为三开间硬山砖砌建筑。戏台造型轻盈，木雕装饰精美。

双溪风雨桥建于清光绪十一年（1885 年），横跨于东水村中部的小溪上，总长 20.72m、宽 4.40m。桥头两端建马头墙入口，桥身为木梁桥，架于料石砌筑桥墩上，桥面上架设进深七间、穿斗式木构架、小青瓦屋面的桥廊和桥亭。

19 秀水村古建筑群

文保等级：自治区级文物保护单位
文保类别：古建筑
建设时间：始建于唐开元年间
建筑类型：民居
材料结构：砖木
地理位置：贺州市富川瑶族自治县朝东镇秀水村，距离富川瑶族自治县 30km

秀水村的始祖毛衷为唐开元年间的进士，此后历代秀水村共出进士 27 名，在南宋开禧元年（1205 年）毛自知高中状元，使秀水村得名“状元村”。秀水村包括石余、八房、安福和水楼四个自然村，围绕秀峰、灵山等山峰布局，秀水河和支流穿村而过，生态和居住环境优越。现遗存 300 多栋古民居、数十道门楼、四座毛家祠堂、四座书院、三座戏台、一座石拱桥等古建筑。其中水楼毛氏宗祠状元楼是纪念状元毛自知的建筑，由门楼、中座及后座组成，门楼和中座之间有庭院，设置方形莲池，中座三开间，前有一间重檐歇山亭廊，构成极具江南园林意境的景观。每个村落组团都设有门楼，门楼后是棋盘式石板街巷，宽窄相间，富于变化。花街大坪是八房村组团的北面入口广场，广场南面均匀摆布三个门楼，并在其中两个门楼前设置高大照壁，是秀水村重要独特的景观节点。民居多为三开间两进一天井式或一进三合天井式，后座高两层，硬山穿斗式木结构，青砖和红砖砌筑，墀头高翘，为湘赣式民居建筑风格。

20　凤溪村古建筑群

文保等级：自治区级文物保护单位
文保类别：古建筑
建设时间：始建于明嘉靖七年（1528 年）
建筑类型：民居
材料结构：砖木
地理位置：贺州市富川瑶族自治县城北镇凤溪村，距离富川瑶族自治县 15km

凤溪村为瑶族寨子，坐东朝西，背靠都宠岭，头枕古树参天的观音山，两侧溪水绕村，前为广阔沃野，有很好的自然环境，总占地面积 91200m^2。村落依山坡而建，街巷傍溪而走，或靠山延伸，呈不规则布局，对外有三个门楼。民居为湘赣式，以三间天井式为主，大门开于天井侧墙，正房高两层，山墙为马头墙，墀头高跷，以红砖混青砖砌筑。墙体配以精美的花鸟彩画和题词对联，折射出村民的人文追求，有浓郁瑶族传统特色。典型的民居有岑氏宅院和陈氏宅院。凤溪村有三座瑶族风雨桥，分别为朝阳风雨桥、福寿风雨桥、新桥风雨桥，建于明万历至天启年间，由石拱、桥廊、桥亭组成的木梁桥，是村民日常纳凉休闲场所。村中还有陈、翟、岑三姓宗祠，七星行宫庙，戏台，书院，锁水寺，石拱桥等古建筑遗存，共同构成凤溪村完整丰富的格局。

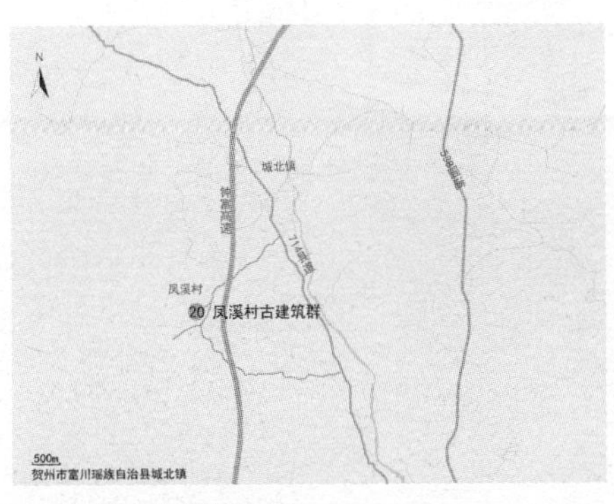

20 凤溪村古建筑群区位图

瑞藹祥光
人和

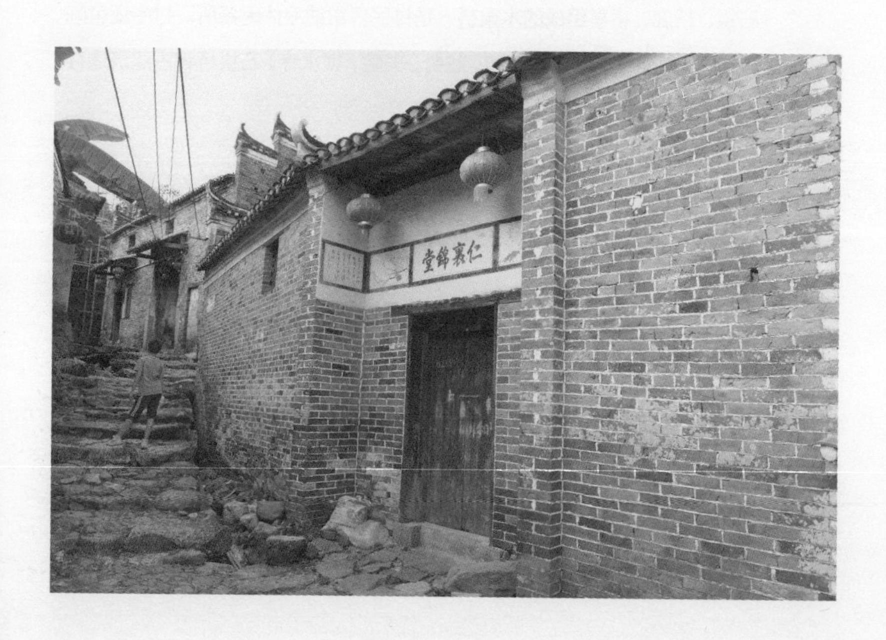
仁裏錦堂

贵港市

贵港市位于广西东南部，联系两广的西江黄金水道贯穿全境，广府文化浓郁，自然而然影响民众建造活动。贵港市历来是经贸发达区域，市镇因水路而兴旺，遗存大安、江口等古镇。市域内宗教信仰气息浓厚，既有全国闻名的佛教圣地，如桂平西山、贵港南山等，也有遍布广西的供奉贵港人冯三界的庙宇。贵港市是客家人聚居地之一，客家建筑文化是贵港市建筑文化的重要组成。贵港市是太平天国运动的发端之地，其活动场所遗存成为后人了解历史的载体。多种社会历史条件共同推动着贵港市建筑文化的发展。

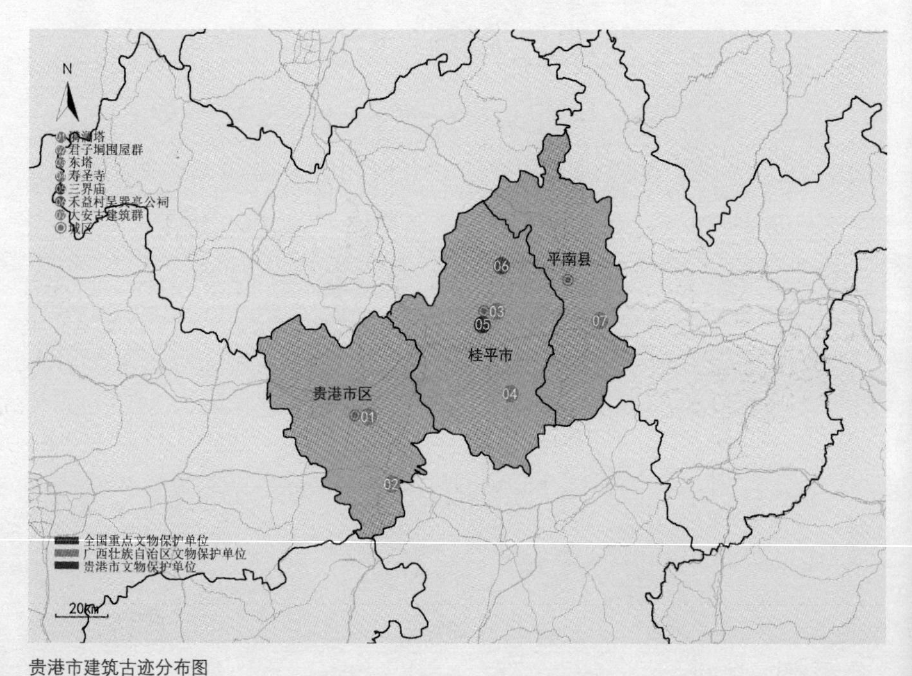

贵港市建筑古迹分布图

一、贵港市区（港北区、港南区、覃塘区）

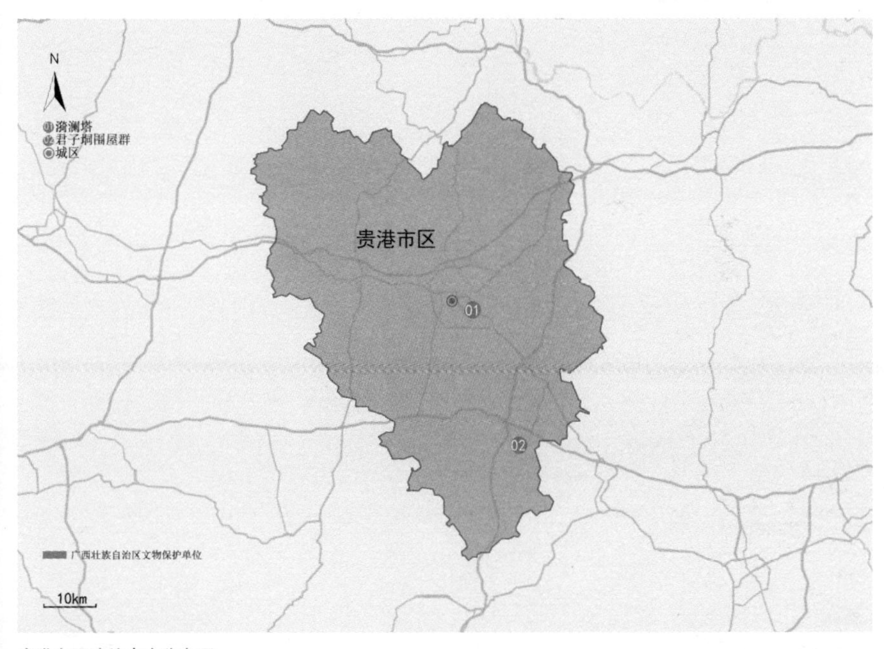

贵港市区建筑古迹分布图

01 漪澜塔

文保等级：自治区级文物保护单位
文保类别：古建筑
建设时间：始建于清嘉庆二十三年（1818 年）
建筑类型：塔
材料结构：砖石
地理位置：贵港市港南区江南街道办罗泊湾村，距离贵港市区 9km

“撮土为山培地脉，引人成事补天工。”

漪澜塔又名安澜塔，矗立于郁江右岸边，为风水塔，有“文笔卓立”之说。塔为少见的九层八边形楼阁式砖塔，高度约33.85m。塔身为青砖对缝砌成，每一层设叠涩腰檐和平座，各面有葫芦形、如意形、扇形等各式门窗。塔顶是葫芦宝顶。塔为厚壁空筒型，壁厚 1.86m，塔随层数增加而收分，收分较大，使塔呈现文笔之状。装饰简洁，各异的门窗亦为塔装饰部分。塔内设木楼梯可到达各层。

01 漪澜塔区位图

02　君子垌围屋群

文保等级：自治区级文物保护单位
文保类别：古建筑
建设时间：始建于清咸丰年间
建筑类型：民居
材料结构：砖木
地理位置：贵港市港南区木格镇云垌村，距离贵港市区 47km

君子垌围屋群由 19 座客家围屋组成，分别是段心围、云龙围、桅杆城、盈记城、畅记城、谷坡城、济昌城、茂华城、隆记城、祥合城、奎昌城、紫金城、火砖城、寿光城、茂隆城、元隆城、达记城、同记城、显记城，各座围屋规模大、功能完善、保存较好，分布范围约 $6km^2$，是广西罕见的客家围屋群聚落。围屋主要由黎、邓、叶等姓氏家族兴建，黎氏家族文人多，其所建围屋独具特色，而邓氏富足，所建围屋数量多。桅杆城是围屋群中保存较完好、最具代表性的一座，由黎氏家族兴建于道光年间，为黎氏祠堂、黎氏祖祠所在围屋，因宣统年间黎氏族人考取了拔贡，地方政府为了褒奖此事迹，在围屋前池塘边建立了两根四丈高的桅杆以示敬意，故得名“桅杆城”。桅杆城为长方形的围屋，外围为围墙和碉楼，三进的祠堂位于中心，面向半月形池塘，两边横屋向外扩充，青砖青瓦砌筑，搁檩式木构架，除了屏门隔窗、墙楣题画，整体朴素简洁，体现客家人朴实的天地观。

02 君子垌围屋群区位图

二、桂平市

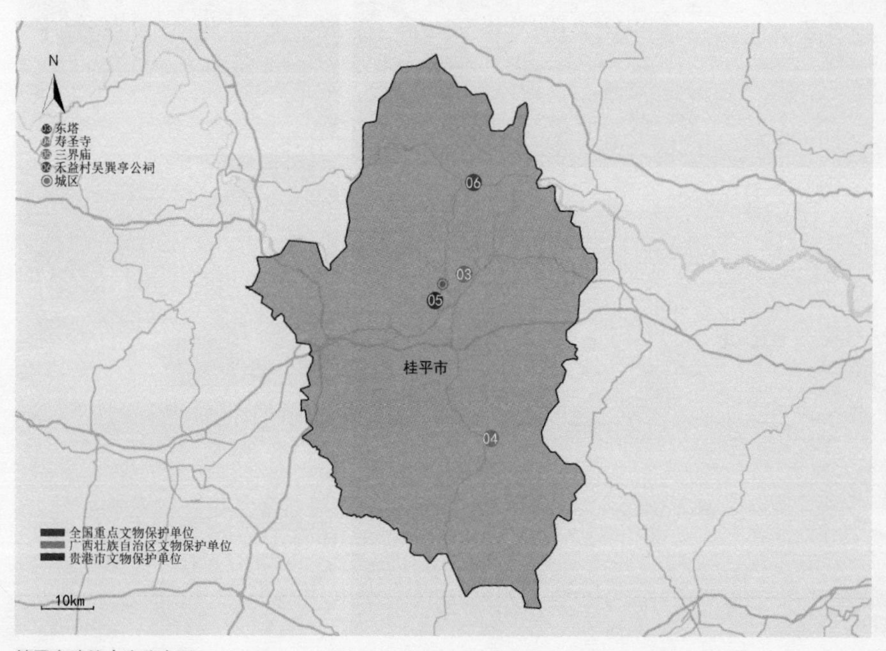

桂平市建筑古迹分布图

03 东塔

文保等级：自治区级文物保护单位
文保类别：古建筑
建设时间：始建于明万历年间
建筑类型：塔
材料结构：砖
地理位置：贵港市桂平市寻旺乡东塔村，距离桂平市 10km

“广西现存最高古塔。”

东塔属兴文作用的风水塔，位于浔江南岸，为九层八边形楼阁式砖塔，高约 50m，是广西现存最高古塔。东塔塔基为砖砌，塔身为空筒式结构。外观上每层都设有腰檐和平坐，平坐不设栏杆。每层塔身转角处设薄壁柱。塔顶是覆钵塔刹基座，承托铜葫芦宝刹。东塔整体收分较大，整体似一支巨大的文峰笔。此外，塔身挑檐、转角薄壁柱、塔门等漆成红色，与塔身的白色相对应，使东塔高挑秀丽、色调简明，体现了明代砖塔的特点。

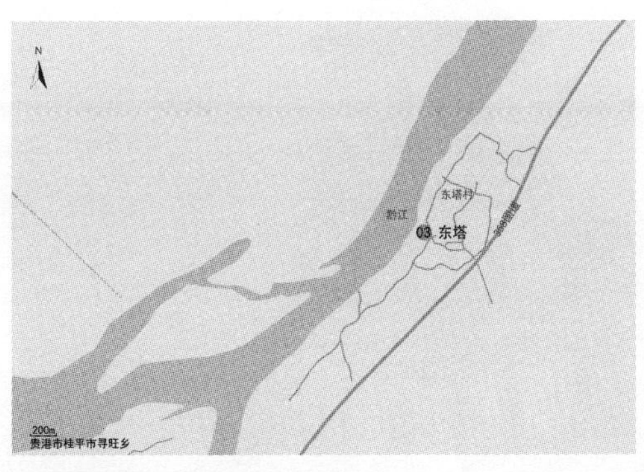

03 东塔区位图

04 寿圣寺

文保等级：自治区级文物保护单位
文保类别：古建筑
建设时间：始建于宋嘉祐三年（1058 年），明正德年间重修
建筑类型：寺庙
材料结构：砖木
地理位置：贵港市桂平市麻垌镇洞天村白石山上，距离桂平市 35km

寿圣寺坐落在白石山下的一处平台上，紧靠陡峭崖壁，崖壁上的摩崖石刻“白石洞天”成为寺庙的背景。寺庙布局方整，为三进三路的院落式建筑，中路为山门、前殿、大殿和后殿，左右两路为各殿耳房，各建筑以庭院、天井相隔，依托地形逐步升高。山门前原来立有一座三间四柱五楼的石牌楼，现已崩塌。山门为三间青砖硬山搁檩式，设前廊，檐柱为砖砌圆柱，墙楣施彩画，檐枋及封檐板雕刻精美。中殿已毁，存局部墙身和立柱。大殿位于四级台阶高的台基上，面阔三间，设檐廊敞轩，明间开敞，次间檐柱与山墙间为砖砌，设砖砌券门洞。大殿木构架为广府抬梁式，柱子使用砖柱础，柱础高达 1.8m。后殿为两层。建筑屋顶为合瓦，绿色勾头剪边，正脊、垂脊朴素简洁。寿圣寺为广西遗存不多的寺庙之一，整体古朴端庄，体现岭南汉族寺庙的风韵。

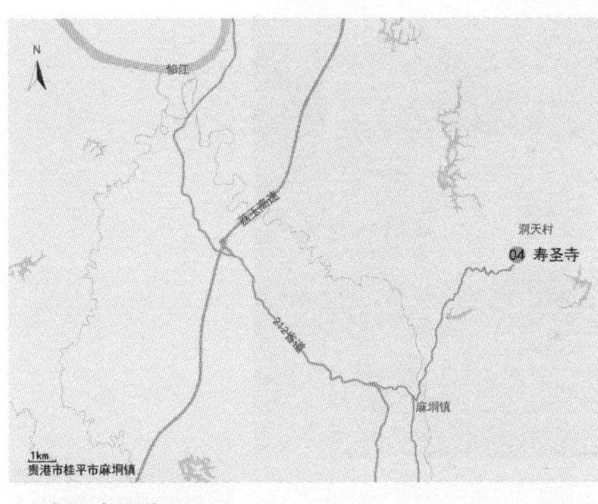

04 寿圣寺区位图

05　三界庙

文保等级：全国重点文物保护单位
文保类别：古建筑
建设时间：始建于清顺治十八年（1661 年）
建筑类型：坛庙
材料结构：砖木
地理位置：贵港市桂平市金田镇新圩，距离桂平市 35km

传说明代贵县人冯三界遇仙得道，羽化后被敕封“游天得道三界圣爷”，能为百姓消灾赐福。三界庙为供奉冯三界而建的庙宇，遍布广西，金田镇三界庙为其中之一。建筑为清代遗存，两进三开间，为门楼、大殿及连廊围合天井布局，均为镬耳式山墙的硬山顶，插梁式木构架。木构架有一个独特之处，大殿的廊轩下设一斜向圆枋连接檐柱和金柱作为斜撑，极其罕见。三界庙梁架斗栱、镬耳式山墙、木雕封檐板、石湾陶饰正脊、柱础石墩等装饰华丽，具有浓郁的广府式建筑风格。

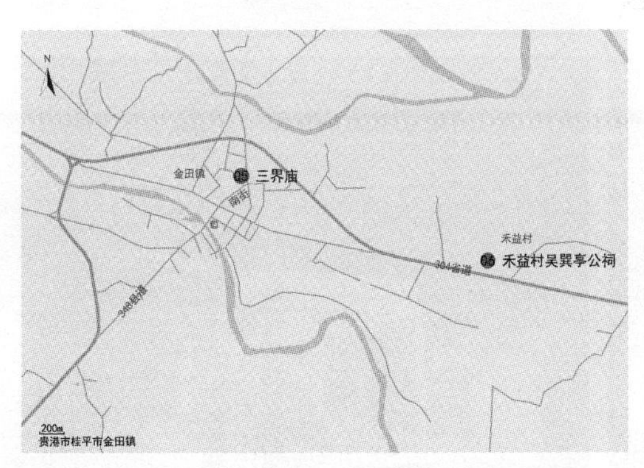

05、06 三界庙、禾益村吴巽亭公祠区位图

06 禾益村吴巽亭公祠

文保等级：市级文物保护单位
文保类别：近现代重要史迹及代表性建筑
建设时间：始建于 1928 年
建筑类型：祠堂
材料结构：砖木
地理位置：贵港市桂平市金田镇禾益村，距离桂平市 27km

吴巽亭公祠是禾益村吴姓族人集资兴建的祠堂，以 300 多年前始迁祖吴巽亭命名。为传统合院式建筑群，坐西朝东，占地面积 2820m^2。公祠主入口为一造型独特的门楼，正面巴洛克弧形门额上题“永远堂”，两侧设八角形二层亭阁，为八角形混凝土盝顶亭。门楼后为前院，由主轴线上的堂屋及两侧横屋围合而成，有花圃与金鱼池。堂屋为公祠主体建筑，五开间歇山顶，共二层。堂屋大厅主间为神龛，次间对称地设置弧形西洋式阁楼，支撑的柱子为塔斯干柱式柱，颇为奇特。堂屋主立面五开间，中间三开间为两层通高的三联券柱式大门，装饰有线条和拱心石。两侧稍突出，一层设券拱门，二层各设两个券拱窗楣窗。女儿墙压檐上方是巴洛克山花，题额“吴巽亭公祠”。

三、平南县

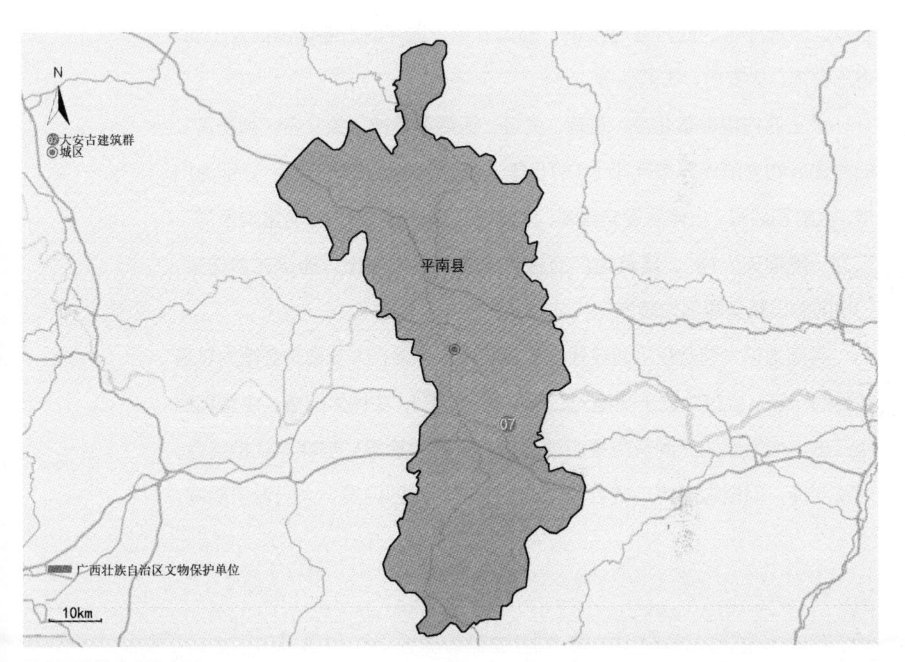

平南县建筑古迹分布图

07 大安古建筑群

文保等级：自治区级文物保护单位
文保类别：古建筑
建设时间：始建于清康熙元年（1662 年）
建筑类型：坛庙、会馆、桥梁等
材料结构：砖木、石
地理位置：贵港市平南县大安镇，距离平南县 25km

大安镇为广西西江流域三大古镇之一，清乾隆年间已发展成为“上接平贵、下通藤容、四方客商云集”的大圩镇，遗存的古建筑包括大王庙、粤东会馆、大安桥、古码头等。

大王庙内供奉着北帝、观音、关公、天后等诸神，故又名“列圣宫”。现存建筑物为清代光绪元年（1875 年）重修，主体三间三进，分别为门楼、大殿和后殿，主体后设文昌阁，两侧设二座附祠，一为“至富财帛祠”，二为“惠福夫人祠”。建筑为广府建筑样式，砖砌硬山，插梁式木构架，门楼前廊以精美雕刻为装饰。

粤商为扩大利益在平南县建设了数座粤东会馆，大安粤东会馆为其最壮丽的一座。会馆始建于清道光二年（1822 年），主体为门楼、中堂和后座三进，均为面阔三间灰陇硬山顶建筑，梁架为抬梁式与穿斗式相结合，规整严谨。门楼为清代广式会馆的典型形式，设凹门廊，大门设于明间，

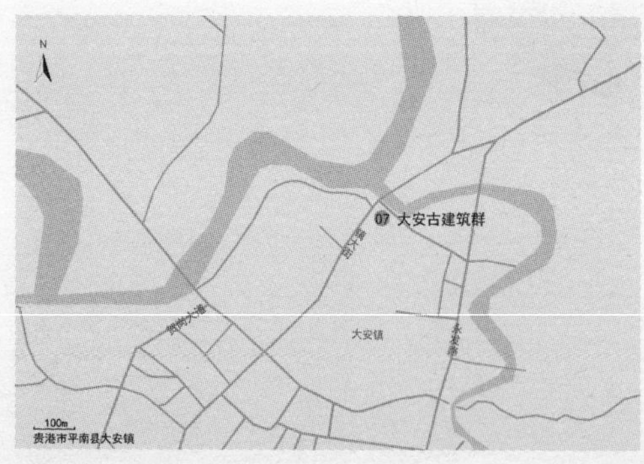

07 大安古建筑群区位图

两旁置塾台，梁额雕刻细致。中堂台基抬高，石檐柱与额枋雕饰精美，前檐作轩廊，明间金柱采用珍贵木材制成。

大安桥始建于清道光六年（1826 年），横跨新客河，位于大安至西江武林港口的必经之路上。桥为多跨石梁桥，长 35m，宽 3m，共 7 跨，每跨由 9 或 10 条梯形石条铺成。大安桥的独到之处是其桥墩中有两个采用了“石排架”墩，为较早的轻型桥墩，在桥梁史上有很高的科学研究价值。另外两墩是有迎水尖的石砌船型石墩，能减轻水流冲击压力。

列聖宮

神光普照

纪山中
伟大的革命先行者
孙中山

百色市

百色市位于广西西部的边境，为少数民族地区，是壮族人文始祖“布洛陀”发源地。百色的名称来自壮族语言，意为山高水险地形复杂的地方，充分反映百色市大石山区的地理特征。明清时期汉族移民开始大量进入百色市地域，汉族建筑文化特别是广府建筑风格影响了当地少数民族建筑。壮族土司家族建筑是百色市历史建筑的精髓，建筑风格受到壮、汉建筑文化共同影响，如建筑形式在汉族四合院基础上保留融合了山地壮族干栏等构造，造型颇具少数民族特色。

百色市建筑古迹分布图

一、百色市区（右江区、田阳区）

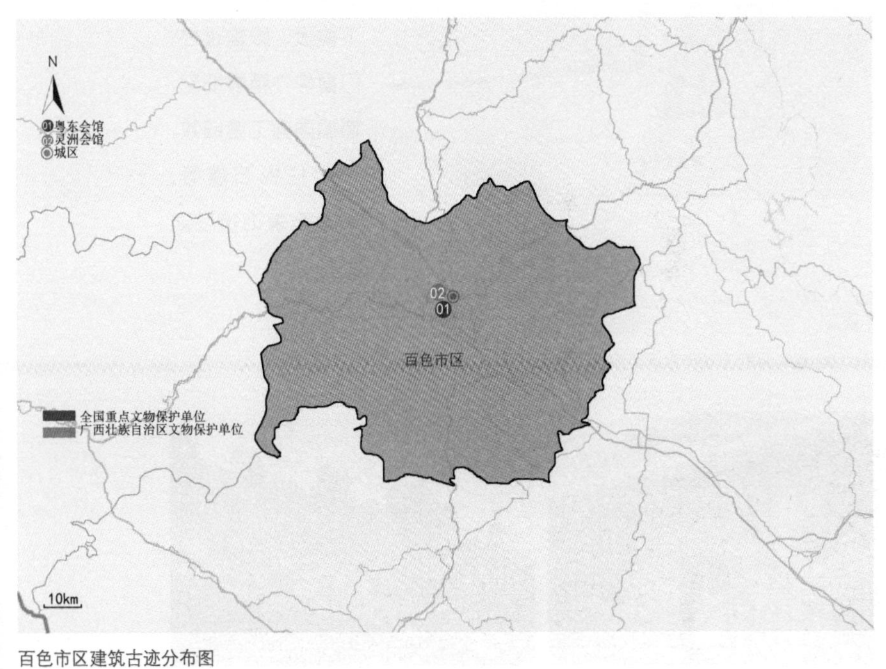

百色市区建筑古迹分布图

01　粤东会馆

文保等级：全国重点文物保护单位
文保类别：古建筑
建设时间：始建于清康熙五十九年（1720 年）
建筑类型：会馆
材料结构：砖木
地理位置：百色市解放街 39 号

粤东会馆由清康熙年间广东商人梁熠率粤省士商修建，成为粤商在百色的聚会场所。会馆面临当时百色城区最繁华的大街，以对称格局布置，中轴线上依次为门楼、中座、后座三进建筑，每进地台逐步升高，两侧为厢房和连廊，各建筑间以天井、巷道相隔，形成严谨整体。三进建筑皆为三开间砖砌硬山顶，插梁式木构架，顶覆绿色琉璃瓦。百色粤东会馆是典型的广府会馆造型，装饰精美。屋脊遍布石湾陶瓷与灰塑多姿多彩，檐墙泥塑栩栩如生，檐下檐板、殿堂梁柱、门窗构件精雕细刻，墙楣国画工笔细致，柱础栏板石雕等，集岭南装饰技艺之大成。

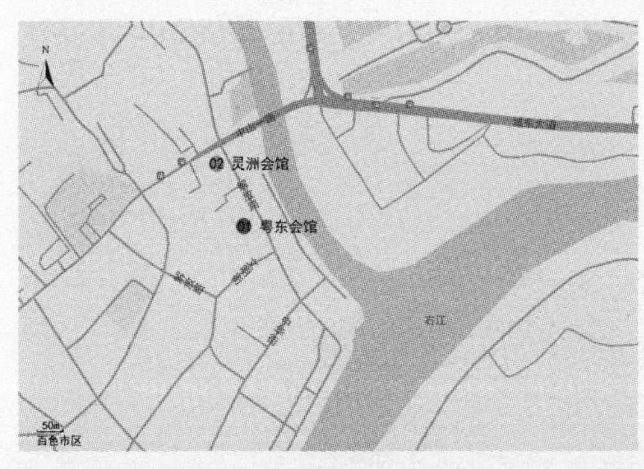

01、02 粤东会馆 灵洲会馆区位图

02 灵洲会馆

文保等级：自治区级文物保护单位
文保类别：古建筑
建设时间：始建于清乾隆五十六年（1791 年）
建筑类型：会馆
材料结构：砖木
地理位置：百色市右江区解放街 7 号

灵洲会馆为广东新会商人捐资兴建，用于广东新会商人在百色叙乡邻联亲谊之所。建筑为三间二进院落式，坐西南向东北，由门楼、后座及两侧厢房围合庭院组成。门楼与后座面宽均为三开间，门楼无塾台。插梁式硬山建筑，水磨青砖墙身，屋顶覆绿色琉璃瓦。建筑装饰华丽，梁架上木雕精美，石檐柱石雕细腻，尤其是屋脊脊饰，博古脊座中饰以石湾陶饰与灰雕，五彩缤纷，引人注目。灵洲会馆为典型的清代岭南会馆建筑风格。

"中国梦·壮乡情" 广西靖西壮族农民画（百色）展
中国梦·壮乡情
展览在北京成功举办

中国梦·壮乡情

二、西林县

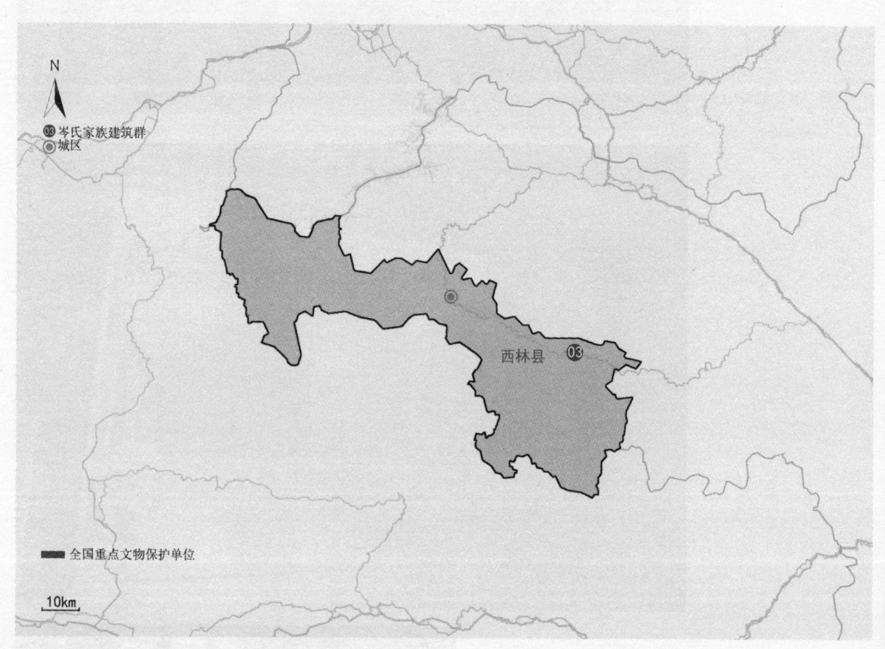

西林县建筑古迹分布图

03　岑氏家族建筑群

文保等级：全国重点文物保护单位
文保类别：古建筑
建设时间：始建于明弘治年间
建筑类型：民居
材料结构：砖木
地理位置：百色市西林县那劳镇那劳村，距离西林县 54km

岑氏家族建筑群由明代壮族土司岑密于弘治年间开始兴建，至清后期岑氏家族出现“一门三提督”，即云贵总督岑毓英、岑毓宝及两广总督岑春煊，显赫一时，家族建筑群得以扩大发展，总占地面积约 4 万 m^2，包括岑氏土司府、宫保府、增寿亭、将军庙、岑氏祠堂、思子楼、荣禄第、南阳书院、孝子孝女坊等建筑，成为桂西北壮族地区保存规模最大、最完整的土司建筑群。建筑群依山而建，因地形地势和建筑的功能分布在村落的山坡不同位置上，体现了壮族传统民居布局上因地制宜、灵活多变的特点。建筑风格受到汉、壮建筑文化影响，建筑形式有壮族干栏式，也有汉族四合院形式。建筑总体朴素简洁，在屋脊、墙楣、封山、墀头、门窗等位置做简洁装饰。其中，岑氏土司府建于明弘治三年（1490 年），为上林（今西林）长官司长官衙府，是建筑群中唯一明代建筑，由府衙门、正殿、

03 岑氏家族建筑群区位图

左右厢房及后院组成，面阔三间，硬山搁檩式建筑。宫保府始建于清光绪二年（1876 年），以岑春煊受封的“太子太保”衔命名，为三进院落式建筑，布置有门楼、中座、后座等主体建筑，为三间硬山搁檩式建筑。思子楼建于清光绪三十二年（1906 年），是岑毓英四弟为纪念其夭折的儿子而建，为砖木结构的三层楼，楼层每层后退，设披檐，造型独特。岑氏家族建筑群延续时间长，演变经历对广西少数民族地区土司制度的历程有重要的研究价值。

三、田东县

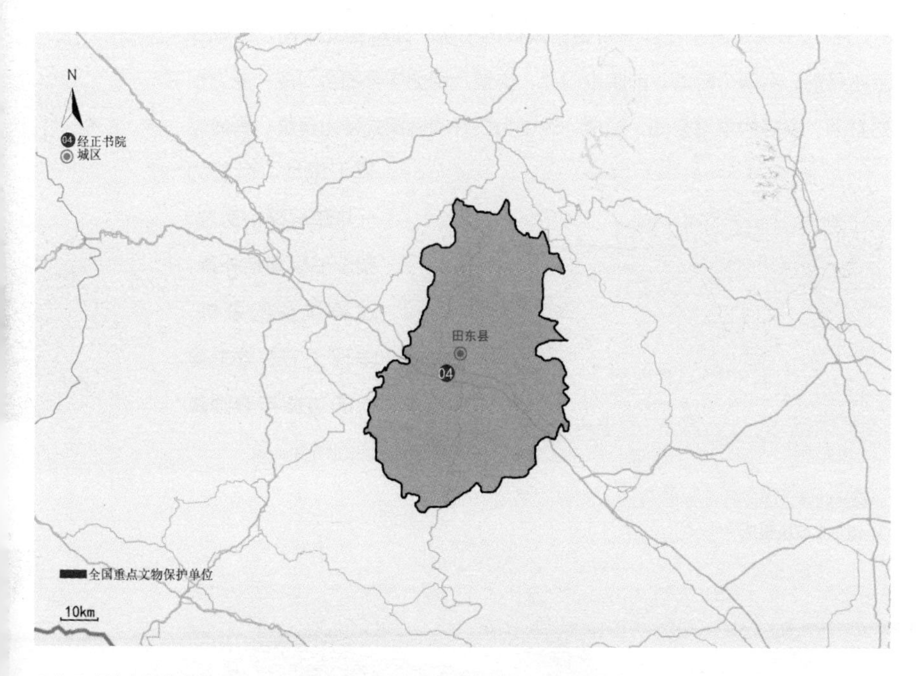

田东县建筑古迹分布图

04 经正书院

文保等级：全国重点文物保护单位
文保类别：古建筑
建设时间：始建于清光绪三年（1877 年）
建筑类型：书院
材料结构：砖木
地理位置：百色市田东县平马镇南华路 1 号

“经天纬地，正心修身。”

经正书院是清末右江一带最具规模的书院。建筑坐北朝南，中轴线上布局前、后两个院落。前院由门楼、讲堂及两侧学舍围合而成，成为相对封闭、安静的学习空间。门楼、讲堂为三开间搁檩式硬山建筑，青砖砌筑于墁地。后院为一排单层硬山房舍。整个书院简洁朴素，没有过多的装饰，体现了书院教书育人的功能与尊师重道的精神。

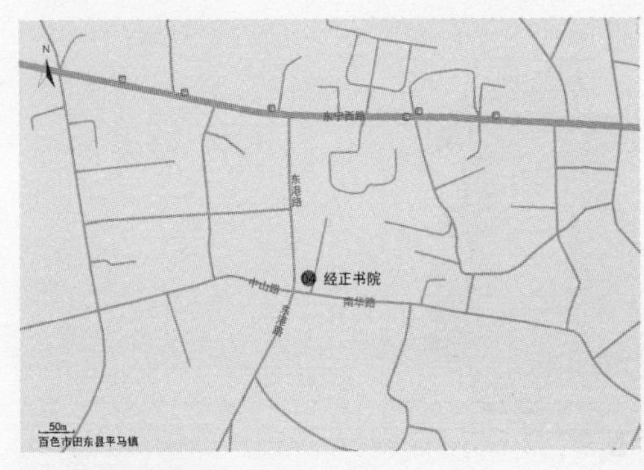

04 经正书院区位图

四、凌云县

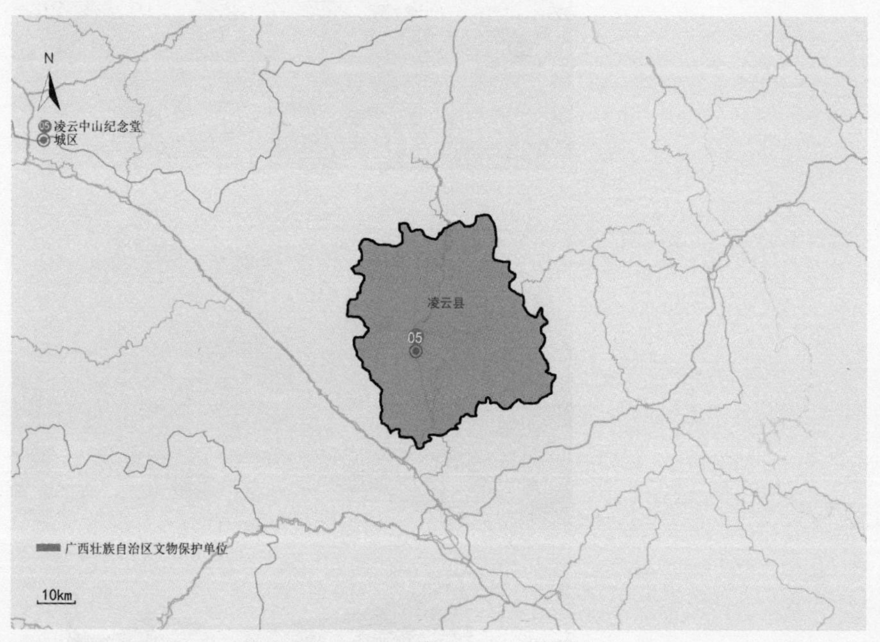

凌云县建筑古迹分布图

05 凌云中山纪念堂

文保等级：自治区级文物保护单位
文保类别：近现代重要史迹及代表性建筑
建设时间：始建于 1938 年
建筑类型：公共建筑
材料结构：砖木
地理位置：百色市凌云县凌霄路

凌云中山纪念堂是凌云人士积极响应国民政府号召捐建，建于原泗城土司衙署后花园“听荷轩”的旧址上，建筑面积 182m^2，周围围绕荷池。纪念堂正立面为西式券柱式，五联拱券，中间三开间较宽，“中山纪念堂”题于明间女儿墙，顶上是三角形山花，整体立面造型也有中国传统牌坊的意味。建筑背面为近代传统中式，四周设廊，歇山瓦顶，用混凝土仿制简化的木雕梁枋，是当时的建筑技艺。纪念堂前有混凝土石栏杆拱桥，名“清风桥”，后有石板桥与“听荷轩”亭相连，整体形成一个雅致安静的纪念氛围。

05 凌云中山纪念堂区位图

中山紀念堂
伟大的革命先行者
孙中山

五、靖西市

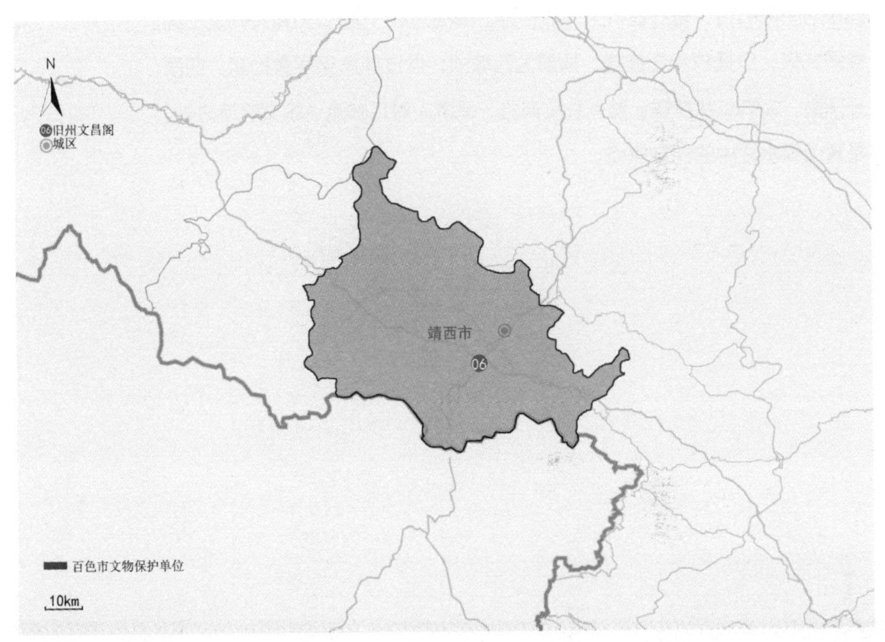

靖西市建筑古迹分布图

06 旧州文昌阁

文保等级：县级文物保护单位
文保类别：古建筑
建设时间：始建于清乾隆年间
建筑类型：楼阁
材料结构：砖木
地理位置：百色市靖西市旧州镇，距离靖西市 12km

旧州文昌阁是旧州古镇景色的一个重要景观节点和构成元素。阁建于鹅泉河中的石台，有石板桥与岸边相连。阁高三层 15m，为青砖砌筑四面楼阁式塔，以插栱承托披檐，顶部为四坡顶，通过抹角梁层叠抬起。四面开圆窗，装饰点状灰塑。整体朴实典雅，是游人对月临流、颂文吟诗之处，是青山绿水之中的视觉焦点。

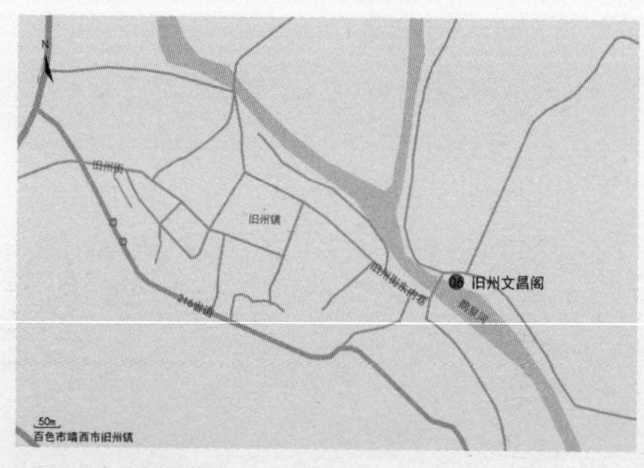

06 旧州文昌阁区位图

来宾市

来宾市位于广西中部，称为“广西腹地”，为丘陵山地地区。来宾市自古是以壮族为主体的少数民族聚居地，壮族的民族文化厚重而深远，留存的忻城土司衙署被誉为“壮乡故宫”，既有中原侯门的气派，又有壮族地方山地建筑特点风格。武宣县历来崇武，历朝出现不少武举武将，在清末民初时期更是武将辈出，建造了不少气派华丽的大庄园大宅第，留存至今成为来宾市建筑文化的一个独特标记。

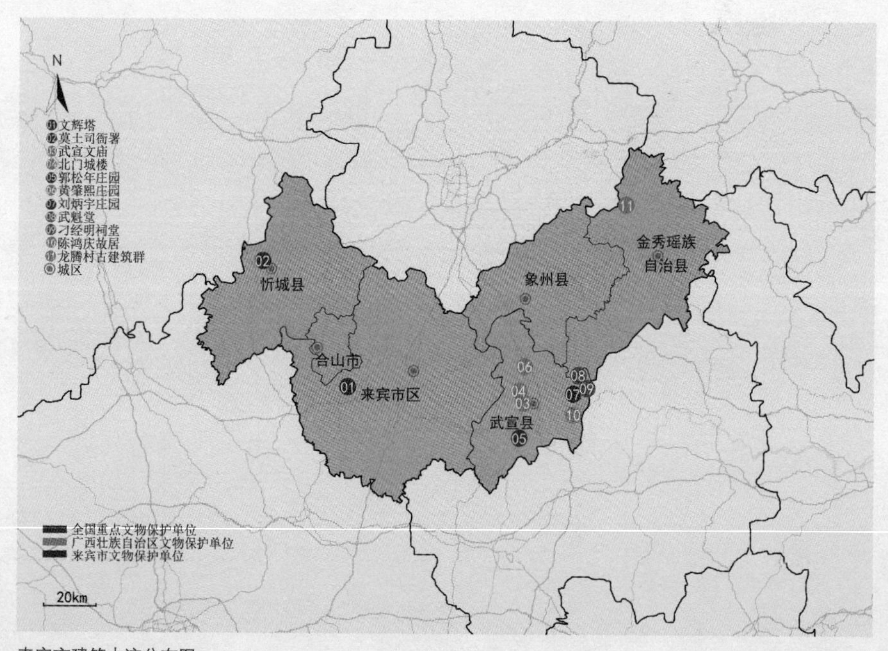

来宾市建筑古迹分布图

一、来宾市（兴宾区）

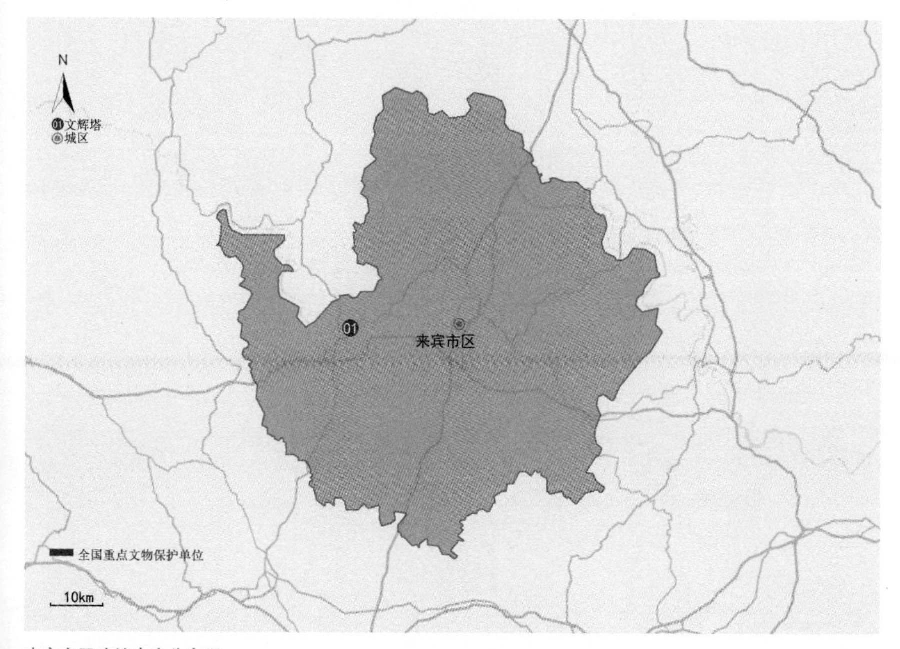

来宾市区建筑古迹分布图

01　文辉塔

文保等级：全国重点文物保护单位
文保类别：古建筑
建设时间：始建于明万历年间
建筑类型：塔
材料结构：砖石
地理位置：来宾市兴宾区迁江镇扶济村，距离来宾市区 34km

文辉塔为明代迁江县武举黄文辉所建，故名“文辉塔”。塔为八边形楼阁式砖塔，外观共 7 层高 38.9m，内部 13 层。塔基为石砌须弥座，塔身为砖砌，每一层设腰檐与平座，平座上南北面设对开风门，其余各面设装饰性假门，塔随层数增加而收分，装饰简洁。塔顶为攒尖顶，塔刹已失。文辉塔为厚壁空筒塔，楼梯采用穿壁绕平座式。

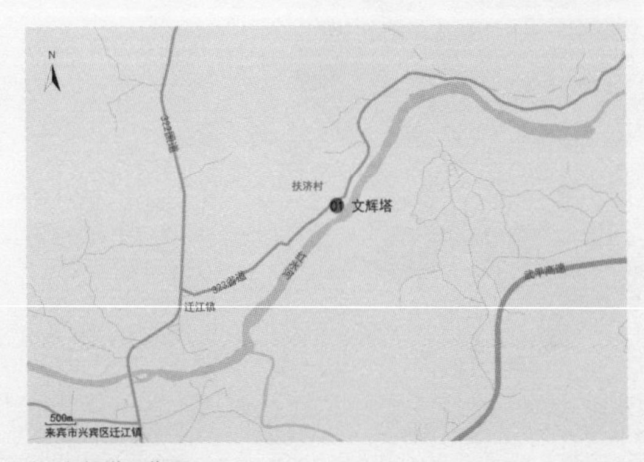

01 文辉塔区位图

二、忻城县

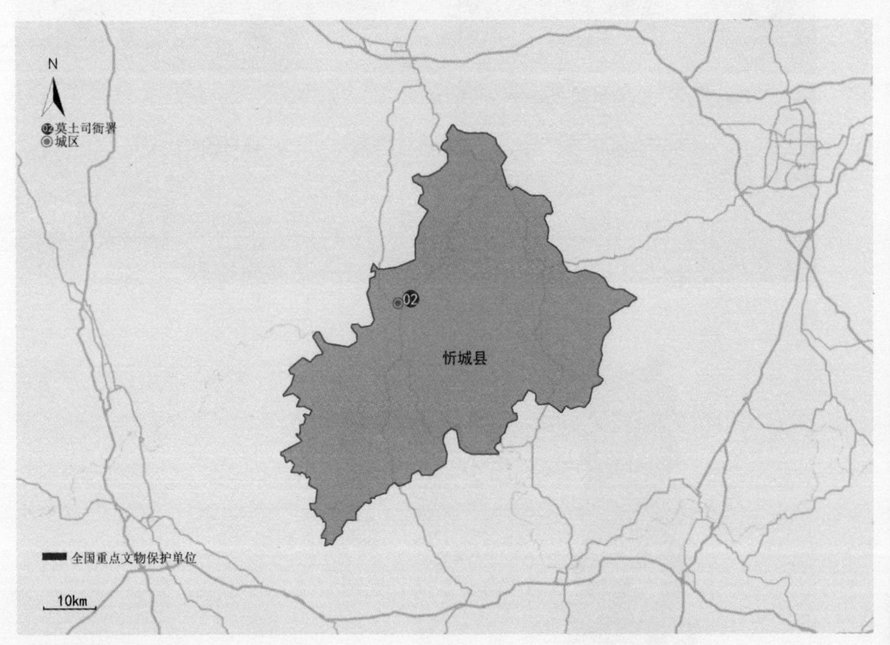

忻城县建筑古迹分布图

02 莫土司衙署

文保等级：全国重点文物保护单位
文保类别：古建筑
建设时间：始建于明万历十年（1582 年）
建筑类型：府衙
材料结构：砖木
地理位置：来宾市忻城县城关镇中和街

“壮乡故宫。”

忻城县莫土司衙署是壮族土司制度历经了 1000 多年的历史保存下来的完整遗迹之一，由第八代土司莫振威完成衙署主体建筑，后经历任土司扩建，形成规模宏大的建筑群，主要由土司衙门、莫氏宗祠、代理土司官邸、大夫第等建筑组成，建筑占地面积达 4 万 m^2，是全国规模最大、保存最完整的土司建筑群，被誉为“壮乡故宫”。

现存土司衙门大门临街，街对面设照壁，大门后有公堂、二堂（议事）、三堂（寝室）、兵房、牢房、祭堂、西花厅、东花厅等，有明显的中轴线，皆为硬山穿斗砖木结构建筑，屋顶置翘起的正脊与垂脊，砖墙批白，朱漆梁柱，落地式屏风，有明代中原建筑风格。在细部的装饰上，仿壮锦图案的镂空花窗，各处的彩绘灰雕，有浓郁的民族特色。

整个衙署建筑布局规整严谨，气势宏大。衙门公堂森严肃穆，寝室庄重豪华，花厅华贵高雅，后苑清幽静谧，既有中原侯门的气派，又有壮族地方建筑特点风格。

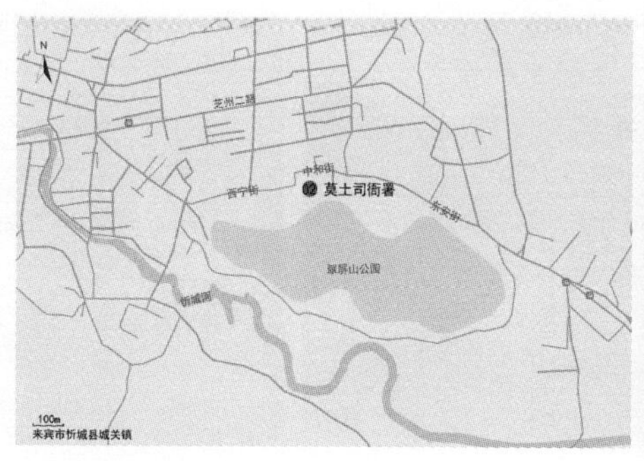

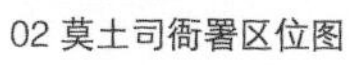
02 莫土司衙署区位图

三、武宣县

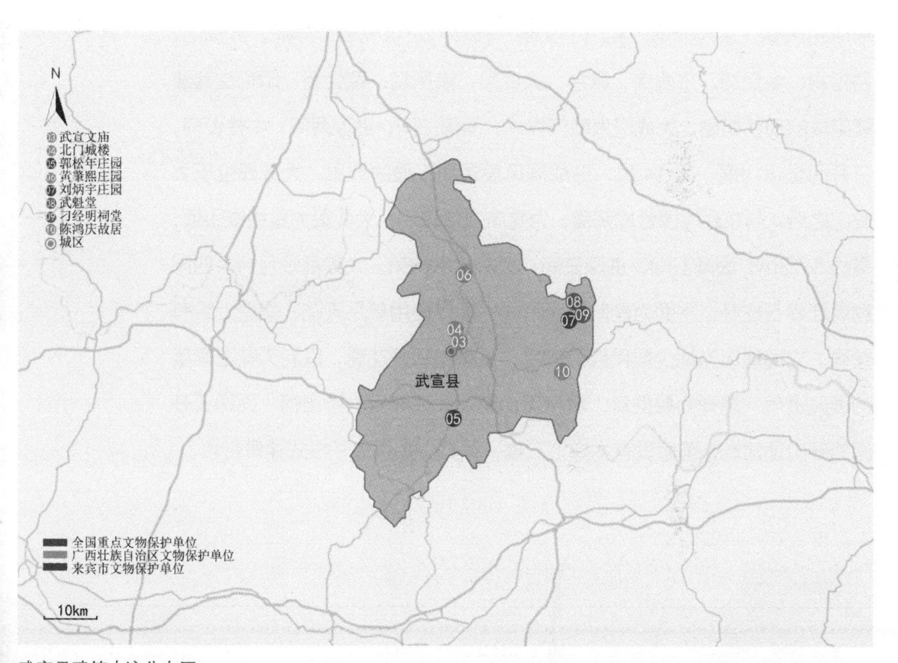

武宣县建筑古迹分布图

03 武宣文庙

文保等级：自治区级文物保护单位
文保类别：古建筑
建设时间：始建于明宣德六年（1431 年）
建筑类型：坛庙
材料结构：砖木
地理位置：来宾市武宣县城南街一巷

文庙位于原南门左侧，坐北朝南，占地面积 4760m^2，经各代修建，形成由照壁、东西厢房、礼门、义路、棂星门、状元桥、泮池、大成门、名宦祠、乡贤祠、东西庑、露台、大成殿、崇圣祠、尊经阁、明伦堂等建筑组成的现状格局。大成门为戟门样式，面阔三间，进深两间，中柱设门，三开间全设门扇，共 14 扇，形成屏风般透而不通的效果。大成殿位于大成门之后，与东西庑围合成院落，为文庙主体建筑。大成殿为重檐歇山顶，高约 17.3m，面阔五间，进深三间，插梁式木构架。大殿前设月台，四周砌筑红砂石栏杆。平面为副阶周匝形式，围廊使用素平天花，墙壁上绘有壁画。立面透出当地少数民族的气息，重檐檐间开花窗，以利天花上梁架的通风透气。屋脊为船型脊，塑精美灰塑。大成殿后为崇圣祠，面阔三开间的硬山顶建筑，前廊设有木梯上二楼，颇具少数民族干栏式建筑特色。

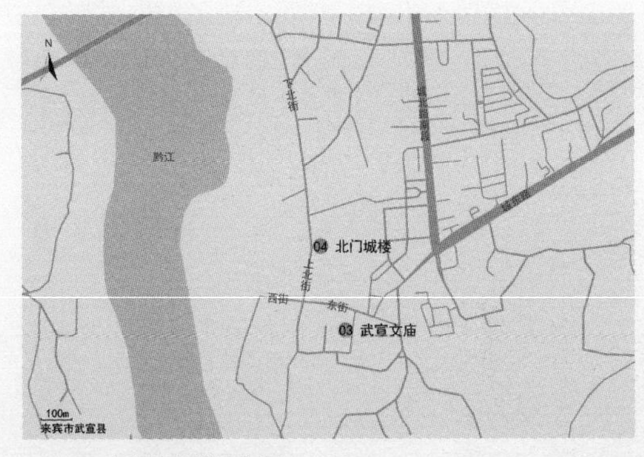

03、04 武宣文庙等区位图

04　北门城楼

文保等级：自治区级文物保护单位
文保类别：古建筑
建设时间：始建于明宣德六年（1431 年）
建筑类型：城垣
材料结构：砖木
地理位置：来宾市武宣县武宣镇上北街

明宣德六年（1431 年），武仙改称武宣，并迁县城到今址，即把城墙由原土墙改为砖墙，既注重发挥军事防御作用，又构筑起对城外黔江的防洪功能。整个城墙建有东、南、西、北四个城门楼，现存北门城楼。

北门城楼亦称尚武门，城台高 6m，砖砌券拱城门。城楼二层高 9m，面阔三间，为重檐歇山顶式屋顶。梁架结构为抬梁式与穿斗式的混合构架，一楼四根金柱为石柱。屋顶覆灰筒瓦，装饰简洁古朴，气势宏伟。北门城楼为广西少有的明前期城楼。

05 郭松年庄园

文保等级：全国重点文物保护单位
文保类别：近现代重要史迹及代表性建筑
建设时间：始建于 1920 年
建筑类型：民居
材料结构：砖木
地理位置：来宾市武宣县桐岭镇石岗村委雅岗村，距离武宣县 20km

郭松年庄园为民国国会参议员郭松年在其家乡投入巨资，耗时五年建成的家族居住建筑。占地面积 2905m^2,主体为前后两进的主楼,主楼前院、主楼两侧护厝厢房及主楼后罩房围合在主楼周边，总体呈现为“目”字形的封闭庭院式建筑。一进主楼为西洋式两层楼房，周边券柱式外廊，主立面五个拱券相连，装饰精美，拱券线条丰富，实墙装饰叶涡卷纹，顶上为巴洛克风格山花，饰以精细繁杂的梅花松树、蝙蝠鹤鹿等吉祥浮雕图案。主楼前左右两侧各设门楼，与前墙围成前院。前院外面是半月形池塘，屏护院墙，与建筑周围高大墙体、碉楼、枪眼形成防御性极强的体系。二进主楼为周边式券柱外廊三层建筑，同样装饰华丽。整个建筑共 99 间房间，均有连廊相连。庄园中西结合，整体传统的功能布局与西洋建筑装饰风格融为一体，精美绝伦，形新华丽，在武宣数座民国建筑中独树一帜。

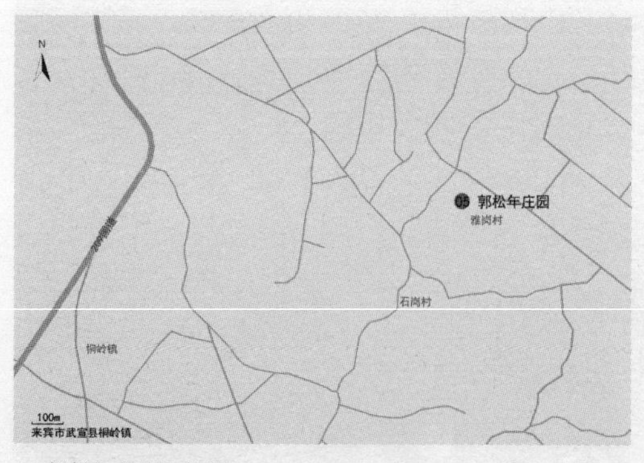

05 郭松年庄园区位图

06 黄肇熙庄园

文保等级：自治区级文物保护单位
文保类别：近现代重要史迹及代表性建筑
建设时间：始建于 1913 年
建筑类型：民居
材料结构：砖木
地理位置：来宾市武宣县二塘镇樟村，距离武宣县 9km

黄肇熙庄园为广西首屈一指的大型庄园宅邸，占地面积达 160 亩，建筑面积近 3 万 m^2，是民国陆军少将黄肇熙回乡所建。庄园为传统城堡式庭院建筑，对外封闭隔绝，戒备森严，内部规整对称，尊卑有序。主体建筑由中轴线上布局的三进建筑及两侧护厝式厢房组成，三进建筑分别为门厅、中厅及祖堂，开间达九间，高两层，硬山双坡灰瓦顶。建筑群内通过天井、廊道等相连。主体建筑外四周有院落，四角设碉楼，之间用走马楼相连。前院宽敞，主入口设于正中，为三开间券柱式二层门楼，门楼外正对是巨大的半圆形池塘，意合“蓄水聚财”之势。

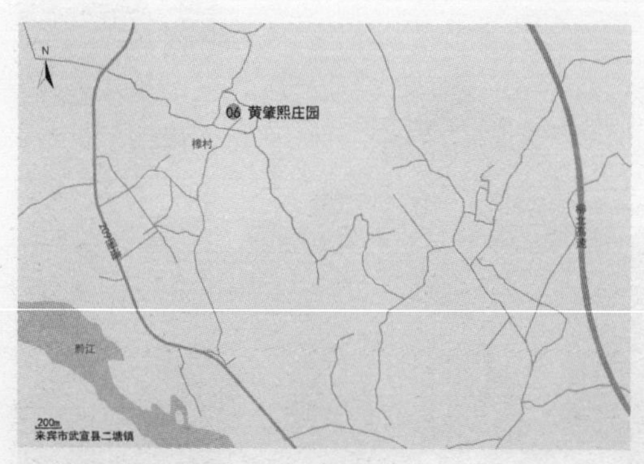

06 黄肇熙庄园区位图

07　刘炳宇庄园

文保等级：全国重点文物保护单位
文保类别：近现代重要史迹及代表性建筑
建设时间：始建于清末民初
建筑类型：民居
材料结构：砖木
地理位置：来宾市武宣县东乡镇河马村委下莲塘村，距离武宣县 28km

刘炳宇庄园为民国陆军中将刘炳宇所建，占地 6715m^2，坐落于原野当中。建筑布局为传统庭院式，四层高的西洋式主楼位于轴线正中，两侧是护厝式两层厢房，前为高耸平直的院墙，建筑群整体立面呈现出“山”字形态势，极具防御功能，又突出主楼的重要地位。主楼平面近方形，高四层，立面为五开间，一、二层为券柱式外廊，三层为券拱窗户，中间三开间为双联拱窗，四层为双坡屋面下的阁楼，女儿墙装饰精美，压檐周圈均装饰山花，正中为变异巴洛克山花。主楼与前两侧的厢房及院墙构成前院，院中置假山绿植，主入口设于院墙正中，外面连接晒场和一口方形池塘，形成极强的风水格局与休憩景观。

07~09 刘炳宇庄园区位图

08　武魁堂

文保等级：县级文物保护单位
文保类别：古建筑
建设时间：始建于清嘉庆四年（1799 年）
建筑类型：民居
材料结构：砖木
地理位置：来宾市武宣县河马乡洛桥村，距离武宣县 30km

武魁堂为清光绪年间武举人梁在卿的故居，为客家四堂四横式建筑。建筑坐北朝南，背有绵延山体为靠，前有池塘，远有案山，格局藏风聚气。建筑面积约 3000 多 m^2，中轴建筑共五进，均为五开间的硬山建筑。门楼高两层，与两边的耳房连为一体，使前立面呈现九开间形象，颇具气势。门楼设三开间的凹门廊，有一对木质檐柱，入口设于明间。门楼后是个宽敞的方形院落，宽度与门楼宽度一致。二、三、四进为居住功能，祖厅设于第四进。横屋布置在两侧，通过天井、连廊相连相接。整体建筑简洁朴素，只在重点部位做装饰。墙体部分使用当地天然材料鹅卵石混合灰浆砌筑，具有鲜明的地方特色。

09 刁经明祠堂

文保等级：县级文物保护单位
文保类别：古建筑
建设时间：始建于清光绪十三年（1887 年）
建筑类型：民居
材料结构：砖木
地理位置：来宾市武宣县东乡镇金榜村，距离武宣县 29km

刁经明祠堂是清末振威将军刁经明所建的祠宅一体的民居，为客家三堂四横式建筑。建筑坐西朝东，背靠小山，前设晒场与池塘，面朝原野，形成极强的风水格局。祠堂位于中轴线，布置门厅、中厅、祖堂三进，均为五开间悬山双坡顶建筑。门厅设凹门廊，中间有一对檐柱，门头上悬“振威第”匾额，入口正对大幅木雕屏风。中厅为敞厅，为议事功能，木构架为插梁式，形式变异为如意回纹状，颇具特色。祖堂供奉祖先和长辈居所。横屋在祠堂两侧，通过天井、连廊相连。刁经明祠堂最具特色之处是使用了当地的卵石作为部分墙体的材料，以灰浆混合层层筑垒，呈现出鲜明的地方特点。

丁巳仲秋
賞換花翎
刁經明恭立
辛酉仲冬
誥授振威將軍
刁宣甲敬承
辛酉孟夏
畢什固圖巴圖魯
刁經明恭立

10　陈鸿庆故居

文保等级：自治区级文物保护单位
文保类别：古建筑
建设时间：始建于清同治九年（1870 年）
建筑类型：民居
材料结构：砖木
地理位置：来宾市武宣县东乡镇长塘村，距离武宣县 27km

陈鸿庆是民国广西军政要员，其家族为尚武世家，人才辈出，故居是其族人生活宅第。宅第背靠紫荆山脉，面朝沃野，坐东朝西，占地面积 33000 多 m^2，为客家堂横屋建筑。建筑主体前是长方形的大禾坪，有夯土围墙围绕，分隔正前方的水体。中轴线堂屋为三进两廊，布置门楼、中厅及祖堂，均为五开间硬山顶建筑，以土砖及青砖相结合。门楼加上两旁倒座，正面达到十一间，设三开间门廊，与宽大禾坪结合，颇具气势。门楼构架为变异抬梁式，坨墩雕刻精美，同时支撑横梁和檩条，空间宽大，有议事功能。中厅两层，明间为敞厅，木构架为搁檩式。祖堂供奉祖先和长辈居所，木构架形式变异为如意回纹状，颇具特色。中轴两侧为花厅、偏院、横屋等，通过天井、连廊相连。在西北角遗存有碉楼。陈鸿庆故居的装饰总体朴素典雅，仅在梁架、封檐板、窗扇、柱础等有精细雕刻或墙楣彩画来装点，反映了陈氏族人的朴实人生观。

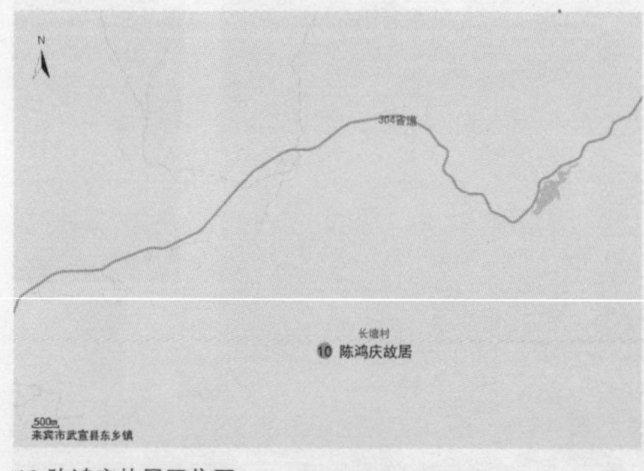

10 陈鸿庆故居区位图

四、金秀瑶族自治县

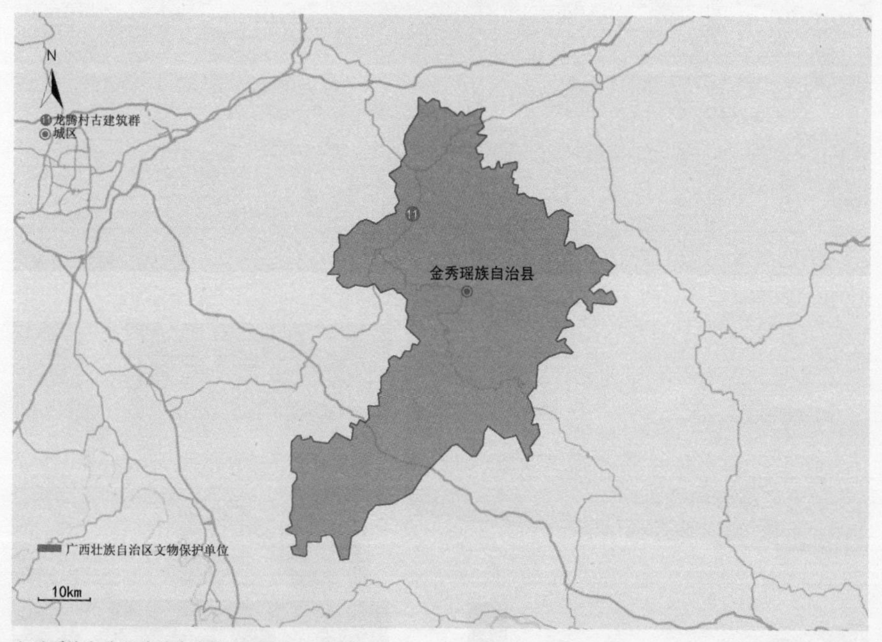

金秀瑶族自治县建筑古迹分布图

11　龙腾村古建筑群

文保等级：自治区级文物保护单位
文保类别：古建筑
建设时间：始建于明
建筑类型：民居
材料结构：砖木
地理位置：来宾市金秀瑶族自治县桐木镇七建村委龙腾屯，距离金秀瑶族自治县 41km

龙腾村先祖梁信仰来自广东南海，于此定居后把当地发展成为历史文化底蕴厚重的村落。村落背靠山坡面朝沃野，有良好的风水格局。整体以祠堂为中心，祠堂前为中心广场，民居对称布局于祠堂的左右与后面，体现汉族村落的规整与法度，在桂中地区独具特色。祠堂建于清乾隆五十七年（1792 年），为三进三间广府式硬山顶建筑。门楼设外檐廊，卷棚顶，石质檐柱，梁架木雕精美。大门上悬“春台梁公祠”牌匾，屋内屏门上悬“武魁”匾。中厅通透，前后设廊，为插梁式木构架，檐廊设卷棚，悬挂了体现梁氏族人荣耀的“兄弟明经”“成均进士”“广文第”等多块匾额。祖厅为供奉祖先牌位之处，开敞高广，为青砖砌筑硬山顶插梁式建筑。龙腾村民居依山坡布局，棋盘式巷道纵横交错，典型民居建筑为一进四合天井式，大门位于正中凹门廊，进入时狭小天井，两旁为厢房，正方三间两层，明间设卷棚凹门廊，以隔扇门分隔，与天井形成通透空间，住房设于两侧。一些多进宅第亦以此模式相连，反映社会发展对单个家庭的重视。

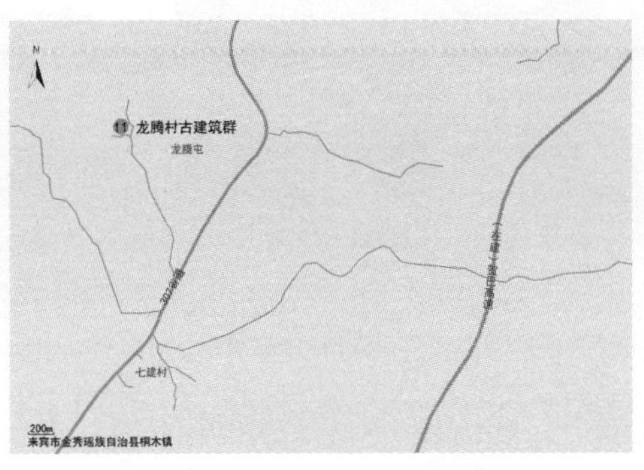

11 龙腾村古建筑群区位图

春臺梁公祠
武魁

武魁

崇左市

崇左市位于广西西南部，与越南接壤，是中国西南边陲地区，是全国最大的壮族聚居区，为明代 11 个土司府之一，民族风情浓郁，深刻影响崇左市建筑文化。位于西南边陲的崇左市，战事时发，有着深厚的边关文化，关楼、边墙、祭祀祠堂等建筑是具体体现。作为近代广西西南的对外通商口岸，西式建筑也较早进入崇左市，如领事馆、教堂、督办署等，成为近代西南少数民族地区的一道亮丽景观。

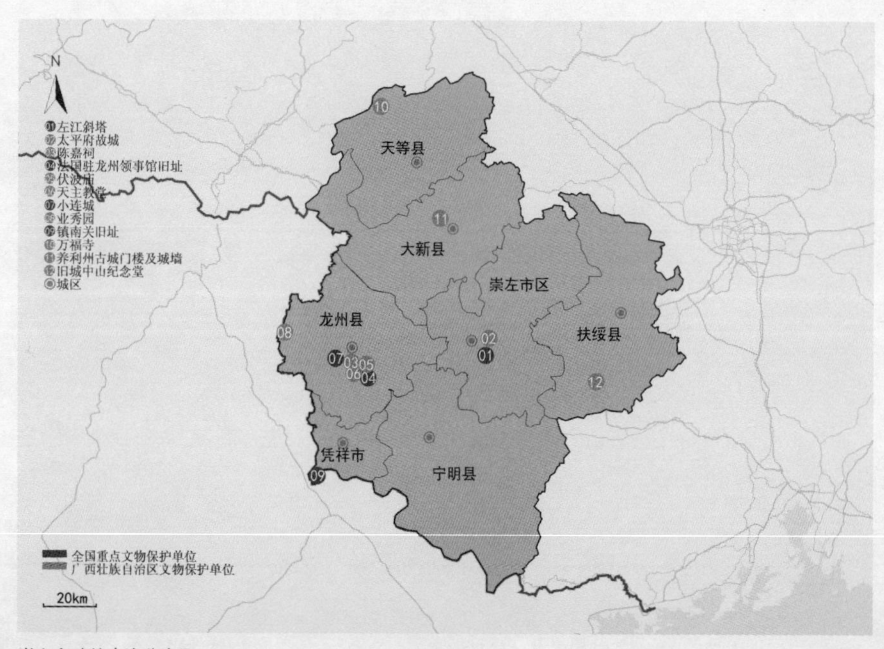

崇左市建筑古迹分布图

一、崇左市区（江州区）

崇左市区建筑古迹分布图

01　左江斜塔

文保等级：全国重点文物保护单位
文保类别：古建筑
建设时间：始建于明天启元年（1612 年）
建筑类型：塔
材料结构：砖石
地理位置：崇左市江州区东北面约 5km 左江江心岛上，距离崇左市区 10km

“中国五大斜塔之一。”

左江斜塔又名归龙塔，建于左江江心鳌头山上，是较为罕见的江心建塔实例。塔高 17.6m，为五层八边形楼阁式砖塔，向西南方向倾斜了 4°24′46″。归龙塔塔基为石砌，塔身全部为青砖砌成，为空筒形结构，壁体较厚，各层通过壁体内的楼梯到达各层。塔身明显收分，无平坐层，仅在各层间设砖叠涩腰檐，转角设壁柱，柱头有素华栱出跳。塔顶为八角攒尖顶，铁质垂脊，塔刹为铜铸相轮与宝珠。归龙塔整体朴实古拙，色彩简朗，与周围的山水环境融为一体。

01 左江斜塔区位图

02 太平府故城

文保等级：自治区级文物保护单位
文保类别：古建筑
建设时间：始建于明洪武五年（1372 年）
建筑类型：城墙
材料结构：石
地理位置：崇左市江州区太平镇

太平府为明代改置，为广西 11 个土司府之一，自古以来都是左江地区政治、经济、文化中心。太平府故城初为土垣，明永乐六年（1408 年）易以砖石，筑有内外城垣，有“丽水四折，环其三面，其形若壶，故名壶城”之说。内城垣为不规则形，占地面积约 26.7hm^2，周长 2140m，城墙高 7m、厚 5m，辟五门，今存东门（长春门）、小西门（安运门）、大西门（镇边门）三座石拱门及东、西、南三面城墙近千米，是广西保存较完整的明代石质城墙。其依据左江的形势修筑，不仅有防御作用，而且也能有效地抵御洪水侵袭。

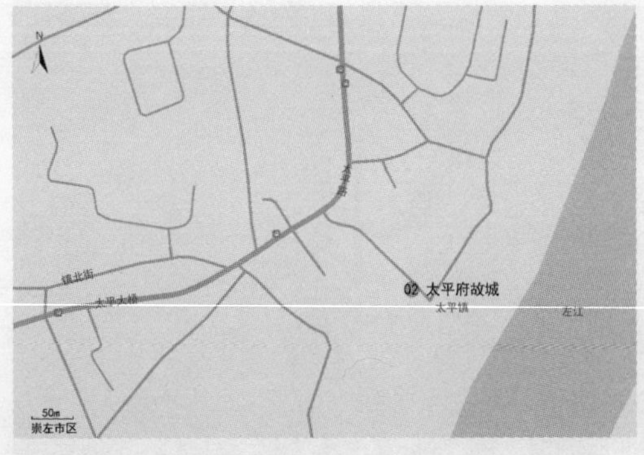

02 太平府故城区位图

二、龙州县

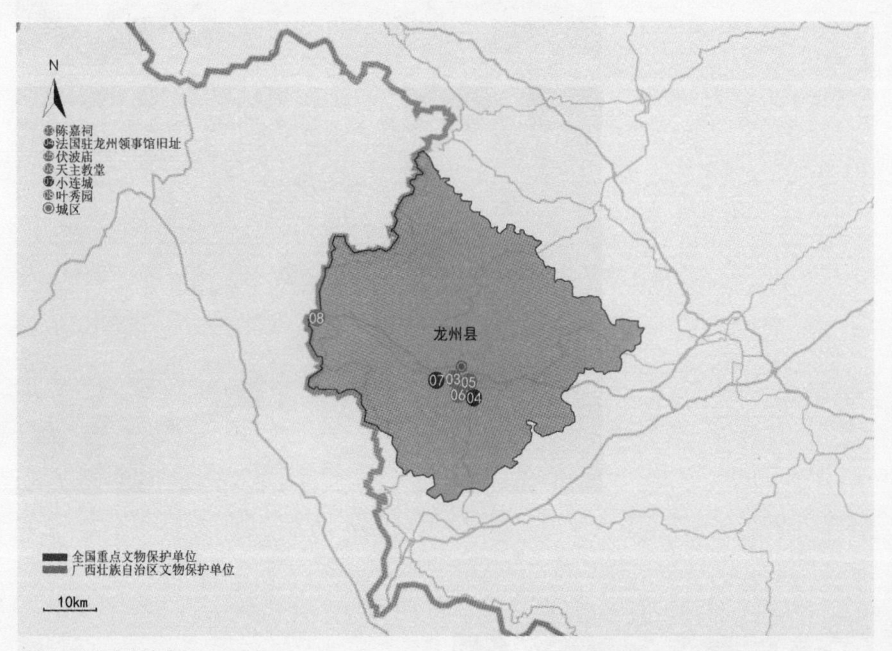

龙州县建筑古迹分布图

03 陈嘉祠

文保等级：自治区级文物保护单位
文保类别：古建筑
建设时间：始建于清光绪二十三年（1897 年）
建筑类型：祠堂
材料结构：砖木
地理位置：崇左市龙州县龙州镇南门街

陈嘉祠是清政府为纪念在中法战争中牺牲的名将陈嘉而建的祭祀专祠。祠堂原为一个气势雄伟、规模庞大的建筑群，现遗存前殿、揽秀园、昭忠祠及前院，设置于大门前的古炮尚存两门。前殿为门楼式，设有檐廊，硬山式建筑，两侧有雕饰精美的马头墙。

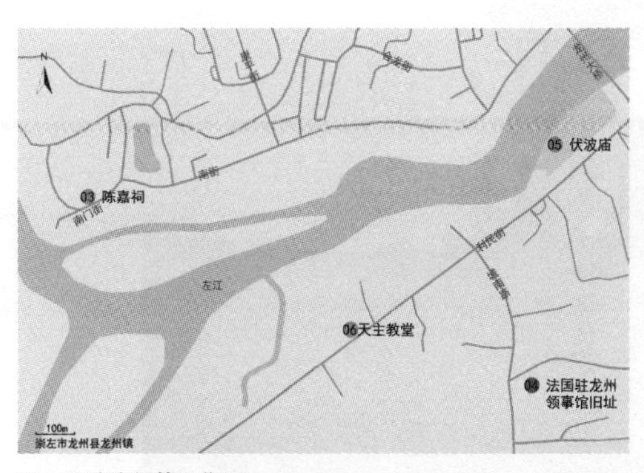

03~06 陈嘉祠等区位图

04 法国驻龙州领事馆旧址

文保等级：全国重点文物保护单位
文保类别：近现代重要史迹及代表性建筑
建设时间：始建于 1896 年
建筑类型：公共建筑
材料结构：砖木
地理位置：崇左市龙州县龙州镇利民街 1 号

1885 年中国在中法战争中取得镇南关大捷，朝廷却与法国签订条约，承认法国对越南的保护权，开放龙州为通商口岸。法国于 1889 年在龙州设领事馆。1896 年，法国政府为修建龙州至越南同登的铁路在龙州修建了火车站，但因各种原因停办。1898 年，法国领事馆迁入闲置的火车站作为新的领事馆，先后有 28 名正副领事任职，直至 1949 年撤出龙州。

旧址为两座外观造型相同的二层长方形的周边“外廊样式”建筑和一座消防池，每座建筑长 25.6m，宽 15.2m，建筑面积 780m^2。建筑为砖砌券柱外廊，黄色墙面抹灰，一层地垄较低，与室外地面仅一级台阶，周边不设护栏。房间四周设外开百叶门。楼梯为木质螺旋楼梯，二层设铁质护栏。屋顶为四坡，覆金属瓦片。室内装饰精致讲究，壁炉设于屋角及壁台，墙顶装饰线条。整个领事馆旧址环境幽雅，颇具异域风情。

05　伏波庙

文保等级：自治区级文物保护单位
文保类别：古建筑
建设时间：始建于明
建筑类型：坛庙
材料结构：砖木
地理位置：崇左市龙州县龙州镇利民街

东汉伏波将军马援南征交趾时曾在龙州屯兵，后人为了纪念他，于左江岸边建造了伏波庙。伏波庙自明代建成后，多次重修，现存前后两殿，前殿保存尚好。前殿建筑三间两耳，青砖砌筑硬山顶，两侧是燕尾式马头墙，搁檩式木构架。前置较深前廊，入口设于明间，门上镶嵌“伏波庙”匾额，两侧为“胜迹留双溪高标铜柱，奇勋开百粤直冠云台”对联，门前为七级台阶。前廊檐柱为石制，左右设塾台，柱础及塾台石雕工艺考究。墙楣施画和灰雕，梁架木雕、封檐板雕刻精细华丽。屋顶覆灰绿陶瓦，脊饰为精美石湾陶塑，整体为广府门楼式建筑。

06 天主教堂

文保等级：自治区级文物保护单位
文保类别：近现代重要史迹及代表性建筑
建设时间：始建于 1896 年
建筑类型：公共建筑
材料结构：砖木
地理位置：崇左市龙州县龙州镇利民街县气象局院内

教堂高三层，长 21m，宽 5.4m，占地面积 113.4m^2。平面为半圆形和长方形结合，立面壁柱通高，形成向上挺拔的趋势，每层以横向腰线分隔，并以连续栱相连。整体朴实精巧。

07 小连城

文保等级：全国重点文物保护单位
文保类别：古建筑
建设时间：始建于光绪十二年（1886 年）
建筑类型：城垣
材料结构：砖石
地理位置：崇左市龙州县彬桥乡彬桥街 152 号，距离龙州县 7km

清光绪年间，广西提督苏元春为抵御外敌，在中国与越南边境线一侧修建了军事防御体系，称为“连城要塞”。连城要塞以设在凭祥的大连城和设在龙州的小连城为中心，凭祥友谊关为前沿，东线经宁明、北海延伸到防城港海边的白龙炮台，西线沿凭祥、龙州、大新、靖西延伸到那坡县龙邦西边山弄平炮台，全线总长逾 1000km，修筑城墙、炮台、碉台、关隘等工事设施，有“中国南疆长城”之称。小连城位于龙州县西南面将山、大里山、那王山等山上，修筑近 12km 的城墙、炮台等设施，苏元春的提督行署和要塞指挥中心设于将山半山腰的大溶洞龙元洞之中。洞口建有高大牌楼式门楼，从门楼前平台可远眺四周百里风光。门楼顶部为“保元宫”竖匾和“敬神如神在”横匾，饰以精美灰塑，整体极具气势。门楼背后是两层高局部三层的木楼阁，将山洞入口封闭，使洞内别有洞天。洞分两层，洞内高敞平坦，建有天阙牌坊、金阶、随驾处、玉阙牌坊、九龙壁等建筑物，洞内石壁上镌刻众多的题字、诗联等，人文气息浓郁，实是苏元春谈兵谋略、宴聚文人、镇边居住的洞天福地、琼楼玉宇。

07 小连城区位图

敬神如神在

08 业秀园

文保等级：自治区级文物保护单位
文保类别：近现代重要史迹及代表性建筑
建设时间：始建于 1919 年
建筑类型：民居
材料结构：砖木
地理位置：崇左市龙州县水口镇旧街，距离龙州县 35km

业秀园是旧桂系军阀陆荣廷为其原配夫人修建的寓所，以其父亲名字命名。业秀园总占地面积约 60000m^2，包括主体院落、戏台、码头等。主体院落坐西朝东，面向水口河，前为码头，戏楼位于右侧。院落由门楼、主座、花厅、厢房、右连廊等建筑组成，总体分为前院和后院。门楼高耸，为三间三顶牌楼式，三间均开门，主入口设于明间，上部嵌“业秀园”竖匾，左右两间装饰灰塑。主座为两层，砖砌硬山顶双边外廊，外檐青砖柱子，券栱式门窗，设外开百叶。整体风格既是南方民居风格，亦有西式建筑风格。陆荣廷在任总督时常于此宴请宾客、会晤外国人并作为军事指挥中心。

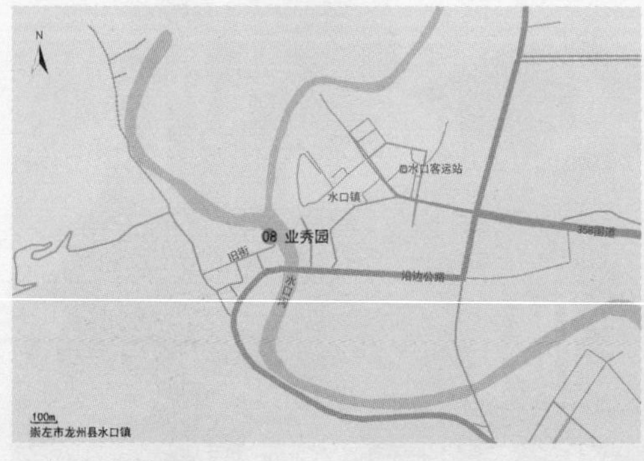

08 业秀园区位图

三、凭祥市

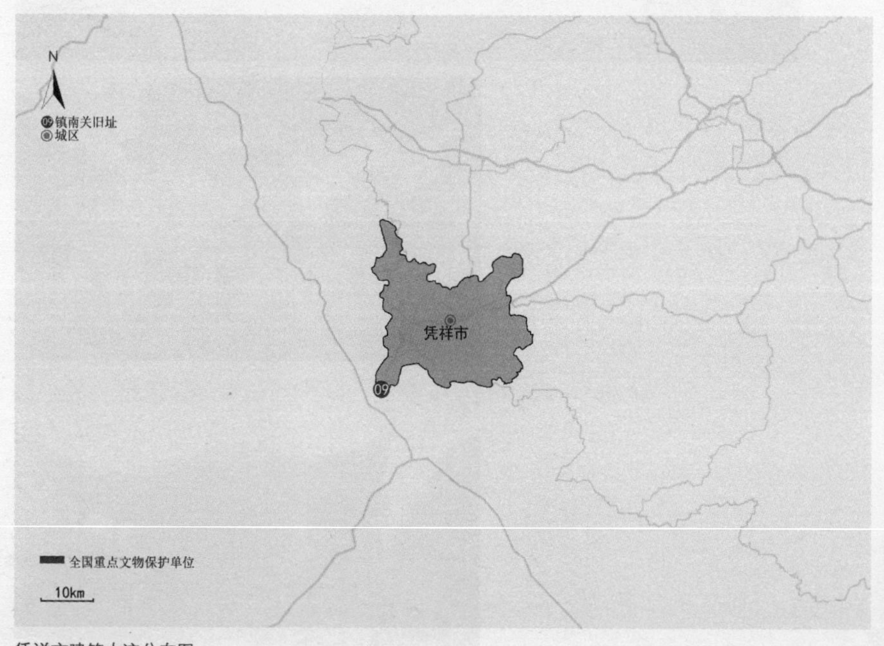

凭祥市建筑古迹分布图

09 镇南关旧址

文保等级：自治区级文物保护单位
文保类别：近现代重要史迹及代表性建筑
建设时间：始建于汉
建筑类型：城垣
材料结构：砖木
地理位置：崇左市凭祥市西南 15km 处

镇南关是中国与越南两国边境线上最重要的隘口，古称雍鸡关，曾名鸡陵关、界首关、大南关、镇夷关，明嘉靖年间改为镇南关。1953 年更名为睦南关，1963 年改为友谊关。为中国九大名关之一，号称“中国南大门”。镇南关选址非常险要，位于左弼山和金鸡山的山坳处，关楼两旁的城墙延伸至左右两山山顶，设有炮台、营垒等军事设施，紧扼中越边境通道咽喉，有“一夫当关，万夫莫开”之势。现关楼为 1957 年在原基础上新建，为当代建筑样式。

广西全边对汛督办署位于关楼后，建于 1914 年，为长方形周边券柱式外廊二层建筑，占地面积 282m^2，由法国人设计，中方建造，又称“法式楼”。此楼是政府设在凭祥的“镇南关对汛分署”的办公地点，主要负责边境的外交事务与维持边境治安。

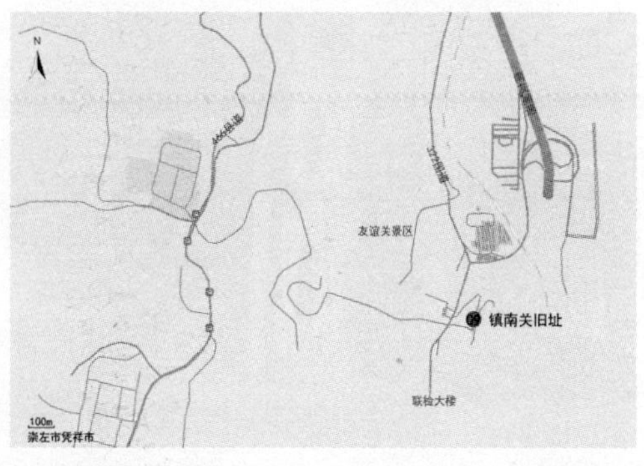

09 镇南关旧址区位图

友誼關

四、天等县

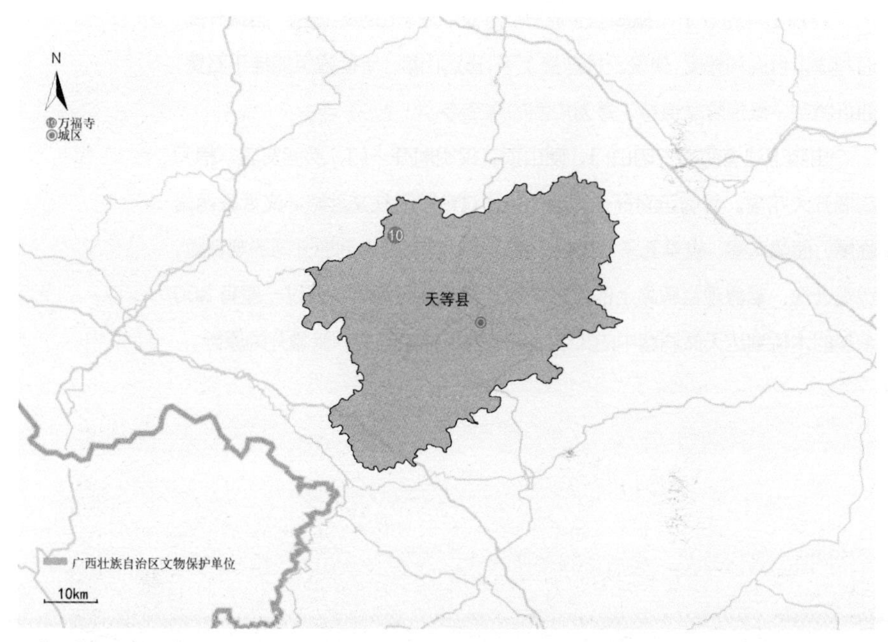

天等县建筑古迹分布图

10　万福寺

文保等级：自治区级文物保护单位
文保类别：古建筑
建设时间：始建于清康熙十一年（1672 年）
建筑类型：寺庙
材料结构：砖木
地理位置：崇左市天等县向都镇北面万福山上，距离天等县 49km

“广西的悬空寺。”

万福山高约 60m，孤峰立于原野，万福寺建于山腰岩洞里，层叠升高，沿洞建设台阁和殿堂，架设云梯连接上下，直达山巅。寺院建筑如挂于石壁，曲折跨空，既惊险又奇特，是为广西的悬空寺。

山脚下建有两暗三明山门，硬山顶，仅明间开一门，次间实墙，梢间前墙开大花窗。后墙正间开一大圆门，通过台阶通往文武殿。文武殿两面临崖，面阔两间，供奉孔子、关公、岳飞等。扶壁而上到四开间的观音殿，塑观音像。紧靠观音殿之上的是如来殿。再沿绝壁而上，通过一座有 300 余年的木桥到达天然洞窟中的大雄宝殿，佛祖端坐洞中，俯瞰开阔原野。

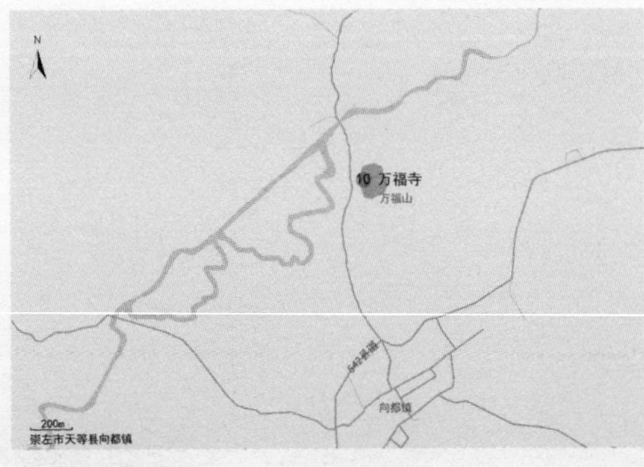

10 万福寺区位图

五、大新县

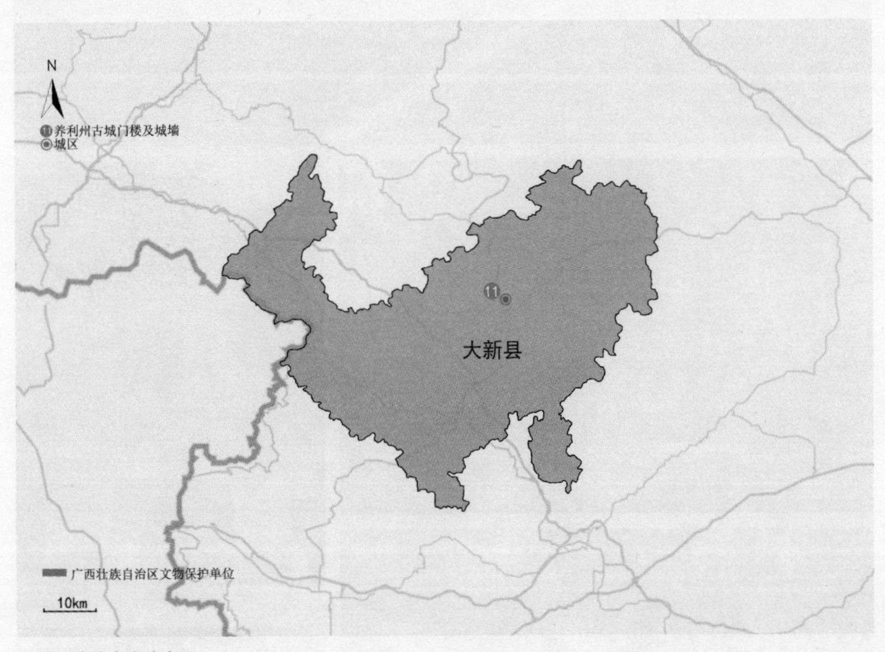

大新县建筑古迹分布图

11　养利州古城门楼及城墙

文保等级：自治区级文物保护单位
文保类别：古建筑
建设时间：始建于明弘治十四年（1501 年）
建筑类型：城垣
材料结构：砖石
地理位置：崇左市大新县桃城镇

养利州古城原为大新县治所，因其形状似桃果，又名桃城。自明代建城，历经明、清两代与民国的战乱及水患，其城墙由土城变为石城，最后是外包石料，中间填土，上铺青砖。古城按方位修建了东西南北四座城门，现存东门、南门、西门三座城门，城台为石砌，单拱拱门，门楼为民国时建造，为近代样式。

11 养利州古城门楼及城墙区位图

2018

阿莱粉

六、扶绥县

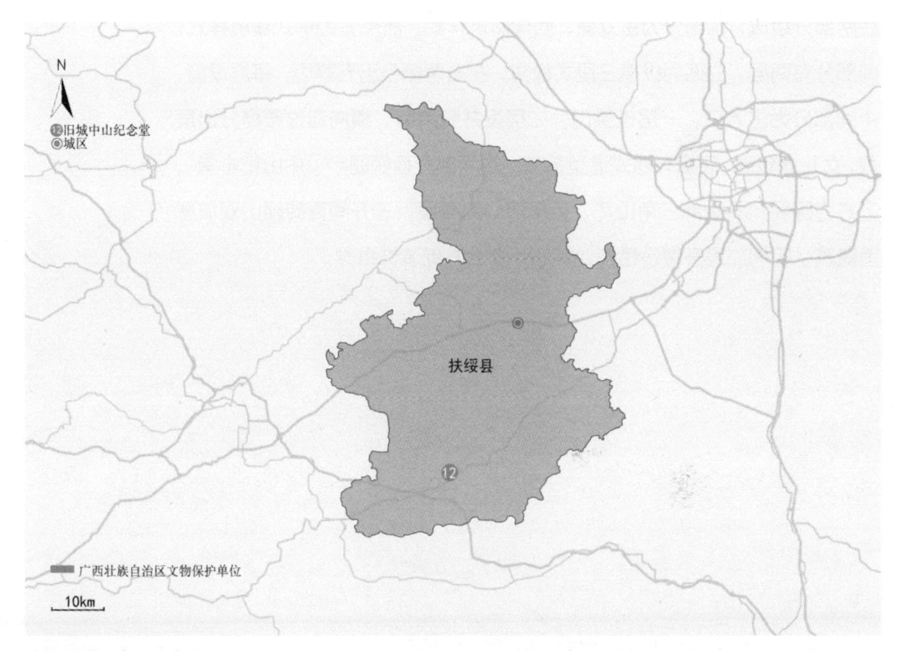

扶绥县建筑古迹分布图

12 旧城中山纪念堂

文保等级：自治区级文物保护单位
文保类别：近现代重要史迹及代表性建筑
建设时间：始建于 1936 年
建筑类型：公共建筑
材料结构：砖木
地理位置：崇左市扶绥县东门镇旧城村，距离扶绥县 57km

中山纪念堂由越南爱国华侨捐建，占地面积 140m^2。建筑主体由前后两部分组成，前部分为主立面，西洋建筑样式，后部分为中式建筑样式。前部分有两层，立面为纵横三段式构图，左右两侧凸出五等边，每层设窗，中间部分为主入口，一层设拱门，二层设并列两窗。横向通过腰檐分出层数，女儿墙较高，压檐有西式造型装饰。中间部分顶额题字“中山纪念堂”，上方为国民党党徽的三角山花。后半部分为两层，三开间青砖硬山双坡屋面建筑，明间二层开敞设栏杆，其他外窗上方砌装饰拱券。

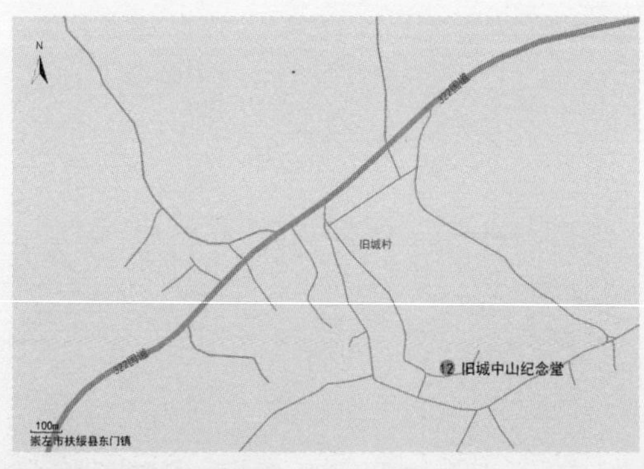

12 旧城中山纪念堂区位图

中山紀念堂

中山紀念堂

钦州市

钦州市位于广西之南北部湾之滨，辖两区（钦南区、钦北区）、灵山县和浦北县。自隋开皇十八年（598 年）以“钦顺之义”名为钦州以来已有 1400 年，是岭南广府文化的兴盛传承之地。钦州市建筑文化受广府建筑文化影响深刻，遗存的历史建筑建造风格充分体现了广府建筑的精髓。以大芦村为代表的明清古村落在钦州市分布数量众多，宅院体量大装饰精美，文化积淀深厚，建筑及环境的营造反映出汉族士人耕读济世的精神追求。

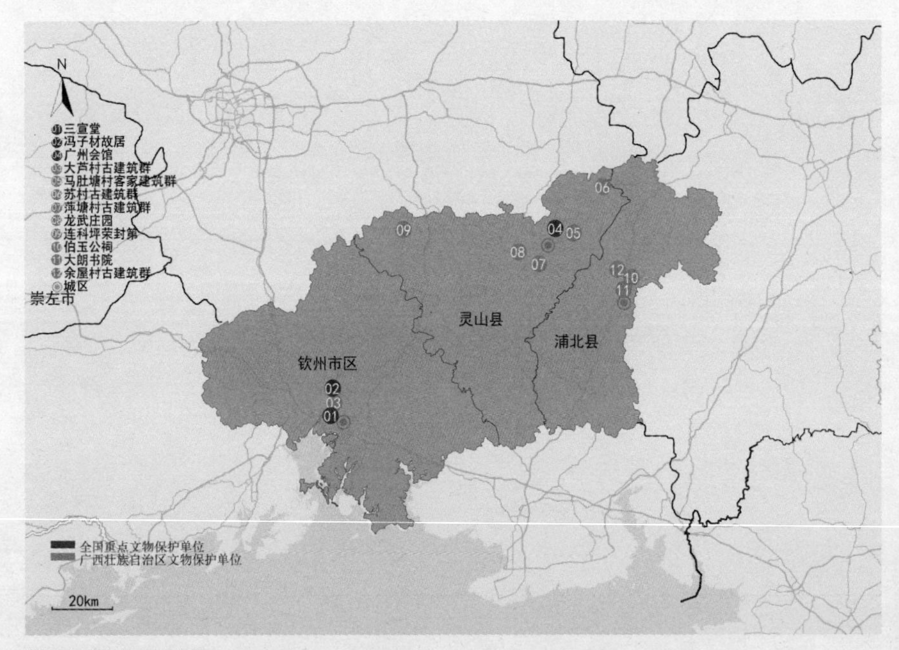

钦州市建筑古迹分布图

一、钦州市（钦南区、钦北区）

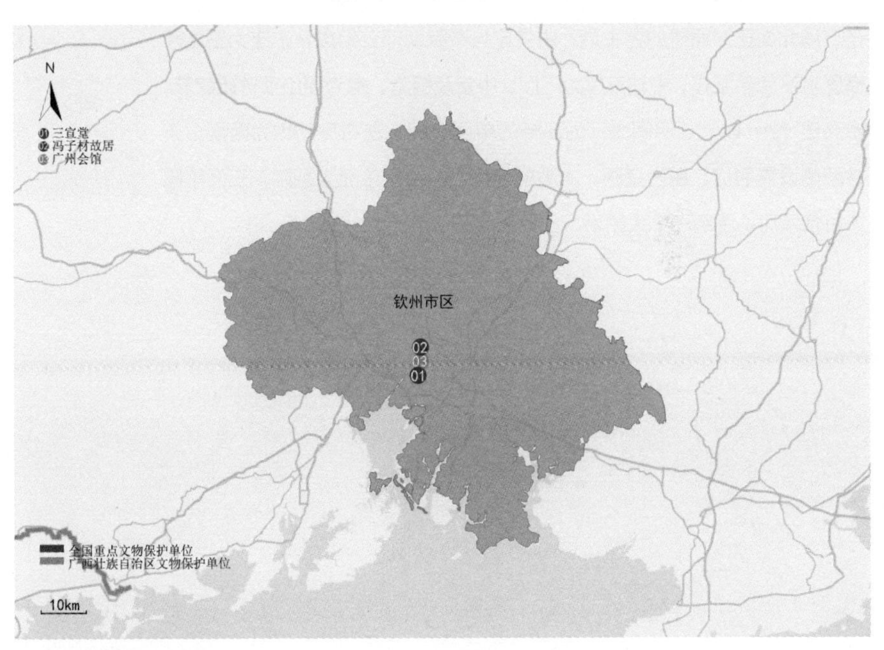

钦州市区建筑古迹分布图

01 三宣堂

文保等级：全国重点文物保护单位
文保类别：古建筑
建设时间：始建于清光绪十七年（1891 年）
建筑类型：民居
材料结构：砖木
地理位置：钦州市钦南区板桂街 10 号

“天阶深雨露，庭砌长芝兰。”

三宣堂为刘永福故居，是因刘永福在越南抗击法国殖民者战争中建立战功，被越南朝廷封为三宣提督，其故居据此命名。三宣堂占地 23000m^2，建筑面积 5622m^2，坐北朝南，由主屋、门房、仓库、伙房、佣人房、马房等组成，同时有广场、花园、菜地、池塘、晒场等设施，周围围以 4m 高的围墙，设置炮楼与枪眼，构成严密的自卫体系。入口头门向东，朝向钦江。二门之后是宽大广场，南面为一巨大照壁，雕“卿云丽日”。在广场北面正对照壁的为主屋，由主座与杂院两部分组成。主座为三堂两横屋附设后横屋式，中轴三堂为门厅、中堂及祖堂，均为硬山顶青砖建筑，檐高达 12m 以上，明间大厅为高畅的单层空间，左右房间均为两层，天井两侧设置厢房。屋内壁画、木雕琳琅满目。主屋东面为杂院，三面排屋为谷仓库房，围绕一个大晒场，占地约 1500m^2。

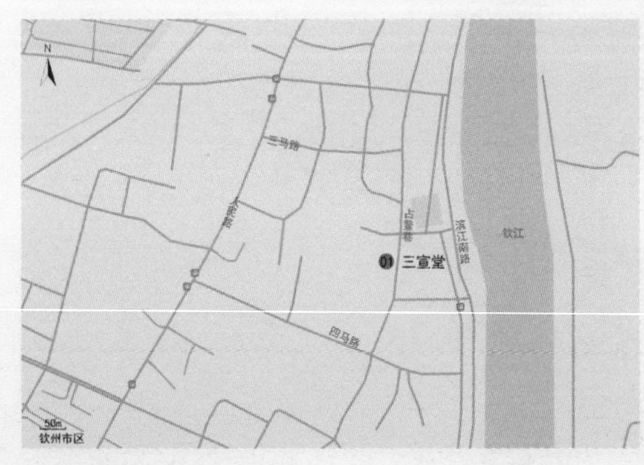

01 三宣堂区位图

福

02 冯子材旧居

文保等级：全国重点文物保护单位
文保类别：古建筑
建设时间：始建于清光绪八年（1882 年）
建筑类型：民居
材料结构：砖木
地理位置：钦州市钦南区宫保南一巷

冯子材旧居为广西提督冯子材于 1882 年告老还乡后所建。旧居占地 21000m^2，建筑面积 2625m^2，有房屋 70 余间及鱼塘、花园等。主屋为三座并列，采用传统“三排九”形制，每座为三开间三进，以巷道隔开，连成一个严密整体。三座建筑规模一致，但中座的建筑高度比左右两座稍高，显示出主次关系。中座为公共活动场所，三进房屋功能为门厅、议事厅及祖厅，左右两座的功能为居住生活。建筑均为硬山顶青砖墙，设前后轩廊，檐柱为石柱，其中有独特的竹节石柱。主屋大门前广场，为中法战争爆发后，冯子材奉旨募兵抗法操练官兵的场所。旧居布局严谨，既有官府的庄严，也有居住建筑的清幽。

02 冯子材故居区位图

03 广州会馆

文保等级：自治区级文物保护单位
文保类别：古建筑
建设时间：始建于清乾隆四十八年（1783 年）
建筑类型：会馆
材料结构：砖木
地理位置：钦州市钦南区中山路 24 号

广州会馆是广东经济对钦廉地区影响下的产物。建筑坐西朝东，为二进院落，由门楼、后座及两侧厢房围合庭院组成，中轴线上道路与门楼有 9 级台阶，庭院与后座有 6 级台阶，整个建筑由东向西逐步提高。门楼为三开间，加上两侧耳房形成五开间格局，后座为五开间，插梁式硬山建筑，有花岗石须弥座，水磨青砖墙身，屋顶覆绿色琉璃瓦。门楼石匾上“广州会馆”四字为乾隆年间广东状元庄有恭所题。建筑装饰精美，梁架上木雕精美，台阶垂带、须弥座、门窗石抱框等处石雕细腻，檐下彩绘笔法精湛。

03 广州会馆区位图

廣州會館

二、灵山县

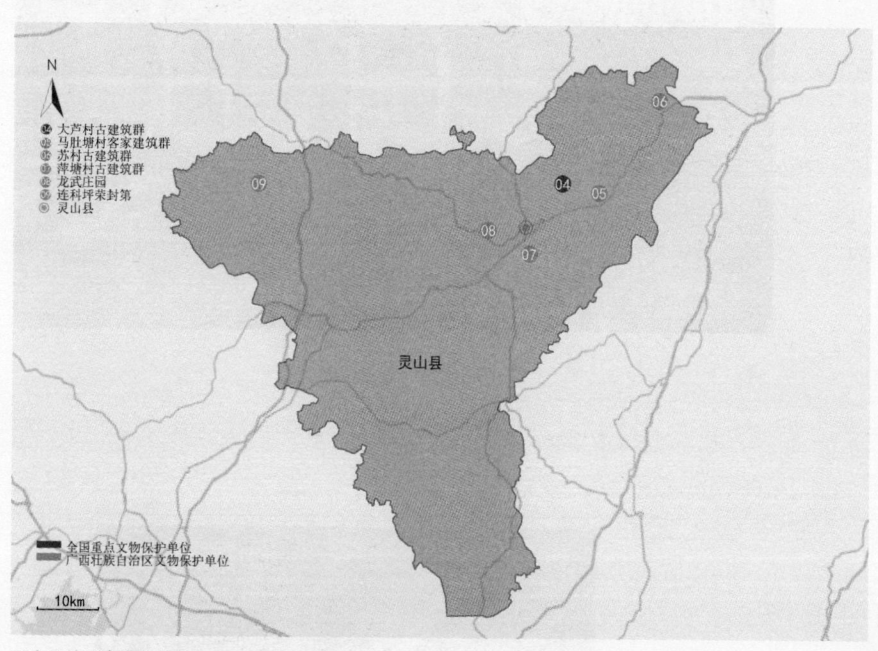

灵山县建筑古迹分布图

04 大芦村古建筑群

文保等级：全国重点文物保护单位
文保类别：古建筑
建设时间：始建于明嘉靖二十五年（1546 年）
建筑类型：民居
材料结构：砖木
地理位置：钦州市灵山县佛子镇大芦村，距离灵山县 8km

大芦村的劳氏于明朝嘉靖年间自广东迁居于此地，定居造房，建造了大芦村最早的大宅镬耳楼，经过数十代人的发展，至今大芦村已经成为多个姓氏居民居住的大村落。现存的古建筑有镬耳楼、三达堂、双庆堂、东园别墅、东明堂、蟠龙堂、陈卓园、杉木园、富春园和劳克公祠等多个院落，占地面积大约 30000m^2，规模完整宏大，整体气势非凡。大芦村周围山坡环绕，村中数口大池塘分隔建筑群，百年大树点缀其中，相映成趣，使大芦村生态环境充满人文哲理。大芦村人才辈出，人文气氛浓厚，各朝文武官员辈出，是远近闻名的“楹联”村。

镬耳楼，又名四美堂，为劳氏主屋，与三达堂、双庆堂并列面向池塘，占地 4460m^2，为两路主屋五进院落布局，同时在主屋间、主屋两侧设横屋，后部设后罩房、后花园等辅房，巷道纵横，形成满足生活需求、适合各色人等居住的庞大房屋。西路主屋为待客、公务、祭祖及主人居所，东路主屋为子孙内眷居所。入口门楼设于西路主屋，山墙为象征官帽的镬耳山墙，镬耳楼由此得名。主屋均为三开间的青砖砌筑硬山建筑，地坪明显

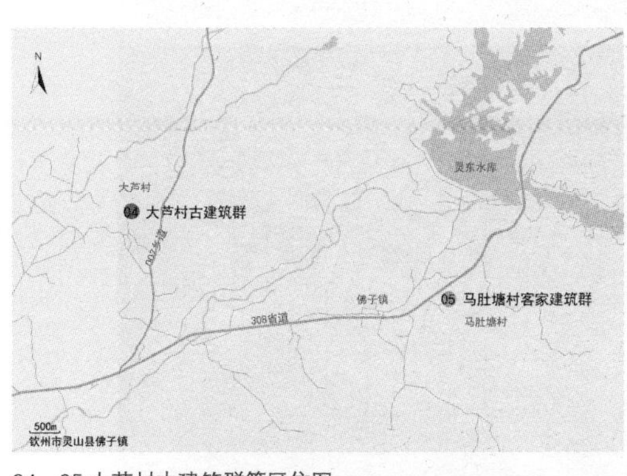

04、05 大芦村古建筑群等区位图

逐步提升。第一进为轿厅，与前院的门房、马厩、戏台等构成对外空间。第二进为官厅，由轩廊与议事厅相连，开敞通透，梁架粗大厚重，雕饰精美，显得大气豪华。第三、四进为内宅，为主人生活起居场所。第五进为祖厅，供奉祖先牌位。

东园别墅是劳氏第八代孙劳自荣建的占地 7500m^2 的大院落，位于村中榕树塘东侧，由老屋、新屋和桂香堂三路主屋并列组成，外围以围墙形成整体。三列主屋朝向同一长方形大前院，老屋为四进单侧横屋后罩房，新屋为四进双侧横屋后罩房，桂香堂为五开间双侧横屋，院落周边围以三间两廊的或四合天井式的辅房，数量众多，为大家族聚居院落的典型。

大芦村民居规模宏大，格局规整，传统秩序分明，建造工艺精湛，是充分体现桂南广府式民居建造水平的代表。

05　马肚塘村客家建筑群

文保等级：自治区级文物保护单位
文保类别：古建筑
建设时间：始建于清乾隆四十五年（1780 年）
建筑类型：民居
材料结构：砖木
地理位置：钦州市灵山县佛子镇佛子村委马肚塘村，距离灵山县 13km

200 多年前，刘永广在马圣山下的马肚塘择地建村，数十年间，建成了六个客家堂屋，成就了一个宏大的村场。这六个客家堂屋分别是两全堂、三多堂、三才堂、四宝堂、五福堂、六彩堂，占地达 11000m^2，以马圣山为依靠，以两全堂为中心，围绕着一个元宝形的池塘布局，堂屋格局基本相似。其中两全堂、三多堂、三才堂为一组，并排布局，共用门前长方形大禾坪，并以围墙围合成独立院场。四宝堂、五福堂并排位于前一组的右侧，门口直接对外。六彩堂在四宝堂右侧，门前独立的有禾坪和院墙。两全堂是刘永广所建堂屋，为马肚塘村创始祖屋，取两全其美、人财两旺之意。堂屋占地 1360m^2，为三间两耳三进两横式，中轴线上第一进门厅，正中设凹门廊，主入口大门设其中，上悬“国魁”牌匾，两侧耳房横屋稍低，使建筑突出门厅，又加大面宽，颇具气势。第二进为中堂，明间设门，门上悬“义重乡邦”匾额。第三进祖厅为供奉祖先牌位场所。一进天井宽大方正，突出了中堂的位置。堂屋两侧各有横屋，之间以天井、花厅或纵向巷道相隔，主次分明。三进厅堂均为悬山双坡顶，土坯砖与青砖混合砌筑，装饰朴素简洁，颇具古意。其他堂屋为刘永广子孙所建，格局与两全堂格局基本一致，但在建筑规格、建造材料、装饰工艺等方面更胜一筹，体现了刘氏家族用勤奋和智慧获得了富贵。

06 苏村古建筑群

文保等级：自治区级文物保护单位
文保类别：古建筑
建设时间：始建于明
建筑类型：民居
材料结构：砖木
地理位置：钦州市灵山县石塘镇苏村，距离灵山县 30km

苏村古建筑遗存主要是刘家大院，由一座祠堂和六座宅院组成。这些宅院并排平行排列，由左至右分别为刘氏宗祠、长房司马第、二房大夫第、二房鹾尹第、四房二尹第、五房贡元第，三房司训第位于大夫第之后，整体面朝池塘和宽阔田野。另有附属的酿酒房、书房、行馆、柴房、工人房等建筑设于后侧。宅第是典型的广府式建筑，皆为青砖与青石块砌筑，每栋房屋有高耸的镬耳楼，数量达十九对，使整个建筑群极具气势。宅第的石雕、灰雕、木雕、彩绘、脊饰等精细华美，显示刘氏家族的富足，亦成为广西广府式建筑的代表。

刘氏宗祠原为三进，今存中厅与祖厅两进。中厅面阔三间，砖砌硬山顶插梁式木构架，檐廊设轩，梁架雕刻精美。中厅前后敞开，屋架上悬“中宪大夫鹤亭刘公祠”匾额。祖厅高两层，明间底层为祭祀空间，悬“祉荫堂”匾额。

宅第的主体布局基本相似。以鹾尹第为代表，是三间四进加东横屋模式，一进为门楼，二进为客厅，三进为祖厅，四进为居室，地坪逐步提升。除二进客厅明间为屏门外，其他各进的大门皆为青条石砌成。各进外墙基部用宽达 1m 的精磨青石条砌筑，上面砌筑青砖，窗户洞口细小，加上天井狭小，建筑体量较大，有的高达三层，显得空间十分封闭与森严。

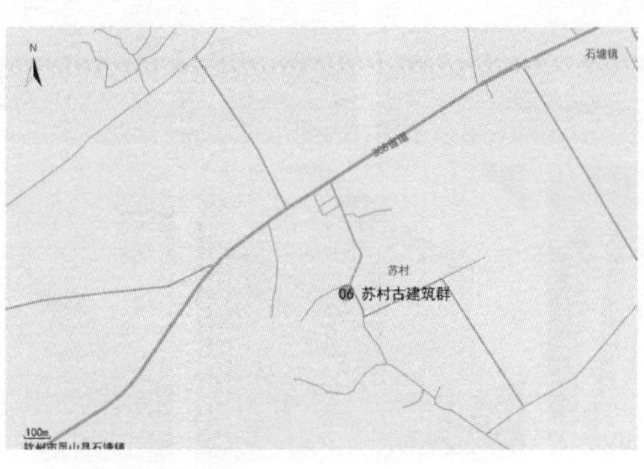

06 苏村古建筑群区位图

07 萍塘村古建筑群

文保等级：自治区级文物保护单位
文保类别：古建筑
建设时间：始建于清中期
建筑类型：民居
材料结构：砖木
地理位置：钦州市灵山县新圩镇萍塘村，距离灵山县 6km

萍塘村东大门古建筑群，是邓氏村民的家族聚居场所。建筑整体布局为长方形，坐东南朝西北，占地面积约 20000m^2。建筑主体前是通宽的禾坪，禾坪前为半月形的池塘，总平面呈现出方圆结合布局，有“天圆地方”之意，整体是客家堂横屋式围屋形制，规划有序，颇具气势。主体建筑群由五座形制相似的宅院并列组成，命名为德公堂、推举堂、敬成堂等。每个宅院均为四进堂屋，依轴线布置门厅、中厅、上厅及祖堂，地坪逐步升高，主次分明。堂屋间为天井，两侧为厢房。两座宅院间设通道分开，有出入口直通禾坪，与天井、连廊相联通，形成通透流畅的空间。宅院的外立面不设门廊，仅在正面墙面开大门，显得较为封闭。堂屋均为三开间悬山顶搁檩式建筑，墙体以夯土、土砖及青砖相结合，既能防雨防潮又能隔热防寒。建筑装饰朴素简洁，中厅及上厅檐廊饰卷棚，檐柱梁架饰以木雕，为客家建筑风格。

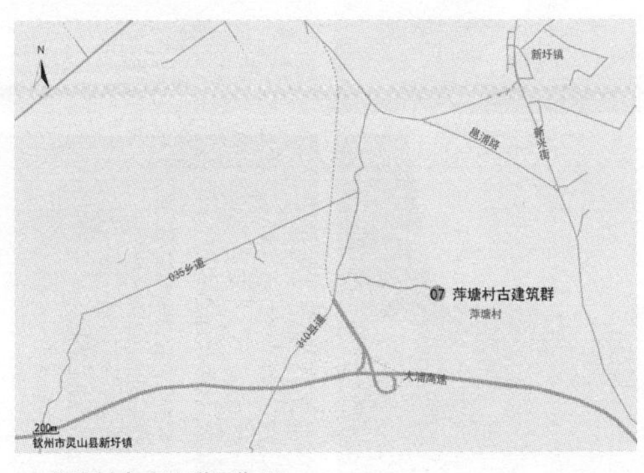

07 萍塘村古建筑群区位图

08　龙武庄园

文保等级：自治区级文物保护单位
文保类别：古建筑
建设时间：始建于 1900 年
建筑类型：民居
材料结构：砖木
地理位置：钦州市灵山县灵城镇新大村，距离灵山县 10km

龙武庄园为新大村的劳氏兄弟历时二十一年建成，是一座碉楼围堡式建筑。建筑总平面图接近正方形，占地面积 6770m^2，为三堂四横布局，整体呈规整对称的“回”字形，中轴线上布局门楼、中厅、主厅及后座，两侧各布局两排横屋，同时形成了前院、内院、后院三个院落，近 200 间房。堂屋为传统的悬山顶搁檩式建筑，石柱外檐、檐下及屏门饰以精美木雕；横屋为两层券柱式外廊西式建筑，中西结合。庄园四角为六层十多米高的角楼，角楼与门楼、外横屋及后座相联系围合成方形围屋，砌筑青砖高墙，遍布枪眼，形成极强的防御系统，外观威严庄重，极具气势。龙武庄园的建筑形式充分反映了当时社会变革动荡不安的社会背景。

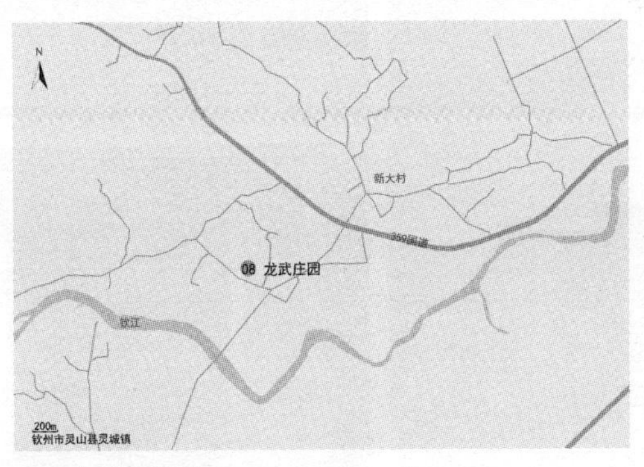

08 龙武庄园区位图

09 连科坪荣封第

文保等级：自治区级文物保护单位
文保类别：古建筑
建设时间：始建于清道光十二年（1832年）
建筑类型：民居
材料结构：砖木
地理位置：钦州市灵山县太平镇永安村委连科坪自然村，距离灵山县62km

太平镇仇氏家族是灵山的名门望族，富甲一方，连科坪仇氏是其中一支，由仇诲忠历时二十年建设了荣封第。荣封第占地6000m^2，主体为三间两耳四进式。第一进为门楼与倒座屋，门楼面阔一间，门上悬“荣封第”匾，门后为屏风，形成视觉阻隔，背悬“仁先义济”匾。第二进为官厅，为接待客人场所，设前廊，石柱石梁，明间为格扇门，上悬“望重金吾”匾，两侧为大方窗，屋内无柱，以砖砌拱券墙支撑搁檩式屋架，屋后屏门上前悬有“五叶敷荣”匾，后悬“英才流芳”匾。第三进为内宅，设前廊，明间仅开一门，形成与前院分隔之势，门上悬“五代恩荣”。第四进为祖厅，为供奉先祖之处。主轴两侧耳房为三间两廊院落式，是主人与内眷生活的花厅和偏院，自成一体又与主体院落紧密联系，使荣封第整体形成三列四进布局。宅院外围是横屋附属用房，形成一定的防御能力。门楼前是一个前院，仅用矮墙围合做了界定，前院往外是大禾坪，连接到了池塘，周围百年荔枝林环绕，使荣封第有很好的风水格局。荣封第是广府式建筑，雕饰精美。门前矮墙上安放着两个圆形日晷石雕，既是风水摆件也有惜时之意，再从众多匾额的寓意，可看出荣封第是太平仇氏以儒名家、科举兴族的缩影。

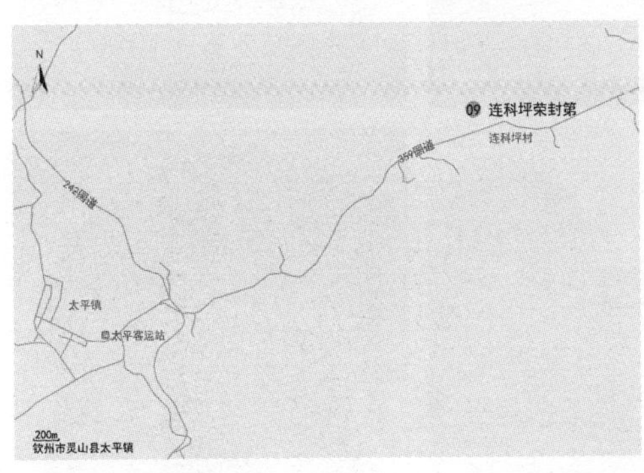

09 连科坪荣封第区位图

三、浦北县

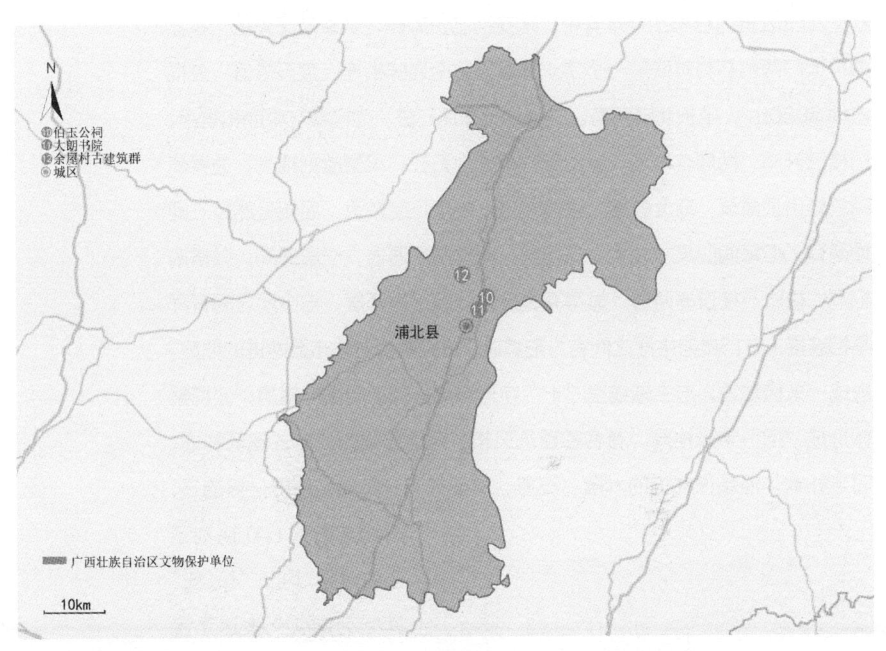

浦北县建筑古迹分布图

10 伯玉公祠

文保等级：自治区级文物保护单位
文保类别：古建筑
建设时间：始建于清光绪二十二年（1896 年）
建筑类型：祠堂
材料结构：砖木
地理位置：钦州市浦北县小江镇平马村，距浦北县 4.6km

“伯仲联镳齐及第，玉金式度仰先型。”

伯玉公祠为村里士绅宋安甲、宋安柄出资筹建，供奉宋氏先祖，名称取自大门两侧石刻对联第一个字，寓意兄弟间血脉相连、金玉情谊。公祠占地 3080m^2，坐东北向西南。主轴线上布局三进，为门楼、中厅和祖厅。门楼三开间，两侧有耳房，设门廊，廊柱为石柱，梁架雕刻精美，为青砖砌筑悬山顶建筑，高度较高，颇具气势。中厅尺度较大，面阔虽然是三间加两耳，但每间的尺寸较大，高两层，明间前后通透，一层通高，以格扇相隔，檐廊石柱通高两层，显得高大挺拔。祖厅为两层，与中厅之间有拜亭相连接。在门楼与中厅之间有方形庭院，庭院两侧对称布置两进的厢房，形成一条横轴线，与主轴线呈“十”字形布局。加上周围的辅房，公祠整体形成“回”字形格局，有客家建筑风格。建筑整体为广府式建筑样式，简洁朴素，但装饰部位的木雕、石雕、灰塑等十分精美。值得一提的是，公祠内五对石柱镌刻了五对对联，均以“长、安”两字为字头，表达了民众对家国的朴素情怀。

10~12 伯玉公祠等区位图

11 大朗书院

文保等级：自治区级文物保护单位
文保类别：古建筑
建设时间：始建于清光绪二十五年（1899 年）
建筑类型：书院
材料结构：砖木
地理位置：钦州市浦北县小江镇平马村，距浦北县 4.6km

“大成声振尼山铎，朗润文方浦水珠。”

大朗书院由地方士绅集资创建，为地方培养人才的场所。书院坐北朝南，占地 $3300m^2$，布局规整方正，在庄重气氛中融入园林，使书院亲切轻巧。中轴线上布局门楼、中堂和后座三进建筑，两侧为厢房，建筑之间为庭院，设置优雅的园林景观。门楼面宽三间，层高较高，形成两层立面，加上两侧三开间的耳房，形成了书院宽广的正面。门楼前设门廊，明间大门上嵌“大朗书院”石刻牌匾，两侧嵌“大成声振尼山铎，朗润文方浦水珠”石刻对联。中堂面阔三间，前后设廊与厢房联通，明间前后通畅。后座面阔三间，为供奉孔子牌位场所。两侧厢房设置教室与教师用房，各功能区由庭院相隔分开。书院的建筑均为搁檩式梁架悬山顶，青砖墙体，装饰朴素典雅，是客家建筑风格的典型代表。

大朗書院
明經取士

12 余屋村古建筑群

文保等级：自治区级文物保护单位
文保类别：古建筑
建设时间：始建于清嘉庆年间（1796 年）
建筑类型：民居
材料结构：砖木
地理位置：钦州市浦北县江城街道长田村委余屋村，距浦北县 8km

余屋村古建筑主要是余氏大宅院，又名“镬耳楼”，是余氏族人在科举成功后发家而建，历时三十余年建成。建筑群由主座和左、右座三列多进院落并列组成，主座保存完整，为广府建筑风格样式。主座为三开间四进院落，第一进为门楼，入口设于明间凹门廊，外立面封闭性较强，青砖砌筑硬山顶，墙楣绘彩画，屋脊为博古夔纹样造型。第二、三进建筑设前廊，檐柱为石柱，明间前面开门，后面通高通透，侧房为两层。第四进为祖厅，挂有“余庆堂”匾。后三进建筑都有高大的镬耳状山墙，装饰精美灰塑，极具气势，成为余氏宅院的最大特点。

余屋村首届

防城港市

防城港市是原广东钦廉地区的一个组成部分，属于岭南广府文化之地。其位于广西之南，濒北部湾而接壤越南，独特的地理位置使其具有浓郁的边境民族风情。在广府文化与异域文化的相互影响下，防城港市的建筑文化呈现极大包容性，既有广府建筑文化的深厚文化内涵，又有越南法式建筑的精致开放。

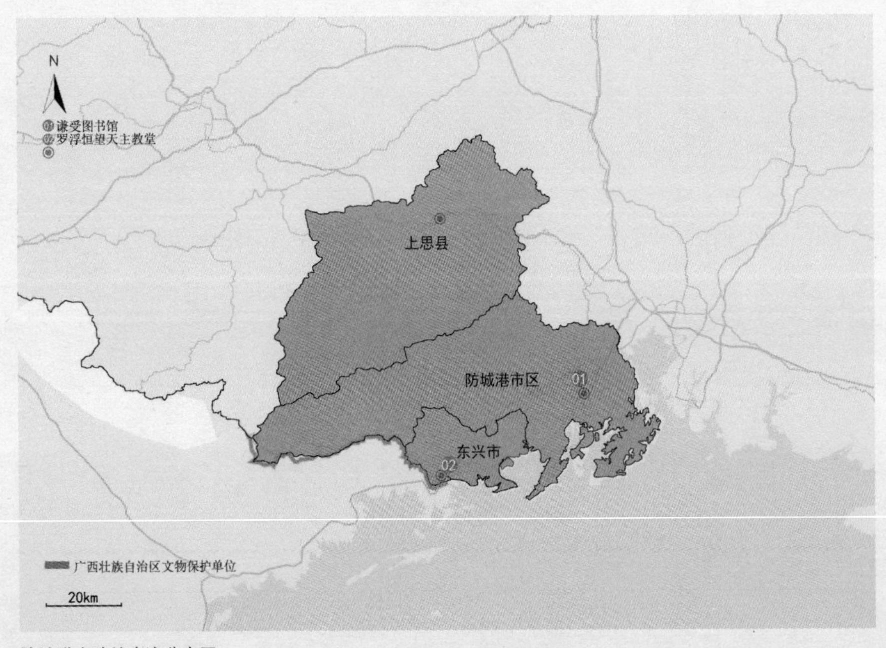

防城港市建筑古迹分布图

一、防城港市区（防城区、港口区）

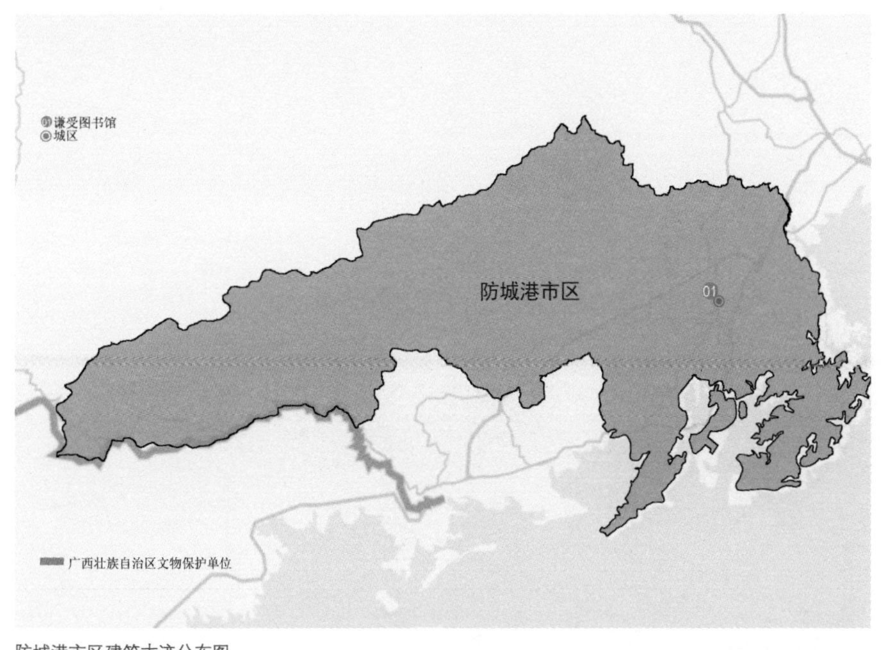

防城港市区建筑古迹分布图

01　谦受图书馆

文保等级：自治区级文物保护单位
文保类别：近现代重要史迹及代表性建筑
建设时间：始建于 1929 年
建筑类型：公共建筑
材料结构：砖混
地理位置：防城港市防城区防城镇教育路 217 号防城中学内

“边邑第一馆。”

谦受图书馆由原国民政府广东省主席陈济棠出资建设，以其父亲的名字命名。图书馆建成后，陈济棠购进大量图书藏于馆内，当时达到 10 万余册，是两广藏书较多的图书馆，被誉为“边邑第一馆”。

谦受图书馆占地 729m^2，建筑面积 934m^2，由一幢主楼与两侧副楼连接组成，是单边券柱式外廊建筑。

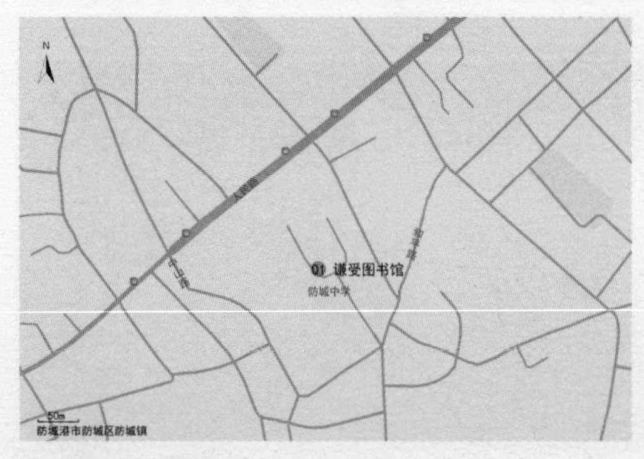

01 谦受图书馆区位图

二、东兴市

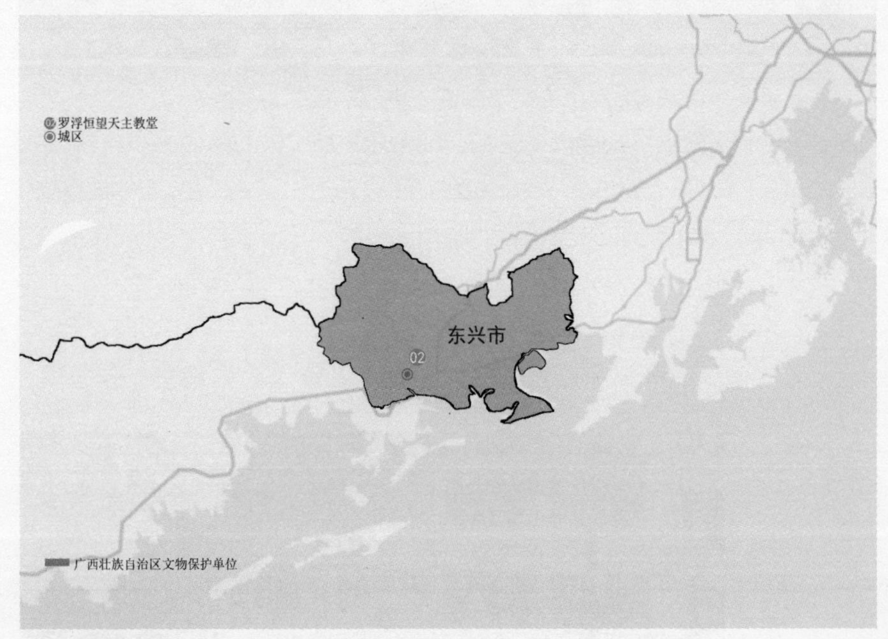

东兴市建筑古迹分布图

02 罗浮恒望天主教堂

文保等级：自治区级文物保护单位
文保类别：古建筑
建设时间：始建于清道光十二年（1832 年）
建筑类型：寺庙
材料结构：砖木
地理位置：防城港市东兴市东兴镇楠木山村恒乐屯，距离东兴市 2km

教堂由法国传教士兴建，现存主体建筑有教堂、钟楼、修女楼等建筑，建筑面积约 1800m^2。教堂坐东南朝西北，青砖石灰砌筑。平面为长方形“巴西利卡”形制，两列纵向柱列把内部空间划分为三通廊式，中间跨较宽，两侧稍窄，从柱顶发半圆形拱券支撑屋顶，拱券并延伸至两侧外廊。教堂正立面为横向构图，以古典柱式装饰竖向划分五个开间，并以腰线把立面分成上下两段，下段以拱券门为主入口，上段中间部分设有圆形玫瑰窗，两侧部分各设两个半圆拱窗，山花顶矗立一个十字架。北面 10m 处设一座独立的三层钟楼，东面约 200m 处为外廊式二层修女楼。罗浮恒望教堂立面构图丰富，典雅大方，舒展对称，加上立面窗框内和壁柱间饰有中国传统意味的“寿”字构件，建筑与其他高耸挺拔的教堂形象有很大不同。

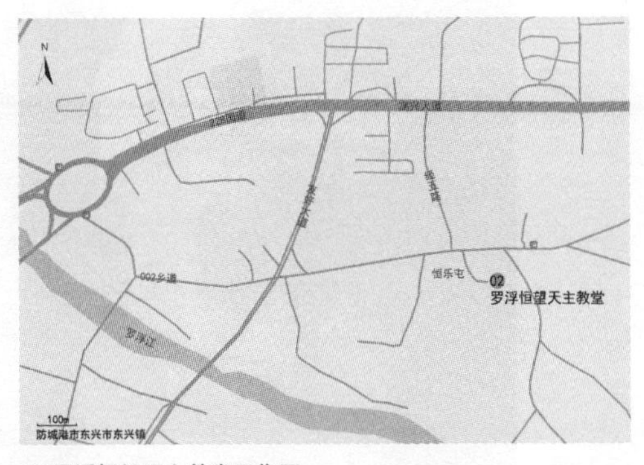

02 罗浮恒望天主教堂区位图

参考文献

[1] 周开保 . 桂林古建筑研究 [M] . 桂林：广西师范大学出版社，2015.

[2] 谢小英 . 广西古建筑研究 [M] . 北京：中国建筑工业出版社，2015.

[3] 梁志敏 . 广西百年近代建筑 [M] . 北京：科学出版社，2012.

[4] 《广西民族传统建筑实录》编委会 . 广西民族传统建筑实录 [M] . 南宁：广西科学技术出版社，1991.

[5] 陆卫 . 桂筑华章 [M] . 南宁：广西科学技术出版社，2014.

[6] 广西地方志编纂委员会 . 广西通志 [M] . 南宁：广西人民出版社，1992.

[7] 广西地方志编纂委员会 . 广西之最 [M] . 南宁：广西人民出版社，2006.

[8] 广西地方志编纂委员会 . 广西古建筑志 [M] . 南宁：广西美术出版社，2010.

[9] 郑舟 . 八桂古城 [M] . 南宁：广西民族出版社，2017.

[10] 桂林市建筑设计室 . 桂林风景建筑 [M] . 北京：中国建筑工业出版社，1982.

[11] 雷翔 . 广西民居 [M] . 南宁：广西民族出版社，2005.

[12] 林哲 . 桂林靖江王府 [M] . 桂林：广西师范大学出版社，2009.

[13] 韦明山，林祖敏 . 柳州民族特色村寨 [M] . 南宁：广西民族出版社，2014.

[14] 建筑科学研究院建筑理论及历史研究室园林组 . 月牙楼的设计 [J] . 建筑学报，1960 (6) .

[15] 陆琦 . 广西武鸣明秀园 [J] . 广东园林，2009 (2) .

后记

作为古建筑爱好者，一直期望有这么一本书。这本书不是粗浅的旅游导览书，也不是深奥枯燥的古建专业书，而是一本出门能随身携带，告诉你广西各个地方有哪些值得一看的古建筑，学术性地简洁介绍大致情况，图文并茂，并能让你按图索骥找到这个古建筑的位置，亲临考察。有幸按此思路编写了本书，虽然并不完善，但也算完成一个心愿。

感谢东南大学建筑学院建筑历史与理论研究所所长陈薇教授，是她的鼓励与指导，促使了本书的完成。

感谢中国建筑工业出版社的李鸽、陈小娟及其他工作人员付出的辛勤劳动。

感谢东南大学建筑学院谢菲同学及同事罗沫若帮助整理绘制了地图。

在对广西各地的古建筑进行考察时，杨文君、赵芝睿、赵芝吾、赵锡文、林琼华、杨腾彪、卓慧清、磨璨、李松淞、吕柳迪、柏露露、董立东、陈长林、黄家永、郑光海、朱登发、岁沫若、韦青松、叶成东、叶成海、佘志山、覃宇飞、范艳丽、玉潘亮、于盼、杨再旺等分别在不同的旅程相伴或提供帮助，共同分享了旅途中的艰辛与愉悦，在此一并感谢。

赵林

2021 年 6 月 29 日 南宁

图书在版编目（CIP）数据

中国建筑古今漫步. 广西篇 / 陈薇，王贵祥主编；赵林著. —北京：中国建筑工业出版社，2021.5
ISBN 978-7-112-25767-6

Ⅰ.①中… Ⅱ.①陈…②王…③赵… Ⅲ.①建筑史—中国②建筑史—广西 Ⅳ.①TU-092

中国版本图书馆CIP数据核字（2020）第257531号

责任编辑：李　鸽　陈小娟　戚琳琳
书籍设计：付金红　李永晶
责任校对：王　烨

中国建筑古今漫步
陈　薇　王贵祥　主编
广西篇
赵　林　著
*
中国建筑工业出版社出版、发行（北京海淀三里河路9号）
各地新华书店、建筑书店经销
北京雅盈中佳图文设计公司制版
北京富诚彩色印刷有限公司印刷
*
开本：880毫米×1230毫米　1/32　印张：$19^{3}/_{4}$　字数：385千字
2021年8月第一版　2021年8月第一次印刷
定价：158.00元
ISBN 978-7-112-25767-6
（37008）